新时期小城镇规划建设管理指南丛书

小城镇住区规划与住宅设计指南

崔奉卫　主编

图书在版编目(CIP)数据

小城镇住区规划与住宅设计指南/崔奉卫主编.—天津:天津大学出版社,2014.9

(新时期小城镇规划建设管理指南丛书)

ISBN 978-7-5618-5185-2

Ⅰ.①小… Ⅱ.①崔… Ⅲ.①小城镇-居住区-城市规划-中国-指南 ②小城镇-住宅-建筑设计-中国-指南 Ⅳ.①TU984.12-62 ②TU241-62

中国版本图书馆 CIP 数据核字(2014)第 217131 号

出版发行	天津大学出版社
出 版 人	杨欢
地　　址	天津市卫津路 92 号天津大学内(邮编:300072)
电　　话	发行部:022-27403647
网　　址	publish.tju.edu.cn
印　　刷	北京紫瑞利印刷有限公司
经　　销	全国各地新华书店
开　　本	140mm×203mm
印　　张	10
字　　数	251 千
版　　次	2015 年 1 月第 1 版
印　　次	2015 年 1 月第 1 次
定　　价	26.00 元

小城镇住区规划与住宅设计指南

编委会

主　编：崔奉卫

副主编：孟秋菊

编　委：张　娜　梁金钊　刘伟娜　胡爱玲
张微笑　张蓬蓬　吴　薇　相夏楠
桓发义　聂广军　李　丹

内 容 提 要

本书根据《国家新型城镇化规划（2014—2020 年）》及中央城镇化工作会议精神，系统介绍了小城镇住区规划与住宅设计的相关理论与方法。全书主要内容包括绪论、小城镇住宅小区规划原理、小城镇住宅小区规划布局、小城镇住宅设计理论、小城镇住宅建筑设计、小城镇墙体设计、小城镇住宅屋顶设计、小城镇园林景观设计等。

本书内容丰富、涉及面广，而且集系统性、先进性、实用性于一体，既可供从事小城镇规划、建设、管理的相关技术人员以及建制镇与乡镇领导干部学习、工作时参考使用，也可作为高等院校相关专业师生的学习参考资料。

前言

城镇是国民经济的主要载体，城镇化道路是决定我国经济社会能否健康、持续、稳定发展的一项重要内容。发展小城镇是推进我国城镇化建设的重要途径，是带动农村经济和社会发展的一大战略，对于从根本上解决我国长期存在的一些深层次矛盾和问题，促进经济社会全面发展，将产生长远而又深刻的积极影响。

我国现在已进入全面建成小康社会的决定性阶段，正处于经济转型升级、加快推进社会主义现代化的重要时期，也处于城镇化深入发展的关键时期，必须深刻认识城镇化对经济社会发展的重大意义，牢牢把握城镇化蕴含的巨大机遇，准确研判城镇化发展的新趋势、新特点，妥善应对城镇化面临的风险挑战。

改革开放以来，伴随着工业化进程加速，我国城镇化经历了一个起点低、速度快的发展过程。1978—2013 年，城镇常住人口从 1.7 亿人增加到 7.3 亿人，城镇化率从 17.9%提升到 53.7%，年均提高 1.02 个百分点；城市数量从 193 个增加到 658 个，建制镇数量从 2 173 个增加到 20 113 个。京津冀、长江三角洲、珠江三角洲三大城市群，以 2.8%的国土面积集聚了 18%的人口，创造了 36%的国内生产总值，成为带动我国经济快速增长和参与国际经济合作与竞争的主要平台。城市水、电、路、气、信息网络等基础设施显著改善，教育、医疗、文化体育、社会保障等公共服务水平明显提高，人均住宅、公园绿地面积大幅增加。城镇化的快速推进，吸纳了大量农村劳动力转移就业，提高了城乡生产要素配置效率，推动了国民经济持续快速发展，带来了社会结构深刻变革，促进了城乡居民生活水平全面提升，取得的成就举世瞩目。

根据世界城镇化发展普遍规律，我国仍处于城镇化率30%～70%的快速发展区间，但延续过去传统粗放的城镇化模式，会带来产业升级缓慢、资源环境恶化、社会矛盾增多等诸多风险，可能落入“中等收入陷阱”，进而影响现代化进程。随着内外部环境和条件的深刻变化，城镇化必须进入以提升质量为主的转型发展新阶段。另外，由于我国城镇化是在人口多、资源相对短缺、生态环境比较脆弱、城乡区域发展不平衡的背景下推进的，这决定了我国必须从社会主义初级阶段这个最大实际出发，遵循城镇化发展规律，走中国特色新型城镇化道路。

面对小城镇规划建设工作所面临的新形势，如何使城镇化水平和质量稳步提升、城镇化格局更加优化、城市发展模式更加科学合理、城镇化体制机制更加完善，已成为当前小城镇建设过程中所面临的重要课题。为此，我们特组织相关专家学者以《国家新型城镇化规划（2014—2020年）》、《中共中央关于全面深化改革若干重大问题的决定》、中央城镇化工作会议精神、《中华人民共和国国民经济和社会发展第十二个五年规划纲要》和《全国主体功能区规划》为主要依据，编写了“新时期小城镇规划建设管理指南丛书”。本套丛书的编写紧紧围绕全面提高城镇化质量，加快转变城镇化发展方式，以人的城镇化为核心，有序推进农业转移人口市民化，努力体现小城镇建设“以人为本，公平共享”“四化同步，统筹城乡”“优化布局，集约高效”“生态文明，绿色低碳”“文化传承，彰显特色”“市场主导，政府引导”“统筹规划，分类指导”等原则，促进经济转型升级和社会和谐进步。本套丛书从小城镇建设政策法规、发展与规划、基础设施规划、住区规划与住宅设计、街道与广场设计、水资源利用与保护、园林景观设计、实用施工技术、生态建设与环境保护设计、建筑节能设计、给水厂设计与运行管理、污水处理厂设计与运行管理等方面对小城镇规划建设管理进行了全面系统的论述，内容丰富，资料翔实，集理论与实践于一体，具有很强的实用价值。

本套丛书涉及专业面较广，限于编者学识，书中难免存在纰漏及不当之处，敬请相关专家及广大读者指正，以便修订时完善。

编者

目录

绪　论

一、小城镇的概念

小城镇是介于城市与乡村之间的一种中间状态，是城市的缓冲带。关于小城镇的定义，历来没有统一的标准。归纳起来小城镇概念主要有狭义和广义两种。

我国狭义上的小城镇是指除设市以外的建制镇，包括县城。建制镇是农村一定区域内政治、经济、文化和生活服务的中心。

我国广义上的小城镇，除了包含狭义理解中的县城关镇和建制镇外，还包括以乡政府驻地为主体的集镇。集镇是指乡、民族乡人民政府所在地和经县级人民政府确认由集市发展而成的作为农村一定区域经济、文化和生活服务中心的非建制镇。

二、小城镇的类型

以小城镇形成的历史时期的不同，可把小城镇粗略地划为传统集镇和新兴镇。

传统集镇一般是指新中国诞生前就已经产生的小城镇，有悠久的历史，有的甚至是千年古镇，如白沟镇、胜芳镇等；新兴镇一般是产生于新中国成立后，特别是指党的十一届三中全会以后，随着改革开放和市场经济的发展而兴起的集镇。

(1)以产业不同，可以把小城镇划分为工矿开发型、商业贸易型、旅游型等。

(2)以经济区位不同，可以把小城镇划分为农村集镇、大中城市卫星镇(如燕郊镇)、县城关镇和城市郊区镇(如石家庄市南高营镇)等。

(3)以地理位置不同，可以把小城镇划分为平原镇、山区镇、丘陵镇、草原镇、沿海镇等。

(4)以行政建制为标准，可以把小城镇划分为建制镇和非建制镇。

(5)以小城镇起源方式的不同,可以把小城镇划分为军事要塞镇、地方行政中心镇、沿路而兴镇、因工而起镇、临城而建镇、近矿而设镇、繁市而成镇等。

(6)以目前发达程度不同,可以把小城镇划分为边远穷镇和经济实力雄厚的富裕镇。

(7)以综合改革试点等级不同,可以把小城镇划分为国家级试点镇、省级试点镇和各市主抓的试点镇。

三、小城镇的特点

小城镇是中国特色城镇体系中的重要环节。近年来,随着我国城乡经济发展和城镇化战略实施,小城镇得到了较快发展,积聚人口规模不断增加,有效促进了当地居民生产、生活条件的提高,推动了区域协调发展。我国的小城镇主要有以下特点。

(1)规模虽小,功能交叉、互补。小城镇虽然在规模上小于其他大规模的城市,但是各项功能基本具备;虽不能如大中城市一样功能强大、独立性强,但具有功能交叉、互补的特点。

(2)特色鲜明、环境优美。小城镇是城乡的过渡,特色鲜明的乡土文化、民情风俗以及优美的自然环境是它的主要特点。

(3)实现城镇化与工业化协调发展。发展小城镇,可以吸纳众多的农村人口,降低农村人口盲目涌入大中城市的风险和成本,缓解现有大中城市的就业压力,走出一条适合我国国情的大中小城市和小城镇协调发展的城镇化道路。

四、小城镇住宅建设发展阶段

我国的小城镇住宅建设,从新中国成立以来大致经历了以下几个阶段。

第一阶段为1959年以前,是一个低水平的发展阶段。尽管在侨乡也个别盖了“小洋楼”,但就全国而言,基本上沿袭着传统形式以平房为主,都只是逐步把草房改为瓦房。

第二阶段为20世纪60年代至70年代,在江浙一带个别地方建筑了一批一样长、一条线、一样高的低标准二层行列式民居。

第三阶段为20世纪80年代，是小城镇住宅建设的高潮阶段，开始进行新型村镇住宅的探索。平房建设愈来愈少，逐渐为楼房所代替。宅基地面积逐步缩小，建筑面积却有所扩大，标准和质量由低到高，在江浙一带开始出现按照规划设计进行建设的小型村落。

第四阶段为20世纪90年代，是小城镇低层住宅和多层楼房大量发展的阶段。尤其是在经济较为发达的我国东南沿海地带，平房建设已消失，成规模的楼房建设已成风尚。

第五阶段是进入20世纪90年代后，小城镇住宅建设保持稳定的规模，质量明显提高。居民不仅看重室内外设施配套和住宅的室内外装修，更为可喜的是已经认识到居住环境优化、绿化、美化的重要性。

第一章　小城镇住宅小区规划原理

第一节　概　述

住宅小区规划是实现小城镇总体规划的重要步骤，还是小城镇详细规划的主要组成部分。住宅小区规划的任务就是为居民创造一个满足日常物质和文化生活需求的舒适、卫生、安静和优美的环境。在住宅小区内，除了布置住宅建筑外，还需布置居民日常生活所需的各类公共服务设施、绿地、活动场地等。

一、小城镇住宅小区规划原则

小城镇住宅小区的规划设计，应遵循下列基本原则。

(1)以小城镇总体规划为指导，符合总体规划要求及有关规定。

(2)统一规划，合理布局，因地制宜。

(3)综合开发，配套建设。

(4)人口规模、规划组织、用地标准、建筑密度、道路网络、绿化系统以及基础设施和公共服务设施的配置，必须按小城镇自身经济社会发展水平、生活方式及地方特点合理构建。

(5)小城镇住宅小区规划、住宅建筑设计应综合考虑小城镇与城市的差别以及建设标准、用地条件、日照间距、公共绿地、平面布局和空间组合等因素合理确定，并应满足防灾、消防、配建设施及小区物业管理等需求，从而创造一个方便、舒适、安全、卫生和优美的居住环境。

(6)小城镇住宅小区配建设施的项目与规模，既要与该区居住人口相适应，又要在以城镇级公建设施为依托的原则下与之有机衔接，其配建设施的面积总指标，可按设置配置要求统一安排、灵活使用。

(7)小城镇住宅小区的平面布局、空间组合和建筑形态应注意体现民族风情、传统习俗和地方风貌。

(8)应充分利用规划用地内有保留价值的河湖水域、历史名胜、人文景观和地形等规划要素。

(9)为方便老年人、残疾人的生活和社会活动提供环境条件。

二、小城镇体系规划内容与规模分级

1. 小城镇体系规划内容

(1)调查小城镇镇区的现状,分析其资源和环境等发展条件。预测一、二、三产业的发展前景以及劳动力和人口的流动趋势。

(2)落实小城镇镇区规划人口规模,划定用地规划发展的控制范围。

(3)根据产业发展和生活水平提高的要求确定位置,结合居民意愿提出小城镇的建设调整设计。

(4)确定小城镇内主要道路交通、公用工程设施、公共服务设施、生态环境、历史文化保护以及防灾减灾防疫系统。

2. 小城镇规划规模分级

小城镇的规划规模应按人口数量划分为特大、大、中、小型四级。

在进行镇区和村庄规划时,应以规划期末常住人口的数量按表1-1的分级确定级别。

表1-1　小城镇规划规模分级　人

规划人口规模分级	镇　区	村　庄
特大型	>50 000	>1 000
大型	30 001～50 000	601～1 000
中型	10 001～30 000	201～600
小型	≤10 000	≤200

三、小城镇规划期人口预测

1. 小城镇人口发展预测计算

城镇总人口应为其行政地域内常住人口,常住人口应为户籍、寄住人口数之和，其发展预测宜按下式计算。

$$Q=Q_0(1+K)^n+P$$

式中　Q——总人口预测数(人)；

Q_0——总人口现状数(人)；

K——规划期内人口的自然增长率(%)；

P——规划期内人口的机械增长数(人)；

n——规划期限(年)。

2. 小城镇规划期内人口分类预测

小城镇的人口现状统计和规划预测，应按居住情况和参与社会生活的性质进行分类。小城镇规划期内的人口分类预测见表1-2。

表1-2　小城镇规划期内的人口分类预测

人口类别		统计范围	预测计算
常住人口	户籍人口	户籍在镇区规划用地范围内的人口	按自然增长和机械增长计算
	寄住人口	居住半年以上的外来人口 寄住在规划用地范围内的学生	按机械增长计算
通勤人口		劳动、学习在镇区内，住在规划范围外的职工、学生等	按机械增长计算
流动人口		出差、探亲、旅游、赶集等临时参与镇区活动的人员	根据调查进行估算

四、小城镇用地分类与计算

小城镇用地应按土地使用的主要性质划分为居住用地、公共设施用地、生产设施用地、仓储用地、对外交通用地、道路广场用地、工程设施用地、绿地、水域和其他用地10大类及30小类。小城镇用地的类别采用字母与数字结合的代号，适用于规划文件的编制和用地的统计工作。小城镇用地的分类和代号应符合表1-3的规定。

表 1-3　小城镇用地的分类和代号

类别代号		类别名称	范　围
大类	小类		
R		居住用地	各类居住建筑和附属设施及其间距和内部小路、场地、绿化等用地；不包括路面宽度等于和大于 6 m 的道路用地
	R1	一类居住用地	以一至三层为主的居住建筑和附属设施及其间距内的用地，含宅间绿地、宅间路用地；不包括宅基地以外的生产性用地
	R2	二类居住用地	以四层和四层以上为主的居住建筑和附属设施及其间距、宅间路、组群绿化用地
C		公共设施用地	各类公共建筑及其附属设施、内部道路、场地、绿化等用地
	C1	行政管理用地	政府、团体、经济、社会管理机构等用地
	C2	教育机构用地	托儿所、幼儿园、小学、中学及专科院校、成人教育及培训机构等用地
	C3	文体科技用地	文化、体育、图书、科技、展览、娱乐、度假、文物、纪念、宗教等设施用地
	C4	医疗保健用地	医疗、防疫、保健、休疗养等机构用地
	C5	商业金融用地	各类商业服务业的店铺，银行、信用、保险等机构及其附属设施用地
	C6	集贸市场用地	集市贸易的专用建筑和场地；不包括临时占用街道、场地、绿化等用地
M		生产设施用地	独立设置的各种生产建筑及其设施和内部道路、场地、绿化等用地
	M1	一类工业用地	对居住和公共环境基本无干扰、无污染的工业，如缝纫、工艺品制作等工业用地
	M2	二类工业用地	对居住和公共环境有一定干扰和污染的工业，如纺织、食品、机械等工业用地
	M3	三类工业用地	对居住和公共环境有严重干扰、污染和易燃易爆的工业，如采矿、冶金、建材、造纸、制革、化工等工业用地
	M4	农业服务设施用地	各类农产品加工和服务设施用地；不包括农业生产建筑用地

续表

类别代号		类别名称	范　围
大类	小类		
W		仓储用地	物资的中转仓库、专业收购和储存建筑、堆场及其附属设施、道路、场地、绿化等用地
	W1	普通仓储用地	存入一般物品的仓储用地
	W2	危险品仓储用地	存入易燃、易爆、剧毒等危险品的仓储用地
T		对外交通用地	对外交通的各种设施用地
	T1	公路交通用地	规划范围内的路段、公路站场、附属设施等用地
	T2	其他交通用地	规划范围内的铁路、水路及其他对外交通路段、站场和附属设施等用地
S		道路广场用地	规划范围内的道路、广场、停车场等设施用地；不包括各类用地中的单位内部道路和停车场地
	S1	道路用地	规划范围内路面宽度等于和大于 6 m 的各种道路、交叉口等用地
	S2	广场用地	公共活动广场、公共使用的停车场用地；不包括各类用地内部的场地
U		工程设施用地	各类公用工程和环卫设施以及防灾设施用地，包括其建筑物、构筑物及管理、维修设施等用地
	U1	公用工程用地	给水、排水、供电、邮政、通信、燃气、供热、交通管理、加油、维修、殡仪等设施用地
	U2	环卫设施用地	公厕、垃圾站、环卫站、粪便和生活垃圾处理设施等用地
	U3	防灾设施用地	各项防灾设施的用地，包括消防、防洪、防风等
G		绿地	各类公共绿地、防护绿地；不包括各类用地内部的附属绿化用地
	G1	公共绿地	面向公众、有一定游戏设施的绿地，如公园、路旁或临水宽度等于和大于 5 m 的绿地
	G2	防护绿地	用于安全、卫生、防风等的防护绿地

续表

类别代号		类别名称	范围
大类	小类		
E		水域和其他用地	规划范围内的水域、农林用地、牧草地、未利用地、各类保护区和特殊用地等
	E1	水域	江河、湖泊、水库、沟渠、池塘、滩涂等水域；不包括公园绿地中的水面
	E2	农林用地	以生产为目的的农林用地，如农田、菜地、园地、林地、苗圃、打谷场以及农业生产建筑等
	E3	牧草和养殖用地	生长各种牧草的土地及各种养殖场用地等
	E4	保护区	水源保护区、文物保护区、风景名胜区、自然保护区等
	E5	墓地	—
	E6	未利用地	未使用和尚不能使用的裸岩、陡坡地、沙荒地等
	E7	特殊用地	军事、保安等设施用地；不包括部队家属生活区等用地

小城镇的现状和规划用地应统一按规划范围进行计算。规划范围应为建设用地以及因发展需要实行规划控制的区域，包括规划确定的预留发展、交通设施、工程设施等用地以及水源保护区、文物保护区、风景名胜区、自然保护区等。

分片布局的规划用地应分片计算用地，再进行汇总。现状及规划用地应按平面投影面积计算，用地的计算单位应为“公顷(hm^2)”。用地面积计算的精确度应按制图比例尺确定，1∶10 000、1∶25 000的图纸应取值到个位数；1∶5 000的图纸应取值到小数点后一位数；1∶1 000、1∶2 000的图纸应取值到小数点后两位数。小城镇用地计算表的格式应符合表1-4的规定。

表 1-4　　小城镇用地计算表

类别代号	用地名称	现状年人			规划年人		
		面积 /hm²	比例 /%	人均 /(m²/人)	面积 /hm²	比例 /%	人均 /(m²/人)
R							
R1 R2							
C							
C1 C2 C3 C4 C5 C6							
M							
M1 M2 M3 M4							
W							
W1 W2							

五、小城镇规划建设用地标准

小城镇规划的建设用地标准应包括人均建设用地指标、建设用地比例和建设用地选择三部分。

1. 人均建设用地指标

人均建设用地指标应为规划范围内的建设用地面积除以常住人口数量的平均数值。人口统计应与用地统计的范围相一致。人均建设用地指标应按表 1-5 规定分为四级。

新建镇区的规划人均建设用地指标应按表 1-5 中第二级确定；当地处现行国家标准《建筑气候区划标准》(GB 50178—1993)的Ⅰ、Ⅶ建筑气候区时，可按第三级确定；在各建筑气候区内均不得采用第一、四级人均建设用地指标。

表 1-5　人均建设用地指标分级

级别	一	二	三	四
人均建设用地指标/(m^2/人)	>60～≤80	>80～≤100	>100～≤120	>120～≤140

对现有的小城镇进行规划时，其规划人均建设用地指标应在现状人均建设用地指标的基础上，按表 1-6 规定的幅度进行调整。第四级用地指标可用于Ⅰ、Ⅶ建筑气候区的现有镇区。

表 1-6　规划人均建设用地指标

现状人均建设用地指标/(m^2/人)	规划调整幅度/(m^2/人)
≤60	增 0～15
>60～≤80	增 0～10
>80～≤100	增、减 0～10
>100～≤120	减 0～10
>120～≤140	减 0～15
>140	减至 140 以内

注：规划调整幅度是指规划人均建设用地指标对现状人均建设用地指标的增减数值。

2. 建设用地比例

小城镇规划中的居住、公共设施、道路广场以及绿地中的公共绿地四类用地占建设用地的比例应符合表 1-7 的规定。

表 1-7　建设用地比例

类别代号	类别名称	占建设用地比例/%	
		中心镇镇区	一般镇镇区
R	居住用地	28～38	33～43
C	公共设施用地	12～20	10～18
S	道路广场用地	11～19	10～17
G1	公共绿地	8～12	6～10
四类用地之和		64～84	65～85

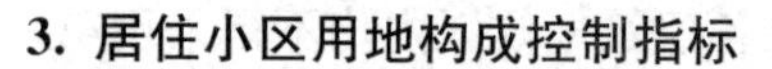

3. 居住小区用地构成控制指标

小城镇居住小区内各类用地所占比例的用地平衡控制指标应符合表 1-8 规定，并结合小城镇实际，分析比较确定。

表 1-8　　小城镇居住小区用地构成控制指标

用地类别＼居住单位	居住小区/%		住宅组群/%		住宅庭院/%	
	Ⅰ级	Ⅱ级	Ⅰ级	Ⅱ级	Ⅰ级	Ⅱ级
住宅建筑用地	54～62	58～66	72～82	75～85	76～86	78～88
公共建筑用地	16～22	12～18	4～8	3～6	2～5	2～7
道路用地	10～16	10～13	2～6	2～5	1～3	1～2
公共绿地	8～13	7～12	3～4	2～3	2～3	1.5～2.5
总计用地	100	100	100	100	100	100

小城镇居住小区建筑面积可采用户均建筑面积指标、住宅基本功能空间面积指标和住宅附加功能空间面积指标加以控制。住宅户均建筑面积指标应根据不同户结构、不同户规模按表 1-9 确定。小城镇住宅基本功能空间面积指标应按表 1-10 并结合实际情况选定。小城镇住宅附加功能空间面积指标应按表 1-11 并结合实际情况确定。

表 1-9　　小城镇住宅户均建筑面积指标

户结构	户均建筑面积/m^2	户均使用面积/m^2	说　明
两代	85～95	65～85	夫妇及一个孩子面积标准稍低些，两个孩子面积标准稍高些
三代	100～140	82～120	三代 6 人面积标准稍高些，5 人以下面积标准稍低些
四代	150～200	125～170	四代 8 人面积标准稍高些，7 人以下面积标准稍低些

表 1-10 小城镇住宅基本功能空间面积指标

功能空间名称	门厅	起居室	餐厅	主卧室 老人卧室	次要卧室	厨房	卫生间	基本贮藏间	
								数量/间	面积/m^2
面积标准/m^2	3～5	16～26	9～14	14～18	8～12	6～9	4～7	3～6	4～10

表 1-11 小城镇住宅附加功能空间面积指标

功能空间名称	生活性附加功能空间						生产性附加功能空间
	客厅	书房	客卧	家务劳动室	健身游戏室	阳光室	
面积标准/m^2	18～30	12～16	8～12	12～14	14～20	7～12	专用空间的种类数量及面积大小根据住户从业的实际需要确定

4. 建设用地选择

(1)建设用地的选择应根据区位和自然条件、占地的数量和质量、现有建筑和工程设施的拆迁和利用、交通运输条件、建设投资和经营费用、环境质量和社会效益以及具有发展余地等因素，经过技术经济比较，择优确定。

(2)建设用地宜选在生产作业区附近，并应充分利用原有用地调整挖潜，同土地利用总体规划相协调。需要扩大用地规模时，宜选择荒地、薄地，不占或少占耕地、林地和牧草地。

(3)建设用地宜选在水源充足，水质良好，便于排水、通风和地质条件适宜的地段。

(4)建设用地应避开山洪、泥石流、滑坡、风灾、地震断裂带等灾害影响以及生态敏感的地段；应避开水源保护区、文物保护区、自然保护区和风景名胜区；应避开有开采价值的地下资源和地下采空区以及文物埋藏区。

六、小城镇居住用地规划

1. 居住用地的选址

居住用地的选址应有利于生产，方便生活，具有适宜的卫生条件和建设条件，并应常年布置在大气污染源的最小风向频率的下风侧以及水污染源的上游；应与生产劳动地点联系方便，又不相互打扰；位于丘陵和山区时，应优先选用向阳坡和通风良好的地段。

2. 居住用地的规划

在进行居住用地规划时，首先应按照镇区用地布局的要求，综合考虑相邻用地的功能、道路交通等因素进行规划；其次应根据不同的住户需求和住宅类型，相对集中布置；最后居住建筑的布置应根据气候、用地条件和使用要求，确定建筑的标准、类型、层数、朝向、间距、群体组合、绿地系统和空间环境。

七、小城镇公共设施用地规划

小城镇公共设施按其使用性质分为行政管理、教育机构、文体科技、医疗保健、商业金融和集贸市场六类，其项目的配置见表 1-12。

表 1-12　公共设施项目配置

类别	项　目	中心镇	一般镇
一、行政管理	1. 党政、团体机构	●	●
	2. 法院	○	—
	3. 各专项管理机构	●	●
	4. 居委会	●	●
二、教育机构	1. 专科院校	○	—
	2. 职业学校、成人教育及培训机构	○	○
	3. 高级中学	●	○
	4. 初级中学	●	●
	5. 小学	●	●
	6. 幼儿园、托儿所	●	●

续表

类别	项目	中心镇	一般镇
三、文体科技	1. 文化站(室)、青少年及老年之家	●	●
	2. 体育场馆	○	○
	3. 科技站	●	○
	4. 图书馆、展览馆、博物馆	●	○
	5. 影剧院、游乐健身场	●	○
	6. 广播电视台(站)	●	○
四、医疗保健	1. 计划生育站(组)	●	●
	2. 防疫站、卫生监督站	●	●
	3. 医院、卫生院、保健站	●	○
	4. 休疗养院	○	—
	5. 专科诊所	○	—
五、商业金融	1. 百货店、食品店、超市	●	●
	2. 生产资料、建材、日杂商店	●	●
	3. 粮油店	●	●
	4. 药店	●	●
	5. 燃料店(站)	●	●
	6. 文化用品店	●	●
	7. 书店	●	●
	8. 综合商店	●	●
	9. 宾馆、旅店	●	●
	10. 饭店、伙食店、茶馆	●	●
	11. 理发馆、浴室、照相馆	●	●
	12. 综合服务站	●	●
	13. 银行、信用社、保险机构	●	●
六、集贸市场	1. 百货市场	●	●
	2. 蔬菜、果品、副食市场	●	●
	3. 粮油、土特产、畜、禽、水产市场	根据镇的特点和发展需要设置	
	4. 燃料、建材家具、生产资料市场		
	5. 其他专业市场		

注:表中●—应设的项目;○—可设的项目。

第二节　小城镇住宅小区规划技术经济指标

小城镇住宅小区的技术经济指标一般是指用地分析、技术经济指标分析和建设投资等方面，其是从量的方面衡量和评价规划质量和综合效益的重要依据。

一、用地分析

1. 用地分析的作用和表现形式

用地分析是经济分析工作中的一个基本环节，主要是对住宅小区现状和规划设计方案的用地使用情况进行分析和比较，其作用主要有以下几点。

(1)对土地使用现状情况进行分析，作为调整用地和制定规划的依据之一；

(2)用数量表明规划设计方案的各项用地分配和所占总用地比例；

(3)作为住宅小区规划设计方案评定和建设管理机构审定方案的依据。

用地分析的内容和指标数据通常用用地平衡表来表示，其内容见表 1-13。

表 1-13　　住宅小区用地平衡表

用途	面积/hm^2	所占比例/%	人均面积/(m^2/人)
一、住宅小区用地	▲	100	▲
住宅用地	▲	▲	▲
公共建筑用地	▲	▲	▲
道路用地	▲	▲	▲
公共绿地	▲	▲	▲
二、其他用地	△	—	—
住宅小区规划总用地	△	—	—

注:“▲”为参与住宅小区用地平衡的项目;“△”为不参与住宅小区用地平衡的项目。

2. 用地平衡表中各项用地界限的划定

(1)住宅小区规划总用地范围的确定。

1)当住宅小区规划总用地周界为城镇道路、住宅小区(级)道路、住宅小区路或自然分界线时,用地范围划至道路中心线或自然分界线。

2)当规划总用地与其他用地相邻时,用地范围划至双方用地的交界处。

(2)住宅小区用地范围的确定。

1)住宅小区以道路为界线:属城镇干道时,以道路红线为界;属住宅小区干道时,以道路中心线为界;属公路时,以公路的道路红线为界。

2)同其他用地相邻时,以地边线为界。

3)同天然障碍物或人工障碍物相毗邻时,以障碍物用地边缘为界。

4)住宅小区内的非居住用地或住宅小区级以上的公共建筑用地应扣除。

(3)住宅用地范围的确定。

1)以住宅小区内部道路红线为界,宅前宅后小路属于住宅用地。

2)住宅与公共绿地相邻时,没有道路或其他明确界线时,如果在住宅的长边,通常以住宅高度的 1/2 计算;如果在住宅的两侧,一般按 3～6 m 计算。

3)住宅与公共建筑相邻而无明显界线的,则以公共建筑实际所占用地的界线为界。

(4)公共建筑用地范围的确定。

1)有明显界限的公共建筑,如幼托、学校均按实际用地界限计算。

2)无明显界限的公共建筑,例如蔬菜店、饮食店等,则按建筑物基底占用土地及建筑物四周所需利用的土地划定界线。

3)当公共建筑设在住宅建筑底层或住宅公共建筑综合楼时,用地面积应按住宅和公共建筑各占该幢建筑总面积的比例分摊用地,并分别计入住宅用地和公共建筑用地;底层公共建筑突出于上部住宅或占有专用场院或因公共建筑需要后退红线的用地，均应计入公共建筑用地。

(5)道路用地范围的确定。

1)住宅小区道路作为住宅小区用地界线时，以道路红线宽度的一半计算。

2)住宅小区路、组团路，按路面宽度计算。当住宅小区路设有人行便道时，人行便道计入道路用地面积。

3)非公共建筑配建的居民小汽车和单位通勤车停放场地，按实际占地面积计入道路用地。

4)公共建筑用地界限外的人行道或车行道均按道路用地计算。属公共建筑用地界限内的道路用地不计入道路用地，应计入公共建筑用地。

5)宅间小路不计入道路用地面积。

(6)公共绿地范围的确定。

1)公共绿地指规划中确定的住宅小区公园、小区公园、组团绿地以及儿童游戏场和其他的块状、带状公共绿地等。

2)宅前宅后绿地以及公共建筑的专用绿地不计入公共绿地。

二、住宅小区技术经济指标内容和计算

1. 技术经济指标内容

住宅小区主要技术经济指标内容见表1-14。

表1-14 住宅小区主要技术经济指标

项目	居住户数/户	居住人数/人	总建筑面积			住宅平均层数/层	人口毛密度/(人/hm²)	人口净密度/(人/hm²)	建筑密度/%	住宅面积毛密度/(m²/hm²)	住宅面积净密度/(m²/hm²)	容积率/%	绿地率/%
			住宅建筑面积/m²	公共建筑面积/m²	其他建筑面积/m²								

2. 各项技术经济指标计算

(1)住宅平均层数。住宅平均层数是指各种住宅层数的平均值，公式表示为

住宅平均层数＝各种层数的住宅建筑面积之和(住宅总建筑面积)/底层占地面积之和

(2)建筑密度。建筑密度主要取决于房屋建筑布置对气候、防火、防震、地形条件和院落组织等的要求，直接与房屋间距、建筑层数、层高、房屋排列方式有关。用公式表示为

建筑密度＝(各居住建筑底层建筑面积之和/居住建筑用地)×100%

(3)人口毛密度。人口毛密度用公式表示为

人口毛密度＝居住总人口数/小区用地总面积(人/hm^2)

(4)人口净密度。人口净密度用公式表示为

人口净密度＝居住总人口数/住宅用地面积(人/hm^2)

(5)住宅面积毛密度。住宅面积毛密度是指每公顷居住区用地上拥有的住宅建筑面积。用公式表示为

住宅面积毛密度＝住宅总建筑面积/居住地面积(m^2/hm^2)

(6)住宅面积净密度(住宅容积率)。住宅面积净密度是指每公顷住宅用地上拥有的住宅建筑面积。用公式表示为

住宅面积净密度＝住宅总建筑面积/住宅用地面积(m^2/hm^2)

(7)住宅小区建筑面积毛密度(容积率)。住宅小区建筑面积毛密度是每公顷住宅小区用地上拥有的各类建筑的建筑面积。用公式表示为：

住宅小区建筑面积毛密度(容积率)＝总建筑面积/居住用地总面积(%)

(8)住宅建筑净密度。用公式表示为

住宅建筑净密度＝住宅建筑基底总面积/住宅总用地面积(%)

(9)绿地率。用公式表示为

绿地率＝居住用地范围内各类绿地总和/居住用地总面积(%)

三、小城镇基础设施规划合理水平和定量化指标

小城镇基础设施规划合理水平和定量化指标，直接关系到小城镇基础设施规划的科学、建设的投资合理、作用的大小、效益的好坏，也

直接关系到小城镇基础设施与小城镇建设的可持续发展。

1. 相关因素

小城镇基础设施规划合理水平与定量化指标的相关因素有共同和非共同相关因素。小城镇基础设施规划合理水平和定量化指标，应根据不同设施的不同特点，分析共同和非共同相关因素。

(1)共同相关因素。对水、电、通信等小城镇基础设施来说，共同相关因素主要是小城镇性质、类型、地理位置、经济、社会发展、城镇建设水平、人口规模，还有小城镇居民的经济收入水平。其中，水、电设施的共同相关因素还有气候条件。

(2)非共同相关因素。小城镇基础设施规划合理水平和定量化指标也与各项设施的非共同相关因素相关，例如：

1)给水设施供水规模、水资源状况与居民生活习惯相关；

2)排水和污水处理系统的合理水平与环境保护要求、当地自然条件和水体条件、污水量和水质情况相关；

3)电力设施电力负荷水平与能源消费的构成、节能措施等相关；

4)电信设施电话普及率与居民收入增长规律、第三产业和新部门增长发展规律相关；

5)防洪设施防洪标准除主要与洪灾类型、所处江河流域、邻近防护对象相关外，还与受灾后造成的影响、经济损失、抢险难易以及投资的可能性相关；

6)环卫设施生活垃圾量与当地燃料结构、消费习惯、消费结构及其变化、季节和地域情况相关。

2. 技术指标

小城镇基础设施合理水平和定量化技术指标两者是密切相关的。定量化指标主要是反映设施规模的合理水平，基础设施合理水平主要是反映与小城镇发展相适应的设施技术的先进程度。

(1)给水、排水工程设施。人均综合生活用水量指标在目前各地建制镇、村镇给水工程规划中作为主要用水量预测指标普遍采用。但除县级市给水工程规划可采用现行国家标准《城市给水工程规划规范》(GB 50282—1998)的指标外，其余建制镇规划无适宜标准可依，均由各规划设计单位自定指标。同时也缺乏小城镇一方面的相关研究成果。

1)综合生活用水量指标。表1-15小城镇人均综合生活用水量指标是在四川、重庆、湖北、福建、浙江、广东、山东、河南、天津等共89个小城镇(含调查镇外,补充收集规划资料的部分镇)的给水现状、用水标准、用水量变化、规划指标及相关因素的调查资料收集和相关变化规律的研究分析、推算以及对照《城市给水工程规划规范》(GB 50282—1998)、《室外给水设计规范》(GB 50013—2006)成果延伸的基础上,按全国生活用水量定额的地区区分(下称地区区分)、小城镇规模分级和规划分期设定。

表1-15　小城镇人均综合生活用水量指标　L/(人·d)

地区区划	小城镇规模分级					
	一		二		三	
	近期	远期	近期	远期	近期	远期
一区	190～370	220～450	180～340	200～400	150～300	170～350
二区	150～280	170～350	140～250	160～310	120～210	140～260
三区	130～240	150～300	120～210	140～260	100～160	120～200

注:1. 一区包括贵州、四川、湖北、湖南、江西、浙江、福建、广东、广西、海南、上海、云南、江苏、安徽、重庆;

二区包括黑龙江、吉林、辽宁、北京、天津、河北、山西、河南、山东、宁夏、陕西、内蒙古河套以东和甘肃黄河以东的地区;

三区包括新疆、青海、西藏、内蒙古河套以西和甘肃黄河以西的地区。

2. 用水人口为小城镇总体规划确定的规划人口数。

3. 综合生活用水为小城镇居民日常生活用水和公共建筑用水之和,不包括浇洒道路、绿地、市政用水和管网漏失水量。

4. 指标为规划期最高日用水量指标。

5. 特殊情况的小城镇,根据实际情况,用水量指标应酌情增减。

2)小城镇排水体制、排水与污水处理规划合理水平见表1-16。

3)小城镇单位居住用地用水量指标。小城镇单位居住用地用水量指标见表1-17。居住用地用水量包括居民生活用水量及其公共设施;道路浇洒用水和绿化用水。

(2)供电、通信工程设施。

表 1-16　**小城镇排水体制、排水与污水处理规划要求**

分项 ＼ 小城镇分级 / 规划期		经济发达地区						经济发展一般地区						经济欠发达地区					
		一		二		三		一		二		三		一		二		三	
		近期	远期	近期	远期	近期	远期	近期	远期	近期	远期	近期	远期	近期	远期	近期	远期	近期	远期
排水体制一般原则	1. 分流制 2. 不完全分流制	△	●	△	●		●	△ 2	●	○ 2	●	○ 2	△	○ 2	●		△ 2		△ 2
	合流制														○		○部分		
排水管网面积普及率(%)		95	100	90	100	85	95～100	85	100	80	95～100	75	90～95	75	90～100	50～60	80～85	20～40	70～80
不同程度污水处理率(%)		80	100	75	100	65	90～95	65	100	60	95～100	50	80～85	50	80～90	20	65～75	10	50～60
统建、联建、单建污水处理厂		△	●	△	●		●		●		●		●		△		△		
简单污水处理						○		○		○		○		○		○		○ 低水平	△ 较高水平

注：1. 表中○—可设，△—宜设，●—应设。

2. 不同程度污水处理率指采用不同程度污水处理方法达到的污水处理率。

3. 统建、联建、单建污水处理厂指郊区小城镇、小城镇群应优先考虑统建、联建污水处理厂。

4. 简单污水处理指经济欠发达、不具备建设较现代化污水处理厂条件的小城镇，选择采用简单、低耗、高效的多种污水处理方式，如氧化塘、多级自然处理系统、管道处理系统以及环保部门推荐的几种实用污水处理技术。

5. 排水体制的具体选择除按上表要求外，同时应根据总体规划和环境保护要求，综合考虑自然条件、水体条件、污水量、水质情况、原有排水设施情况、技术经济比较确定。

表 1-17　小城镇单位居住用地用水量指标　10^4 m³/(km² · d)

地区区划	小城镇规模分级		
	一	二	三
一区	1.00～1.95	0.90～1.74	0.80～1.50
二区	0.85～1.55	0.80～1.38	0.70～1.15
三区	0.70～1.34	0.55～1.16	0.55～0.90

注:表中指标为规划期内最高日用水量指标,使用年限延伸至 2020 年,即远期规划指标,近期规划使用应酌情减少,指标已含管网漏失水量。

1)小城镇规划人均市政、生活用电指标见表 1-18。

表 1-18　小城镇规划人均市政、生活用电指标　kW · h/(人 · 年)

规划期	经济发达地区			经济发展一般地区			经济欠发达地区		
	小城镇规模分级								
	一	二	三	一	二	三	一	二	三
近期	560～630	510～580	430～510	440～520	420～480	340～420	360～440	310～360	230～310
远期	1 960～2 200	1 790～2 060	1 510～1 790	1 650～1 880	1 530～1 740	1 250～1 530	1 400～1 720	1 230～1 400	9 10～1 230

2)小城镇规划单位建设用地用电负荷指标和单位建筑面积用电负荷指标分别见表 1-19、表 1-20。

表 1-19　小城镇规划单位建设用地用电负荷指标

建设用地分类	居住用地	公共设施用地	工业用地
单位建设用地用电负荷指标/(kW · hm²)	80～280	300～550	200～500

注:表外其他类建设用地的规划单位建设用地用电负荷指标的选取,可根据当地小城镇实际情况,调查分析确定。

表 1-20　小城镇规划单位建筑面积用电负荷指标

建设用地分类	居住建筑	公共建筑	工业建筑
单位建筑面积用电负荷指标/(W · m²)	15～40/W · m² 1 ～4 kW/户	30～80	20～80

注:表外其他类建筑的规划单位建筑面积用电负荷指标的选取,可根据当地小城镇实际情况,调查分析确定。

3)供电设施用地控制指标。供电设施的35～110 kV变电所用地等控制指标,一般结合小城镇实际,并引用相关标准规范的有关规定。

4)小城镇电话普及率预测水平见表1-21。

表1-21　小城镇电话普及率预测水平　部/百人

规划类型	经济发达地区			经济发展一般地区			经济欠发达地区		
	小城镇规模分级								
	一	二	三	一	二	三	一	二	三
近期	38～43	32～38	27～34	30～36	27～32	20～28	23～28	20～25	15～20
远期	70～78	64～75	50～68	60～70	54～64	44～56	50～56	45～55	35～45

5)按单位建筑面积测算小城镇电话需求分类用户指标见表1-22。

表1-22　按单位建筑面积测算小城镇电话需求分类用户指标　线/m^2

	写字楼办公楼	商店	商场	旅馆	宾馆	医院	工业厂房	住宅楼房	别墅、高级住宅	中学	小学
经济发达地区	1/(25～35)	1/(25～50)	1/(70～120)	1/(30～35)	1/(20～25)	1/(100～140)	1/(100～280)	1/户面积	(1.2～2)/(200～300)	(4～8)线/校	(3～4)线/校
经济一般地区	1/(30～40)	(0.7～0.9)/(25～50)	(0.8～0.9)/(70～120)	(0.7～0.9)/(30～35)	1/(20～35)	(0.8～0.9)/(100～140)	1/(120～200)	(0.8～0.9)/户面积		(3～5)线/校	(2～3)线/校
经济欠发达地区	1/(35～45)	(0.5～0.7)/(25～50)	(0.5～0.7)/(70～120)	(0.5～0.7)/(30～35)	1/(30～40)	(0.7～0.8)/(100～140)	1/(150～250)	(0.5～0.7)/户面积		(2～3)线/校	(1～2)线/校

6)小城镇电信局(所)预留用地面积、邮电支局预留用地面积见表1-23、表1-24。

表1-23　小城镇电信局(所)预留用地面积

局所规模/门	≤2 000	3 000～5 000	5 000～10 000	30 000	60 000	100 000
预留用地面积/m^2	1 000～2 000		2 000～3 000	4 500～5 000	6 000～6 500	8 000～9 000

注:1. 用地面积同时考虑兼营业点用地。

2. 当局(所)为电信枢纽局(长途交换局、市话汇接局)时,2万～3万路端用地为15 000～17 000 m^2。

3. 表中所列规模之间大小的局(所)预留用地,可比较、酌情预留。

表 1-24 小城镇邮电支局预留用地面积

支局级别 / 用地面积/m² / 支局名称	一等局业务收入 1 000 万元以上	二等局业务收入 500 万～1 000 万元	三等局业务收入 100 万～500 万元
邮电支局	3 700～4 500	2 800～3 300	2 170～2 500
邮电营业支局	2 800～3 300	2 170～2 500	1 700～2 000

7)小城镇通信线路敷设方式规划合理水平见表 1-25。

表 1-25 小城镇通信线路敷设方式

敷设方式	经济发达地区						经济发展一般地区						经济欠发达地区					
	小城镇规模分级																	
	一		二		三		一		二		三		一		二		三	
	近期	远期	近期	远期	近期	远期	近期	远期	近期	远期	近期	远期	近期	远期	近期	远期	近期	远期
架空电缆											○		○		○		○	
埋地管道电缆	△	●	△	●	部分△	●	部分●	●	部分△	●		△		●		△		部分△

注:○—可设;△—宜设;●—应设。

(3)防洪和环境卫生工程设施。

1)小城镇防洪标准。小城镇防洪标准同时对沿江河湖泊和邻近大型工矿企业、交通运输设施、文物古迹和风景区等防护对象情况防洪标准做出规定。小城镇防洪标准按洪灾类型区分,并依据现行国家标准《城市防洪工程设计规范》(GB/T 50805—2012)和《防洪标准》(GB 50201—1994)的相关规定,见表 1-26。

表 1-26 小城镇防洪标准

类别 / 项目	河(江)洪、海潮	山洪	泥石流
防洪标准(重现期)/年	50～20	10～5	20

2)小城镇生活垃圾预测指标。当采用小城镇生活垃圾人均预

测指标预测，人均预测指标可按 0.9～11.4 kg/(人 · d)，结合相关因素分析比较选定；当采用增长率法预测，应根据垃圾量增长的规律和相关调查和分析比较，按不同时间段确定不同的增长率预测。根据小城镇的相关调查分析和推算，小城镇近期生活垃圾产量的平均增长一般可按 8%～10.5%，结合小城镇实际情况分析比较选取或适当调整。

3)小城镇垃圾污染控制和环境卫生评估指标见表 1-27。

表 1-27　小城镇垃圾污染控制和环境卫生评估指标

分级	经济发达地区						经济发展一般地区						经济欠发达地区					
	小城镇规模分级																	
	一		二		三		一		二		三		一		二		三	
项目	近期	远期	近期	远期	近期	远期	近期	远期	近期	远期	近期	远期	近期	远期	近期	远期	近期	远期
固体垃圾有效收集率/%	65～70	≥98	60～65	≥95	55～60	95	60	95	55～60	90	45～55	85	45～50	90	40～45	85	30～40	80
垃圾无害化处理率/%	≥40	≥90	35～40	85～90	25～30	75～85	≥35	30～35	80～85	20～30	70～80	30	≥75	25～30	70～75	15～25	60～70	
资源回收利用率/%	30	50	25～30	45～50	20～25	35～45	25	45～50	20～25	40～45	15～20	30～40	20	40～45	15～20	35～40	10～15	25～35

注：资源回收利用包括工矿业固体废物的回收利用，结合污水处理和改善能源结构，粪便、垃圾生产沼气回收其中的有用物质等。

四、小城镇住宅小区建设投资

小城镇住宅小区建设的投资主要包括居住建筑、公共建筑、室外工程设施、绿化工程等造价。此外，还包括土地使用准备费(如土地征用、房屋拆迁、青苗补偿等)以及其他费用(如工程建设中未能预见到的后备费用，一般预留总造价的 5%)。在住宅小区建设投资中，住宅建筑的造价所占比重最大，占 70%左右，其次是公共建筑造价。因此，降低居住建筑单方造价是降低住宅小区总造价的一个重要方面。住宅小区造价概算表格式见表 1-28。

表 1-28　住宅小区造价概算表

编号	项目	单位	数量	单价/元	造价	占总造价比重	备注
一	土地使用						
	1. 土地使用准备	hm^2					
	2. 房屋拆迁费	间					
	3. 青苗补偿费	hm^2					
	……						
二	居住建筑						
	1. 住宅	m^2					
	2. 单身宿舍	m^2					
三	公共建筑						
	1. 儿童教育	m^2					
	2. 医疗	m^2					
	3. 经济	m^2					
	4. 文娱	m^2					
	5. 商业服务	m^2					
	……						
四	室外市政工程设施						
	1. 土石方工程	m^2					
	2. 道路	m^2					
	3. 水、暖、电外线	m^2					
五	绿化	m^2					
六	其他						
七	居住宅小区总造价	万元					
八	平均每居民占造价	元/人					
九	平均每公顷居住用地造价	元/hm^2					
十	平均每平方米居住建筑面积造价	元/m^2					

五、小城镇环境保护规划技术指标

(1)小城镇大气环境保护规划目标宜包括大气环境质量、小城镇气化率、工业废气排放达标率、烟尘控制区覆盖率等。小城镇大气环境质量标准分为三级。空气污染物的三级标准浓度限值应符合表1-29的规定。

表1-29　小城镇大气环境质量标准

污染物名称	浓度限值/(mg/m³)			
	取值时间	一级标准	二级标准	三级标准
总悬浮微粒	日平均	0.15	0.30	0.50
	任何一次	0.30	1.00	1.50
飘尘	日平均	0.05	0.15	0.25
	任何一次	0.15	0.50	0.70
氮氧化合物	日平均	0.05	0.10	0.15
	任何一次	0.10	0.15	0.30
SO_2	年日平均	0.02	0.06	0.10
	日平均	0.05	0.15	0.25
	任何一次	0.15	0.50	0.70
CO	日平均	4.00	4.00	6.00
	任何一次	10.00	10.00	20.00
光化学氧化剂(O_3)	1h平均	0.12	0.16	0.20

注:日平均:任何一日的平均浓度不允许超过的限值。
年日平均:任何一年的日平均浓度不允许超过的限值。
任何一次:任何一次采样测定不许超过的限值,不同污染物"任何一次"采样时同见有关规定。引自《环境空气质量标准》(GB 30956—2012)。

(2)小城镇声环境保护规划目标主要为小城镇各类功能区环境噪声平均值与干线交通噪声平均值,并应符合表1-30的规定。

表 1-30　小城镇各类功能区环境噪声标准值等效率级 L_{eq}　dB

适用区域		昼间	夜间
特殊居民区		50	40
居民、文教区		55	45
工业集中区		65	55
一类混合区		55	45
二类混合区 商业中心区		60	50
交通干线道路两侧	a类	70	55
	b类	70	60

注:特殊居民区:需特别安静的住宅区。

居民、文教区:纯居民区和文教、机关区。

一类混合区:一般商业与居民混合区。

二类混合区:工业、商业、少量交通与居民混合区。

商业中心区:商业集中的繁华地区。

a类:为高速公路、一级公路、二级公路、城市快速路、城市主干路、城市次干路、城市轨道交通(地面段)、内河航道两侧区域。

b类:为铁路干线两侧区域。

第二章　小城镇住宅小区规划布局

第一节　住宅小区规划结构

一、影响住宅小区结构的因素

住宅小区的规模结构主要取决于其功能要求，而功能要求必须满足和符合居民的生活需要。因此，居民在住宅小区活动的规律和特点是影响住宅小区规划结构的决定因素。

住宅小区的结构与布局取决于方便居民居住生活的需要，如那些居民日常生活必需的公共服务设施，应尽量接近居民，并方便使用；居民上下班出行应较为便利；居民自居住地点至公交车的距离不大于500 m等。因此，住宅小区内公共服务设施的布置方式和城市道路是影响住宅小区规划结构的两个重要方面，也是住宅小区规划结构需要解决的主要问题。

二、住宅小区设施布局

住宅小区设施包括公共服务设施、道路、停车设施、教育设施、绿地和户外活动场地六大类。

各项公共服务设施、交通设施以及户外活动场地的布局在满足各自的时空服务距离的同时，还要达到使居民有更多的选择的目标。

1. 公共服务设施布局

根据其设置规模、服务对象、服务时间和服务内容等方面的服务特性在空间和平面上组合布置。商业设施和服务设施宜相对集中布置在住宅区的出入口处，文化娱乐设施宜分散布置在住宅区内或集中布置在住宅区中心，居民进行综合性社区活动的设施宜安排在住宅区内较为重要和靠近门的位置。

2. 教育设施布局

各类教育设施应安排在住宅区内部，与住宅区的步行和绿地系统相联系，并宜接近住宅区中心。中小学位置应考虑噪声影响、服务范围以及出入口位置等因素，避免对住宅区居民的日常生活和正常通行带来干扰。

3. 绿地布局

绿地的布局应达到环境与景观共享、自然与人工共融的目标，住宅区生态建设方面，要求充分考虑保持和利用自然的地形、地貌。

住宅区绿地布局系统宜贯通整个住宅区的各个具有相应公共性质的户外空间，并应尽可能地通达至住宅。绿地布局应与住宅区的步行游憩布局结合，并将住宅区的户外活动场地纳入其中。绿地系统不宜被车行道过多地分隔或穿越，也不宜与车行系统重合。

4. 户外活动场地布局

各类户外活动场地应与住宅区的步行和绿地系统紧密联系或结合，位置和通路应具有良好的通达性，幼儿和儿童活动场地应接近住宅并易于监护，青少年活动场地应避免对居民正常生活产生影响，老人活动场地宜相对集中。

5. 道路布局

住宅区的道路规划布局应以住宅区的交通组织为基础，住宅区的交通组织一般分为人车分行和人车混行两种。

住宅区的交通组织宜以适度的人车分行为主，道路布局应充分考虑周边道路性质、等级、线型以及交通组织状况，以利于住宅区居民的出行，促进该地块功能的合理开发，避免对城市交通的影响。

道路布局结构是住宅区整体规划结构的骨架，在满足居民出行需求的前提下，充分考虑其对住宅区空间景观、空间层次形象特征的建构与塑造所起的作用。

6. 停车设施布局

停车设施布局应依据居民出行的方便程度进行安排，也应该从保证住宅区的宁静、安全和生态环境的角度来考虑。居民的非机动车停车宜尽可能安排在室内，并在相对集中的前提下尽可能接近自家单元，可以以一个住宅族群(250～300 辆)为单位集中设置。

晚间路边停车的方式可以考虑作为居民私家车停放的辅助方式之一，公交站点应接近住宅区的主要出入口。

第二节　小城镇平面规划布局基本形式

在小城镇住宅小区中，住宅的平面布置受多方面因素的影响，如气候、地形、地质、现状条件以及选用的住宅类型都对布局方式产生一定影响，因而形成各种不同的布局方式。

一般情况下，住宅小区由若干住宅组群配合公用服务设施构成，再由几个住区配合公用服务设施构成住宅区，住宅单体设计和住宅组群布局是相互协调和相互制约的关系。住宅组群布局主要有行列式、周边式、点群式、院落式、混合式和自由式六种。

一、行列式

行列式是指住宅建筑按一定的朝向和合理的间距成行成排地布置，形式比较整齐，有较强的规律性。在我国大部分地区，这种布置方式使每个住户都能获得良好的日照和通风条件，便于布置道路、管网，方便工业化施工，是目前应用较为广泛的布置形式。但行列式布置形成的空间往往比较单调，容易产生交通穿越的干扰。因此，在住宅群体组合中，应多考虑住宅建筑组群空间的变化，通过在“原型”基础上的恰当变化，就能达到良好的形态特征和景观效果。图 2-1 为行列式布局的几种形式。

二、周边式

周边式是指住宅建筑或街坊或院落周边布置的形式。这种布置形式形成近乎封闭的空间，具有一定的活动场地，空间领域性强，便于布置公共绿化和休息场地，有利于组织宁静、安全、方便的户外邻里交往的活动空间。周边式布置方式部分住宅朝向较差，对于炎热地区难

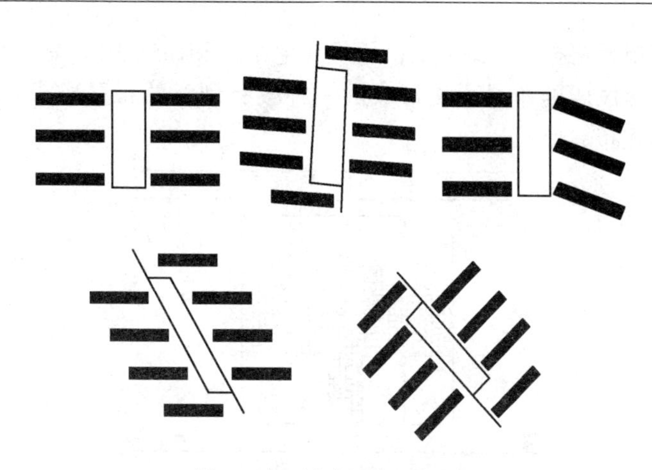

图 2-1　行列式布局的几种形式

以适应，另外对地形起伏较大的地区会造成较大的土石方工程。图 2-2 为周边式布局形式。

图 2-2　周边式布局形式示意图

三、点群式

点群式是指低层庭院式住宅形成相对独立群体的形式。一般可围绕某一建筑、活动场地和公共绿地来布置，可利于自然通风和获得更多的日照。点群式住宅布置灵活，便于利用地形，但在寒冷地区因外墙太多而对节能不利。

四、院落式

低层式住宅的群体可以把一幢四户联排住宅和两幢二户拼联的住宅组织成人车分流和宁静、安全、方便、便于管理的院落，并以此作为基本单元根据地形地貌灵活组织住宅组群和住宅小区，是一种吸取传统院落民居的布局手法形成的一种较有创意的布置形式。图 2-3 为院落式布局形式。

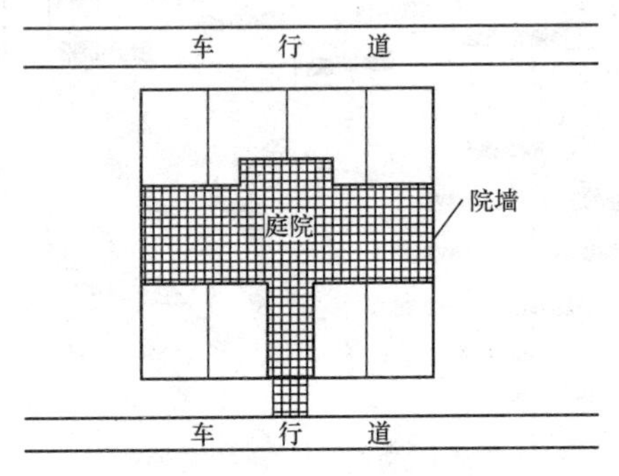

图 2-3　院落式布局形式示意图

五、混合式

混合式是指上述四种基本形式的结合或变形的组合形式，常见的往往以行列式为主，结合周边式布置。图 2-4 为混合式布局形式。

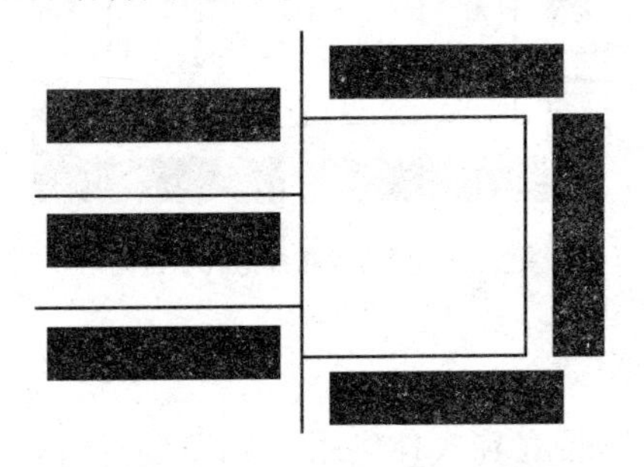

图 2-4　混合式布局形式示意图

六、自由式

自由式是从实际出发，考虑日照和通风要求，密切结合地形，灵活自由地、有规律地成组布置住宅，见表 2-1。这种布置形式最适合山地住宅小区，可以充分结合地形的起伏情况和道路弯曲相应布置。参与自由组合的住宅，可以是低层独立式和拼联式住宅，或者是多层点式、单元错接的住宅等。

表 2-1　自由式布置手法及示例

布置手法	示　例
散立 	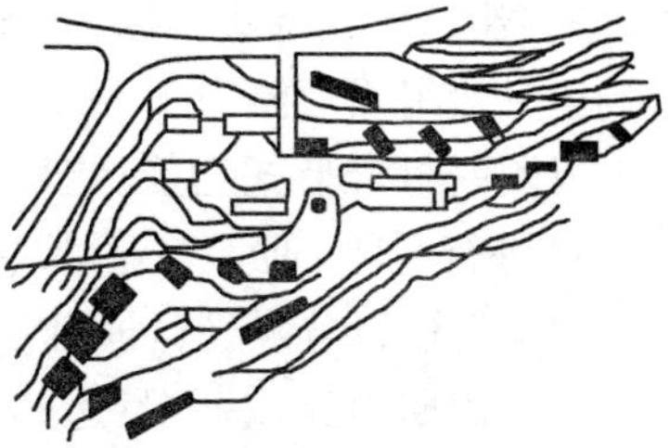
曲线形 	
曲尺形	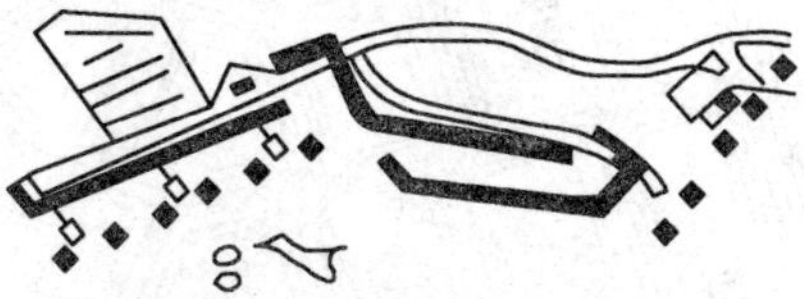

第三节　小城镇住宅群体组合

住宅群体的组合应在住宅小区规划结构的基础上进行，它是将小区内一定规模和数量的住宅（或结合公共建筑）进行合理而有序的组合，从而构成住宅小区、住宅群的基本组合单元。

住宅群体的组合形式多种多样，其基本组合方式有成组成团、成街成坊和院落式三种。

一、成组成团组合形式

成组成团组合是由一定规模和数量的住宅(或结合公共建筑)进行组合,构成住宅小区的基本组合单元,有规律地反复使用,其规模受建筑层数、公共建筑配置方式、自然地形、现状条件及住宅小区管理等因素的影响。一般组团规模为 1 000～2 000 人,较大的可达 3 000 人左右。成组成团的组合形式功能区分明确,成团用地有明确范围,有些地区组团可进行封闭,便于物业管理;成团之间可用绿地、道路、公共建筑或自然地形进行分隔。这种组合方式也较利于分期建设,较容易使建筑群组在短期内建成,并且达到面貌较为统一的结果。图 2-5 为某居住小区成组成团的组合形式。

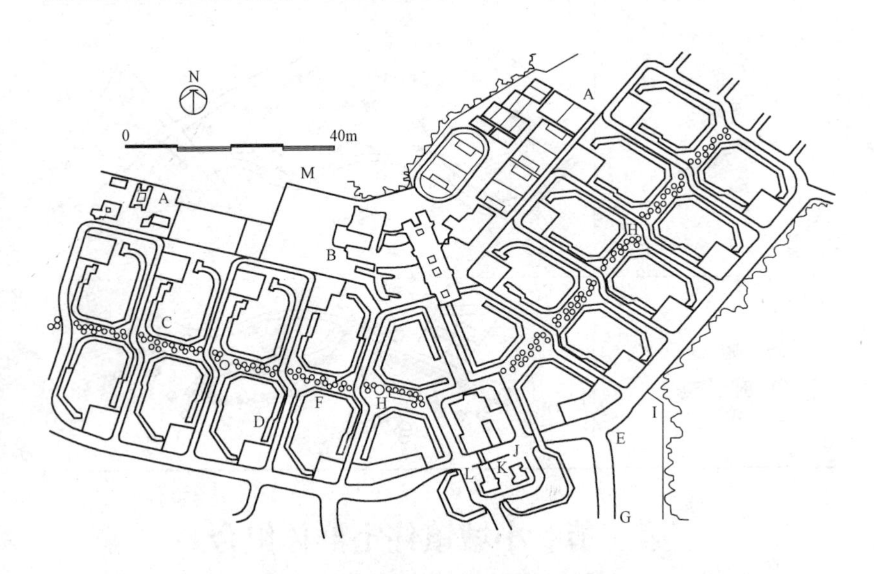

图 2-5　某居住小区成组成团组合形式

A—小学;B—中小学及青年宫;C—社会活动中心;D—托儿站;E—托儿所;

F—诊疗及家庭护理站;G—养老院;H—商店;I—教堂;

J—教堂;K—购物中心;L—诊所;M—小花园

二、成街成坊组合形式

成街组合形式是住宅沿街组成带形的空间，一般用于小城镇或住宅小区主要道路的沿线和带形地段的规划。成坊组合形式是住宅以街坊作为一个整体的布置方式，一般用于规模不太大的街坊或保留房屋较多的旧居住地段的改建。成街组合是成坊组合中的一部分，两者相辅相成、密切结合。

三、院落式组合形式

院落式组合形式是一种以庭院为中心组成院落，以院落为基本单位组成不同规模的住宅组群组织的组合形式。

住宅组群吸收北京传统四合院形态，内向、封闭，房子包围院子，设一个出入口，具有较强的安全防卫和归属感，每个住宅均有良好朝向。图 2-6 为某院落式住宅组合形式。

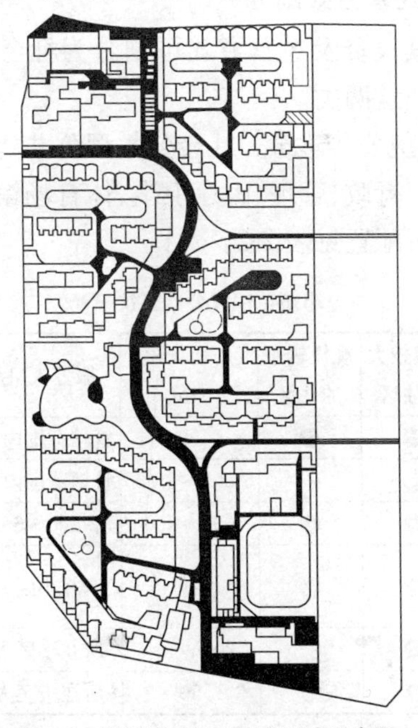

图 2-6　某院落式住宅组合形式示意图

第四节　小城镇住区公共建筑规划布局

小城镇公共建筑，既包含乡村中带有公共服务特征的建筑，也具有不少城市公共建筑的特征。大城市经济实力雄厚，经济能力强，各种工业、服务业种类齐全。在小城镇，特别是经济不太发达的小城镇，经济辐射范围很窄，其公共建筑活动的主题主要以当地人为主，其活动内容也主要是围绕当地基本的生产、生活需求展开的，呈现出综合化但非专业化的特点。

一、公共建筑的分类

小城镇住区的公共建筑主要包括儿童教育、医疗卫生、商业饮食、公共服务、文娱体育、行政经济和公用设施等。

1. 按投资及经营方式划分

公共建筑按其投资及经营方式可划分为社会公益型公共建筑和社会民助型公共建筑两类。

（1）社会公益型公共建筑。社会公益型公共建筑主要是政府部门统管的文化、教育、行政、管理、医疗卫生、体育场馆等的公共建筑。小城镇住区公共建筑配置见表 2-2。

表 2-2　小城镇住区公共建筑配置

公共建筑项目	规模较大的住区	规模较小的住区	用地规模/m^2	服务人口/人	备注
居委会	●	●	50	管辖范围内人口	可与其他建筑联建
小学	○	—	6 000～8 000	管辖范围内人口	6～12 班
幼儿园、托儿所	●	●	600～900	2 500～6 000	2～4 班
灯光球场	●	○	600	所在小区人口	规模大者可兼为镇区服务
文化站（室）	●	○	200～400	所在小区人口	可与绿地结合建设
卫生所、计生站	●	○	50	所在小区人口	—

注：●—应设；○—可设。

(2)社会民助型公共建筑。社会民助型公共建筑是指可市场调节的第三产业中的服务业,即国有、集体、个体等多种经济成分,根据市场的需要而兴建的与本住区居民生活密切相关的服务业,如日用百货、集市贸易、食品店、粮店、综合修理店、小吃店、早点部、娱乐场所等服务型公共建筑。

社会民助型公共建筑与社会公益型公共建筑的区别在于,前者主要根据市场需要来决定其是否存在,其项目、数量、规模具有相对的不稳定性,定位也较自由;后者承担一定的社会责任,由于受政府部门管理,稳定性相对强些。

2. 按使用性质划分

小城镇公共建筑按使用性质划分可分为商业服务设施、配套公共设施、交通运输设施、行政办公设施四类。

(1)商业服务设施。商业服务设施是最常见的公共建筑,主要包括集贸市场、商住楼、专业市场等。小城镇与乡村的区别不仅在于其人口规模较大,而且其相应程度的资金累积和技术累积,使得小城镇发挥了乡间技术、资金及交流的中转站这一特殊作用。

1)集贸市场。集贸市场是村镇地区商品交换的主要基地,在活跃、繁荣城乡经济方面具有重要作用。集贸市场承担了农副产品货物的交易职能,故在村镇地区较为普及。集贸市场根据经营品种的不同,可分为粮油、农副产品、副食、百货、土特产、燃料、柴草、牲畜、生产资料、建筑材料等几类。对于小城镇来说,集贸市场为当地居民提供了生活资料,也是农产品向城市销售的过渡渠道。

2)商住楼。商住楼是指该楼的使用性质为商、住两用,商住楼一般是底层(或数层)为商场、商店、商务,其余为住宅的综合性建筑。商住楼不分建设主体,不仅开发商可以建,非开发企业、个人也可以建,没有规定必须出售。根据居民与商铺经营户的房屋产权、使用权关系,商住楼可分为两类,一类是建筑上部为单元式一层或多层住宅,房屋产权多为居民所拥有,建筑下部为独立的营业面积,整个建筑有多个出入口,强调居民与商铺经营人员的入口相互独立;另一类是商住楼多为 2～3 层的低层建筑,建筑采取前商后住、底商上住的形式,商业部分由居民自主经营或租给他人经营，虽然建筑也可能设置多个出入口，但似乎更类似于低密度住宅的前后门关系。

3）专业市场。专业市场是城乡物资交流的重要渠道，在小城镇经济体系中占据着重要的作用。

4）集中式商场。集中式商场是指集中于一幢建筑中的面向个体消费的商业服务设施，如百货商场和大中型超市，这类公共建设的成本较高，对居民消费能力也要求较高。

（2）配套公共设施。配套公共设施是指可以让使用者享受现代都市生活的、与居民生活质量关联度较高的公共建筑。小城镇配套公共设施主要包括文教设施、卫生设施、体育设施三种类型。

1）文教设施。文教设施主要包括教育和文化设施两大类。教育设施包括各类学校；文化设施包括文化站、文化馆、老年活动区以及图书馆等建筑。就小城镇教育设施而言，小城镇中学要服务整个镇域的学生，其服务半径距离往往大于城市中的标准，学生在路上花费大量时间，在山地地区，这种不便更为明显。当然，这种情形也促使许多小城镇中学采用寄宿制的管理方式，便于偏远村庄的学生就学。

总体来说，平原地区、交通条件较好的地区，小城镇中学中寄宿的学生相对较少；而在山地地区、交通不发达地区，学校中寄宿的学生较多。这些因素对于小城镇中学的建设规模、建设任务书的拟定都有一定的影响，应加以关注。在小学的营建方面，许多不发达地区的小学建设资金严重缺乏，往往通过“希望工程”募集资金，设计者应结合现状，在建筑设计过程中努力节省造价，将节省下的资金多添置一些教学设施。

2）卫生设施。小城镇卫生设施包括中心卫生院、卫生所（室）、防疫站、保健站，如果将县城关镇也包括在小城镇之内的话，还包括县级医院。卫生院（所、室）一般设在集镇和中心村，保健、防疫站则设在中心集镇，条件较好的一般集镇也可设置。对于发达地区的小城镇，由于人口众多、经济繁荣，小城镇卫生设施规模较大，在建筑设计过程中，可适当选用一些大型医院的专业技术指标；在经济欠发达和不发达地区的小城镇，卫生设施规模较小，建筑面积较少，但同样不能忽视建筑功能的合理布局与医患者的合理流线等问题。

3)体育设施。在小城镇，体育设施规模普遍偏小，设施相对简单，不可能有大型、专业化的体育场馆。按照村镇体系考虑，中心集镇应该至少设置一个体育场，而一般集镇应至少设置一个灯光球场。体育设施的布点应考虑设在交通便利、区位优势较明显的集镇。

(3)交通运输设施。小城镇交通运输设施主要是指公路客运站和铁路客运站，沿河流的小城镇还应考虑水运码头。这些设施是小城镇对外联系的关键枢纽，在小城镇居民的生活中占有重要的地位。由于铁路运输的特殊性，不可能给每个小城镇设置铁路客运站。总体来说，铁路部门在考虑客运站点设置时，尽量选择区位优势明显、规模较大的城镇。无论是公路还是铁路客运站，这类建筑不仅具有交通运输功能，还具有展示小城镇“门户”形象的功能，它们是外地人对该城镇的第一印象。

在客运站主体建筑前面，人流、车流聚集，为了让车辆行驶顺畅，通常的做法是将主体建筑后退，加大交通枢纽的空间，即形成交通广场。为了避免遮挡接送旅客司机的视线，交通广场中不应种植高大的乔木，也不应放置巨大的广告牌，应以硬地为主，便于疏散大量的人流。广场中可以设置体形较细长的雕塑作为景观上的点缀。广场周围的建筑高度与广场的平均宽度之比(H/D)应在 1/4～1/2，以形成开阔的视觉感受。

(4)行政办公设施。行政办公设施主要包括企、事业办公和政府办公两大类。小城镇的企、事业单位办公楼与大中城市相比，规模普遍偏小，以多层建筑为主，很少有高层办公楼出现，其他方面与城市办公楼无大异。在本节中主要介绍小城镇政府办公楼。小城镇政府办公楼是人民政权的象征，在建筑形象上应体现端庄大方的特色，既要有一定的庄严感，也要体现出一定的民主特征。

在政府办公楼等重要建筑的前部，为了获得良好的空间视距，方便人流的疏散，常将沿街建筑红线后退，形成市民小广场。

二、小城镇公共空间

公共空间，通常是指公众使用的人工营建的外部空间环境。公共建筑的外部就是公共空间，公共空间常常依靠公共建筑围合而成，两者共同构成整体人居环境。

在城镇空间结构中，公共空间与公共建筑二者分别体现为“线”和“面”状的空间形态，而公共建筑可被视为“点”的空间形态。

1. 公共空间构成要素

建筑是公共空间的关键构成要素，建筑与外部环境的相接处，即界面的空间形态。

(1)“灰空间”。也称“泛空间”，最早是由日本建筑师黑川纪章提出，其本意是指建筑与其外部环境之间的过渡空间，以达到室内外融和的目的，比如建筑入口的柱廊、檐下等。也可将其理解为建筑群周边的广场、绿地等。

现在越来越多的设计中运用了“灰空间”的手法，形式多以开放和半开放为主。使用恰当的灰空间能带给人们以愉悦的心理感受，使人们在从“绝对空间”进入到“灰空间”时可以感受到空间的转变，享受在“绝对空间”中感受不到的心灵与空间的对话。而实现这种对话的方式，大体有以下几种。

1)用“灰空间”来增加空间的层次，协调不同功能的建筑单体，使其完美统一；

2)用“灰空间”界定、改变空间的比例；

3)用“灰空间”弥补建筑户型设计的不足，丰富室内空间。

与人关系最密切的“灰空间”恐怕要数住宅的玄关了，它与客厅等其他空间的界定有时很模糊，但就是这种空间上的模糊，既界定了空间、缓冲了视线，同时在室内装修上又成为各个户型设计上的亮点，为家居环境的布置起到了画龙点睛的作用。

其实，在实际生活中，“灰空间”不光在空间上有它的位置，在颜色等其他方面也有一席之地，这正好暗合了黑川纪章的说法。心理卫生专家认为，随着窗外季节的不同变化改变室内的环境空间，可以有效地缓解心理压力，调节心理状态，有益于身心健康。因此，正确地利用“灰空间”，可以更加丰富我们的生活。

小城镇“灰空间”有助于改善城市环境的形象，为了使新建的体量较大的公建与邻近的传统建筑相协调，可在建筑外界面上设置“灰空间”，构成一个缓冲，调节建筑的大尺度与人的小尺度之间的比例失衡。

(2)“凹凸空间”。在我国许多小城镇中，当公共空间周边建筑层数、规模、性质都比较接近时，空间较为呆板，这就需要在保持空间整体性的前提下实行空间局部的变异，形成“凸空间”与“凹空间”。有“凸空间”就有“凹空间”，但两者作用截然不同。传统的小城镇中，居民往往利用街道自然形成的“凹空间”，从事各种各样的社会活动，“凹空间”不仅满足了人们对私密性的需要，而且还起到了遮风挡雨的作用。

2. 形态上的图底关系

建筑的公共空间是被围合的虚体。如果把建筑作为认知主体，而周边的公共空间环境则成为背景，其典型实例为传统聚落中的塔；如果把公共空间作为认知主体，则周边的建筑成为衬托的背景，如图 2-7 所示。公共空间不应总被视为研究背景，也应该被作为一个正面研究对象，良好的城镇整体环境更需要协调统一的公共空间来实现。

3. 二者的空间比例

公共空间的建筑与街道广场宽度的空间比例（H/D 值）是影响小城镇整体空间形态的关键因素。按照日本建筑师芦原义信的研究，行人观看围合空间的建筑群体的仰角为 18°（$H/D=1/3$）；当观赏建筑的仰角为 27°时（$H/D=1/2$），可以完整看到一栋建筑；当观赏建筑的仰角为 45°时（$H/D=1$），是观赏单体建筑的极限。因此，在考虑沿街立面高度和广场绿地宽度时，应根据日照间距和观赏需求合理地选择仰角，至少应保持 $H/D<1$，当 $H/D>1$ 时，建筑就会对人产生压抑感。

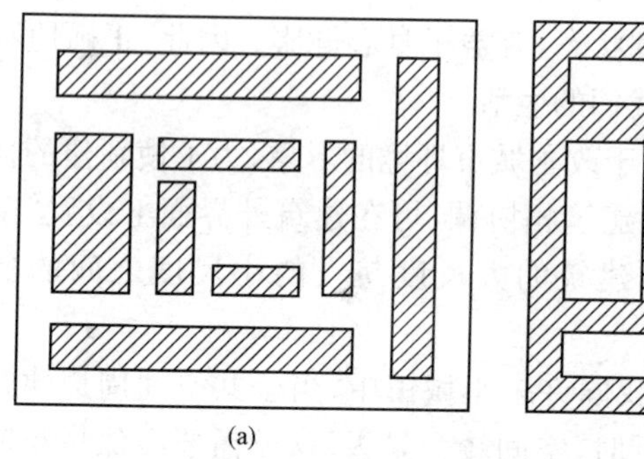

(a)

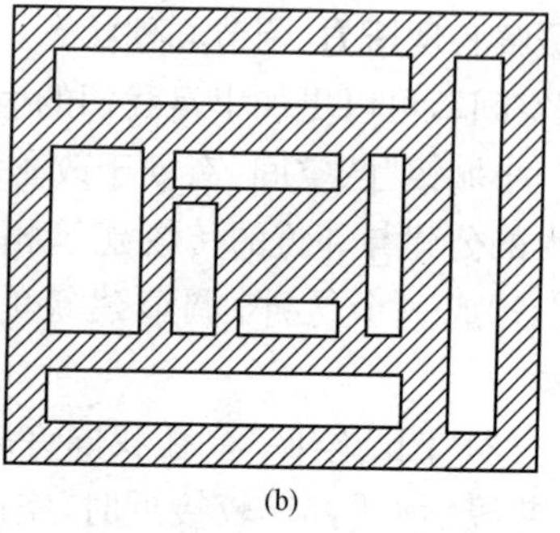

(b)

图 2-7　公共空间的形态的图底关系

(a)建筑为图,公共空间为底;(b)公共空间为图,建筑为底

三、小城镇住区公共建筑

在进行公共建筑规划布局时,既要考虑居民要求,又要考虑公共建筑经营管理的合理性和经济性。

1. 基本要求

(1)便于居民使用。各类公共建筑合理的服务半径如下。

1)居住区级公共建筑 80～1 000 m;

2)居住小区级公共建筑 400～500 m;

3)居住生活单元级公共建筑 150～200 m。

(2)应在交通方便、人流较集中的地段。

(3)保证附近地区和农村方便使用的同时,保持居住区内部安宁。

(4)利用建筑特点,与绿地等结合布置,取得好的环境效果。

2. 规划布置方式

小城镇住区公共建筑的规划布局分为三级布置。

(1)第一级(居住区级)公建项目,包括活动中心、医院、派出所、银行等。

(2)第二级(小区级)包括粮油店、菜站、煤站、小吃部、小学等。

(3)第三级(组团级)包括居委会、卫生站、综合基层点、早晚服务点等。

3. 分级配置

小城镇公共建筑分级配置应符合表 2-3 的规定，并结合小城镇性质、类型、人口规模、经济社会发展水平、居民经济收入和生活水平、风俗民情及周边条件等实际情况，分析比较选定或适当调整。

表 2-3　　小城镇公建分级配置

公建类别	项目名称	项目配置						备注
		一级配置			二级配置		三级配置	
		县城镇	中心镇	一般镇	居住小区（Ⅰ）	居住小区（Ⅱ）	住宅组群	
行政管理	县、镇党、政（人大、政协）机构	●	●	●	—	—	—	属必设公益型，均由政府投资兴建
	公、检、法机构	●	●	●	—	—	—	
	建设、土地管理机构	●	●	●	—	—	—	
	农、林、牧、副、渔及水、电管理机构	●	●	●	—	—	—	
	工商、税务管理机构	●	●	●	—	—	—	
	粮、油、棉管理机构	●	●	●	—	—	—	
	交通监理机构	●	○	○	—	—	—	
	街道办事处	●	●	○	○	—	—	
	居民（村）委员会	●	●	●	●	●	○	
教育科技	托儿所、幼儿园	○	○	●	●	●	○	属必设公益型，基本上由政府投资兴建，也有私人、企业或社团等出资兴建
	完全小学	●	●	●	●	○		
	初级中学	●	●	●	○	○	—	
	高级中学	●	●	○	—	—	—	
	职业中学	●	●	○				
	专科学校	●	○	○				
	科技站、信息馆（站）、培训中心、成人教育	●	○	○	○			

续表

公建类别	项目名称	项目配置						备注
		一级配置			二级配置		三级配置	
		县城镇	中心镇	一般镇	居住小区(Ⅰ)	居住小区(Ⅱ)	住宅组群	
文化娱体	儿童乐园	●	●	●	●	●	○	兼有必设型和选设型以及股份型三类，政府兴建和其他投资兴建
	青少年宫	●	●	●	○			
	老年活动中心	●	●	●	●	●	○	
	敬老院/老年公寓	●	●	●	—	—	—	
	俱乐部	●	○	○	—	—	—	
	影剧院	●	●	●	—	—	—	
	博物馆	●	●	○	—	—	—	
	体育场馆	●	●	●	—	—	—	
	展览馆/博物馆	●	●	○	—	—	—	
	文化站	●	●	●	○	○	—	
	电视台、转播台、差转台	●	○					
	广播站	●	●	●	—	—	—	
医疗卫生	防疫站	●	○	○	—	—	○	以必设型为主，兼有选设型，除政府投资兴建外，也有其他投资兴建
	保健站	●	○	○	○	○	—	
	卫生所	●	●	○	—	—	—	
	综合医院	●	○	○				
	专科诊所	●	●	○	○	—	—	
邮电金融	邮政局	●						必设型和选设型兼有，除邮电、银行主要由政府兴建外，其他项目也有非政府投资兴建
	电信局	○	—	—	—	—	—	
	邮电支局	●	●	●	—	—	—	
	邮电营业所	○	○	○	●	●	—	
	银行及信用社	●	●	●	—	—	—	
	保险公司	●	○	○	—	—	—	
	证券公司	○	○	○	—	—	—	
	信用社	●	○	○	—	—	—	

续表

公建类别	项目名称	项目配置						备注
		一级配置			二级配置		三级配置	
		县城镇	中心镇	一般镇	居住小区(Ⅰ)	居住小区(Ⅱ)	住宅组群	
商业服务	百货商场	●	●	●	—	—	—	本类公建项目乃居民生活之必需，随着我国市场经济的发展，本类公建多由非政府投资兴建及经营
	专业商店	●	●	○	—	—	—	
	供销社	●	●	●	—	—	—	
	超市	●	○	○	○	○	—	
	粮油副食店	●	●	●	○	○	○	
	日杂用品店	●	●	●	○	○		
	宾馆	●	○	○	—	—		
	招待所	●	●	●	—			
	餐馆/茶馆	●	●	●	○	○	—	
	酒吧/咖啡座	○	○	○	—			
	照相馆	●	●	●	—			
	美发美容店	●	●	●	○	○	—	
	浴室	●	●	●	○	○	—	
	洗染店	●	●	●	○	○	—	
	液化石油气站/煤场	●	○	○	—	—	—	
	综合修理服务	●	●	●	○	○	○	
	旧、废品收购站	●	●	●	—			
集市贸易	小商品批发市场	●	●	●	—			选设型，多由非政府投资兴建及经营
	禽、畜、水产市场	●	●	●	—			
	蔬菜、副食市场	●	●	●	○	○		
	各种土特产市场	●	●	●	○	○		
	供销社	●	●	○	—			

续表

公建类别	项目名称	项目配置						备注
		一级配置			二级配置		三级配置	
		县城镇	中心镇	一般镇	居住小区(Ⅰ)	居住小区(Ⅱ)	住宅组群	
其他	汽车出租站	●	○	—	—	—	—	必设型，主要由政府投资兴建
	公交始末站	●	●	○	○	—	—	
	公共行车场库	●	●	●	○	—	—	
	消防站	●	●	○	—	—	—	
	公共厕所	●	●	●	●	●	●	
	殡仪馆/火葬场	●	○	—	—	—	—	

注：1. 表中●—必需设置；○—可能设置；—表示不设置。

2. 表列8类公建项目为一般配置项目，视不同具体情况可予变更或增减。

4. 小区级公共建筑规划布局

在进行小区级公共建筑的规划布置时，一般应相对集中，以形成居住区中心。

(1)小区公共建筑项目的合理定位。

1)新建小区四种定位方式。

①小区地域几何中心成片集中布置。这种方式服务半径小，便于居民使用，利于住区内的景观组织，但购物与出行路线不一致，再加上位于住宅区内部，不利于吸引过路顾客，在一定程度上影响了经营效果。在住区中心集中布置公共建筑方式主要适用于远离小城镇的交通干线两侧的住区。

②沿小区主要道路带状布置。这种方式主要为本住区及相邻居民和过往顾客服务，经营效益较好，有利于街道的景观组织，但住区内部分居民的购物行程长，对交通也有干扰。沿住区主要道路呈带状布置公建的模式主要适合于小城镇区主要街道两侧的住区。

③在小区道路四周分散布置。这种方式兼顾本住区和其他居民，使用方便，可选择性强，但布点较为分散，难以形成规模。主要适用于

住区四周有镇区道路的住宅小区。

④在住宅小区主要出入口处布置。这种方式便于本住区居民上下班使用，也兼为小区外的附近居民使用，经济效益好，便于交通组织，但偏于住宅小区的一角，对规模较大的住宅小区来说，居民到公共建筑中心远近不一。

(2)旧区改造灵活布置。

旧区改造灵活布置的形式主要有以下几种。

1)带状式步行街。这种布置形式的经营效益好，有利于组织街景，购物时不受交通干扰。但较为集中，不便于就近零星购物，主要适合于商贸业发达、对周围地区有一定吸引力的住宅区。

2)环广场周边庭院式布局。这种布局方式有利于功能组织、居民使用以及经营管理，易形成良好的步行购物和游憩休息的环境，一般采用得较多，但因其占地较大，若广场偏于规模较大的住宅区一角，则居民行走距离长短不一。这种布局适合于用地较为宽裕，且广场位于小城镇的住宅区中心的地区。

3)点群自由式布局。这种布局方式灵活、可选择性强、经营效果好，但分散，难以形成一定的规模、格局和气氛。除特定的地理环境条件外，一般情况下多不采用。

第五节 小城镇住区道路规划布局

一、小城镇道路等级划分

小城镇对外交通包括公路、铁路和水路，并以公路为主，铁路、水路为辅。

1. 公路分类

公路是联系小城镇与城市之间、小城镇与小城镇之间的道路。县(市)域和小城镇所辖地域范围涉及的公路，按其在公路网中的地位分干线公路和支线公路，其中干线公路分国道、省道、县道和乡道；按技术等级划分可分为高速公路、一级公路、二级公路、三级公路和四级公路。

2. 小城镇镇区道路等级划分

小城镇道路是小城镇中各用地功能地块之间的联系网络，是小城镇的“骨架”与“动脉”。小城镇道路分级见表 2-4。

表 2-4 小城镇道路分级

镇等级	人口规模	道路分级			
		干路		支(巷)路	
		一	二	三	四
县城镇	大	●	●	●	●
	中	●	●	●	●
	小	○	●	●	●
中心镇	大	●	●	●	●
	中	●	●	●	●
	小	○	●	●	●
一般镇	大	○	●	●	●
	中	—	●	●	●
	小	—	○	●	●

注：●—应设；○—可设；—表示不设。

二、小城镇住区道路控制指标

1. 小城镇道路规划技术指标

各级道路的车速、红线宽、车行道宽、人行道宽、道路间距等规划技术指标见表 2-5。

表 2-5 小城镇道路规划技术指标

道路级别 / 规划技术指标	干路		支(巷)路	
	一	二	三	四
计算行车速度/(km·h)	40	30	20	—
道路红线宽度/m	24～32 (25～35)	16～24	10～14 (12～15)	≥4～8

续表

规划技术指标 \ 道路级别	干路		支(巷)路	
	一	二	三	四
车行道宽度/m	10～14	6～7	3.5～4	—
每侧人行道宽度/m	4～6	3～5	2～3.5	—
道路间距/m	≥500	250～500	120～300	60～150

2. 小城镇道路横断面规划设计技术指标

(1)道路横断面规划宽度。

1)车行道的宽度。车行道是道路上提供每一纵列车辆连续安全按规定计算行车速度行驶的地带。在小城镇道路上行驶车辆的最小安全距离可为1.0～1.5 m,行驶中车辆与边沟(侧石)距离为0.5 m。

车行道宽度计算公式为

$$N=(A+B)M+C$$

式中 A——车辆距边沟(侧石)的最小安全距离(m);

B——车辆宽度(m);

C——两车错车时的最小安全距离(m);

M——车道数。

表 2-6 **各种车道的通行能力** 辆/h

车辆名称	机动车	自行车	三轮车	大板车	小板车	兽力车
通行能力	300～400	750	300	200	380	150

应当注意,车道总宽度不能单纯按公式计算确定。因为,这样既难以切合实际,又往往不经济。实际工作中应根据交通资料,如车速、交通量、车辆组成、比例、类型等以及规划拟定的道路等级、红线宽度、服务水平,并考虑合理的交通组织方案,加以综合分析确定,如小城镇道路上的机动车高峰量较小,一般单向一个车道即可。在客运高峰期间,虽然机动车较少,为了交通安全也得占用一个机动车道,而此时自行车交通量增大,可能要占用2～3个机动车道。这样货运高峰小时

所要求的车道宽度往往不能满足客运高峰小时的交通要求，所以常常以客运高峰小时的交通量进行校核。

2)人行道的宽度。人行道是小城镇道路的基本组成部分，它的主要功能是满足步行交通的需要，同时也应满足绿化布置、地上杆柱、地下管线、护栏、交通标志和信号以及消火栓、清洁箱、邮筒等公用附属设施布置安排的需要。

一条步行带的宽度一般为 0.75 m，步行带的条数取决于人行道的设计通行能力和高峰时的人流量。一般干道、商业街的通行能力采用 800～1 000 人/h，支路采用 1 000～1 200 人/h，这是因为干道、商业街行人拥挤，通行能力降低。

小城镇人行道宽度应结合人行流量按人行带的倍数计算，并应满足工程管线敷设要求。最小宽度不得小于 1.5 m。人行带的宽度和最大通行能力应符合表 2-7 的要求。

表 2-7　人行带宽度和最大通行能力

所在地点	人行带宽度/m	最大通行能力/(人/h)
小城镇道路上	0.75	1800
车站、码头、公园等路	0.90	1400

(2)道路绿化与分隔带。

1)道路绿化。道路绿化是整个小城镇绿化的重要组成部分，它将小城镇分散的小园地、风景区联系在一起，即所谓绿化的点、线、面相结合，以形成小城镇的绿化系统。

在街道上种植乔木、绿篱、花丛和草皮形成的绿化带，可以遮阳，为行人防晒，也延长黑色路面的使用期限，同时对车辆驶过所引起的灰尘、噪声和振动等能起到降低作用，从而改善道路卫生条件，提高小城镇交通与生活居住环境质量。绿化带分隔街道各组成部分可限制横向交通，能保证行车安全和畅通，体现“人车分隔、快慢车分流”的现代化交通组织原则。在绿地下敷设地下管线，进行管线维修时，可避免开挖路面并不影响车辆通行。如果有为街道远期拓宽而预留的备用地，可近期加以绿化。若街道能布置林荫道和滨河园林，可使街道上空气新鲜、湿润和凉爽，给居民创造一个良好的休息环境。

人行道绿化根据规划横断面的用地宽度可布置单行或双行行道树。行道树布置在人行道外侧的圆形或方形（也有用长方形）的穴内，方形坑的尺寸不小于 1.5 m×1.5 m，圆形坑直径不小于 1.5 m，以满足树木生长的需要。街内植树分隔带兼作公共车辆停靠站台或供行人过街停留之用，宜有 2 m 的宽度。

种植行道树所需的宽度：单行乔木为 1.25～2.0 m；两行乔木并列时为 2.5～5.0 m；在错列时为 2.0～4.0 m。建筑物前的绿地所需最小宽度：高灌木丛为 1.2 m；中灌木丛为 1.0 m；低灌木丛为 0.8 m；草皮与花丛为 1.0～1.5 m。若在较宽的灌木丛中种植乔木，能使人行道得到良好的绿盖。

布置行道树时还应注意下列问题。

①行道树应不妨碍街侧建筑物的日照和通风，一般乔木要距房屋 5 m 为宜。

②在弯道上或交叉口处不能布置高度大于 0.7 m 的绿丛，必须使树木在视距三角形范围之外中断，以不影响行车安全。

③行道树距侧石线的距离应不小于 0.75 m，便于公共汽车停靠，并需及时修剪，使其分枝高度大于 4 m。

④注意行道树与架空杆线之间的干扰，常采用将电线合杆架设以减少杆线数量和增加线高度。一般要求电话电缆高度不小于 6 m；路灯低压线高度不小于 7 m；馈线及供电高压线高度不小于 9 m；南方地区架线高度宜较北方地区提高 0.5～1.0 m，以利于行道树的生长。

⑤树木与各项公共设施要保证必要的安全间距（表 2-8），宜统一安排，避免相互干扰。

表 2-8　行道树、地下管线、地上杆线最小安全距离　m

管线名称 树木 杆线名称	建筑线	电力管道沟边	电信管道沟边	煤气管道	上水管道	雨水管道	电力杆	电信杆	污水管道	侧石边缘	挡土墙陡坡	围墙（2 m 以上）
乔木（中心）	3.0	1.5	1.5	15～20	1.5	1.0～1.5	2.0	2.0	1.0～1.5	1.0	1.0	2.0

续表

管线名称 树木 杆线名称	建筑线	电力管道沟边	电讯管道沟边	煤气管道	上水管道	雨水管道	电力杆	电信杆	污水管道	侧石边缘	挡土墙陡坡	围墙(2 m以上)
灌木	1.5	1.5	1.5	15～20	1.0	—	>1.0	1.5	—	1.0～25	0.3	1.0
电力杆	3.0	1.0	1.0	10～15	1.0	1.0	—	>4.0	1.0	0.6～1.0	>1.0	—
电信杆	3.0	1.0	1.0	10～15	1.0	1.0	>4.0	—	1.0	20～40	>1.0	—
无轨电车杆	4.0	1.5	1.5	1.5	1.5	1.5	—	—	1.5	20～40	—	—
侧石边缘	—	1.0	1.0	10～15	1.5	1.0	—	—	1.0	—	—	—

2)分隔带。分隔带又称分布带,是组织车辆分向、分流的重要交通设施。但分隔带与路面画线标志不同,在横断面中占有一定宽度,是多功能的交通设施,为绿化植树、行人过街停歇、照明杆柱、公共车辆停靠、自行车停放等提供了用地。

分隔带分为活动式和固定式两种。活动式分隔带是用混凝土墩、石墩或铁墩做成,墩与墩之间缀以铁链或钢管相连。一般活动式分隔墩高度为0.7 m左右,宽度为0.3～0.5 m,其优点是可以根据交通组织变动灵活调整。国内小城镇的一块板式干道和繁忙的商业大街,限于路幅宽度不足,而随着交通量剧增,为了保证交通安全和解决机动车、非机动车和行人混行而发生阻滞,大多采用活动式分隔带,借此来分隔机动车道和非机动车道以及人行道。固定式一般是用侧石围护成连续性的绿化带。

分隔带的宽度宜与街道各组成部分的宽度比例相协调,最窄为1.2～1.5 m。若兼作公共交通车辆停靠站或停放自行车用的分流分隔带,不宜小于2 m。除了为远期拓宽预留用地的分隔带外,一般其宽度不宜大于4.5 m。

作为分向用的分隔带,除过长路段而在增设的人行横道线处中断外,应连绵不断直到交叉口前。分流分隔带仅宜在重要的公共建筑、支路和街坊路出入口以及人行横道处中断,通常以80～150 m为宜,其最短长度不少于一个停车视距。采用较长的分隔带可避免自行车任意穿越进入机动车道，以保证分流行车的安全。

分隔带足够宽时，其绿化配置宜采用高大直立乔木为主；若分隔带窄时，限用小树冠的常青树，间以低矮黄杨树；地面栽铺草皮，逢节日以盆花点缀，或高灌木配以花卉、草皮并围以绿篱，切忌种植高度大于 0.7 m 的灌木丛，以免妨碍行车视线。

(3)路边沟宽度。为了保证车辆和行人的正常交通，改善小城镇卫生条件以及避免路面的过早破坏，要求迅速将地面雨雪水排除。根据设施构造的特点，道路的雨雪水排除方式有明式和暗式两种。

1)明式。采用明沟排水，仅在街坊出入口、人行横道处增设某些必要的带漏孔的盖板明沟或涵管，这种方式多用于一些村庄的道路和乡镇或临街建筑物稀少的道路，明沟断面尺寸原则上应经水力计算确定，常采用梯形或矩形断面，底宽不小于 0.3 m，深度不宜小于 0.5 m。

2)暗式。用埋设于道路下的雨水沟管系统排水，而不设边沟。混合式是明沟和暗管相结合的排水方式，在小城镇规划中，宜从环境、卫生、经济和方便居民交通等方面综合考虑，路段应采取适宜的排水方式。

(4)小城镇道路路幅宽度参考指标。有关小城镇道路的路幅宽度值，目前尚无统一规定，表 2-9 中数值可供参考。

表 2-9　　小城镇道路路幅宽度参考指标

人口规模(万人)	道路类别	车道数	单车道宽/m	非机动车道宽/m	红线宽/m
>1.0～2.0	主干道	3～4	3.5	3.0～4.5	25～35
	次干道	2～3	3.5	1.5～2.5	16～20
	支路	2	3.0	1.5	9～12
0.5～1.0	干道	2～3	3.5	2.5～3.0	18～25
	支路	2	3.0	1.5 或不设	9～12
0.3～0.5	干道	2	3.5	2.5～3.0	18～20
	支路	2	3.0	1.5 或不设	9～12

(5)道路的横坡度。为了使道路上的地面雨雪水、街道两侧建筑物出入口以及毗邻街坊道路出入口的地面雨雪水能迅速排入道路两

侧(或一侧)的边沟或排水暗管,在道路横向必须设置横坡度。

结合《公路工程技术标准》(JTG B01—2003),我国小城镇道路横坡度的数值可参考表2-10取用。

表2-10　小城镇道路横坡度参考值

车道种类	路面结构	横坡度/%
车行道	沥青混凝土、水泥混凝土	1.0～2.0
	其他黑色路面、整齐石块	1.5～2.5
	半整齐石块、不整齐石块	2.0～3.5
	粒料加固土、其他当地材料加固土或改善土	3.0～4.0
人行道	砖石铺砌	1.5～2.5
	砾石、碎石	2.0～3.0
	砂石	3.0
	沥青面层	1.5～2.0
自行车道	—	1.5～2.0
汽车停车场	—	0.5～1.5
广场行车路面	—	0.5～1.5

3. 小城镇道路交叉口规划设计技术指标

根据交叉口交通运行的特点,为使交叉口获得安全畅通的效果,必须对交叉口的交通流进行科学的组织和控制,其基本原则是限制、减小或消除冲突点,引导车辆安全畅通地行驶。一般可分为平面交叉和立体交叉两大基本类型。小城镇道路上一般车速低、流量少,因此多采用平面交叉的措施。下面主要介绍道路平面交叉口的类型及其设计。

(1)平面交叉口的类型。道路平面交叉口的类型,主要取决于相交道路的性质和交通要求(交通量及组成和车速等),还和交叉口的用地、周围的建筑物性质和交通组织方式等有关。常见的有十字形交叉、T形交叉、X形交叉、Y形交叉、错位交叉和环形交叉等形式。

1)十字形交叉。常见的交叉口形式,适用于相同或不同等级道路的交叉,构型简单,交通组织方便,街角建筑容易处理。

2)T形交叉。包括倒T形交叉,适用于次干道连接主干道或尽端式干道连接滨河干道的交叉口,这也是常见的一种形式。

3)X形交叉。X形交叉为两条道路斜交,一对角为锐角(＜75°),另一对角为钝角(＞105°)。这种交叉口,转弯交通不便,街角建筑难处理,锐角太小时,此种形式不宜采用。

4)Y形交叉。Y形交叉是道路分叉的结果,一条尽端式道路与另两条道路以锐角(＜75°)或钝角(＞105°)相交,要求主要道路方向车辆畅通。

5)错位交叉。错位交叉是两个相距不太远的T形交叉相对拼接,或由斜交改造而成。多用于主要道路与次要道路的交叉,主要道路应该在交叉口的顺直方向,以保证主干道上交通通畅。

6)环形交叉。环形交叉是用中心岛组织车辆按逆时针方向绕中心岛单向行驶的一种形式,多用于两条主干道的交叉。

(2)平面交叉口类型的选择。在进行平面交叉口类型选择时,应根据主要道路与相交道路的交通功能、设计交通量、计算行车速度、交通组成和交通控制方法,结合当地地形、用地和投资等因素综合分析进行。改善现有平面交叉口时,还应调查现有平面交叉口的状况,收集交通事故和相交道路、路网的交通量增长资料进行分析、研究,做出合理的设计。

小城镇道路交叉口形式见表2-11。

表2-11　小城镇道路交叉口形式

镇等级	规模	相交道路	干路	支路
县城镇、中心镇	大	干路	C、D、B	D、E
		支路		
	中、小	干路	C、D、E	E
一般镇	大、中	干路	D、E	E
		支路	—	E
	小	支路	—	E

注:B—展宽式信号灯管理平面交叉口;C—平面环形交叉口;D—信号灯管理平面交叉口;E—不设信号灯的平面交叉口。

(3)平面交叉口规划设计。平面交叉口设计的主要任务是合理解决各向交通流的相互干扰和冲突，以保证交通安全和顺畅，提高交叉口以至整个路网的通行能力。对小城镇简单平面交叉口的设计，主要解决的问题是交通口上行驶的车辆有足够的安全行车视距，交叉口转角缘石有适宜的半径。此外，还应合理布置相关的交通岛、绿化带、交通信号、标志标线、人行横道线、安全护栏、公交停靠站、照明设施以及雨水口排水设施等。

1)交叉口视距。平面交叉口必须有足够的安全行车视距，以便车辆在进入交叉口前一段距离内，驾驶员能够识别交叉口的存在，看清相交道路上的车辆运行情况以及交叉口附近的信号、标志等，以便控制车辆，避免碰撞。这一段距离必须大于或等于停车视距。

①对于无信号控制和停车标志控制的交叉口，交叉视距可采用各相交道路的停车视距。用两条相交道路的停车视距作为直角边长，在交叉口所组成的三角形，称为视距三角形。在此三角形范围内，应保证通视，并不得有阻碍驾驶员视线的障碍物存在。

②对于信号交叉口，驾驶员从认准信号到制动停车所行驶的距离与驾驶员反应、判断时间以及制动前的行车速度、路面粗糙度等有关。

③对十字形交叉口，最危险的冲突点应为靠中线的那条直行车道与最靠右的那条另一方向直行车道的轴线的交点。

2)交叉口转角的缘石半径。为使各种右转弯车辆能以一定的速度顺利地转弯行驶，交叉口转弯处车行道边缘应做成圆曲线或多圆心曲线，以适应车轮运行轨迹。这种车行道边缘通常称为路缘石或缘石，其曲线半径称为路缘石(或缘石)半径。

小城镇道路平面交叉口缘石半径的取值对主干道可为 20～25 m；对一般道路可为 10～15 m；居住小区及街坊道路可为 6～9 m。另外，对非机动车可为 5 m，不宜小于 3 m。

小城镇道路平面交叉口规划用地面积见表 2-12。

表 2-12 小城镇道路平面交叉口规划用地面积

交叉类型 / 道路交叉	T字形交叉口	十字形交叉口	环形交叉口		
			中心岛直径/m	环道宽度/m	用地面积/万 m^2
干路与支路	0.25	0.40	30～50	16～20	0.8～1.2
干路与支路	0.22	0.30	30～40	14～10	0.6～0.9
支路与支路	0.12	0.17	25～35	12～15	0.5～0.7

三、小城镇住区道路系统布局

1. 小城镇住区道路系统基本形式

小城镇住区道路系统的形式应根据地形、现状条件、周围交通情况等因素综合考虑，不要单纯追求形式与构图。住宅小区内部道路的布置形式有内环式、环通式、半环式、尽端式、混合式等，如图 2-8 所示。在地形起伏较大的地区，为使道路与地形紧密结合，还有树枝形、环形、蛇形等。

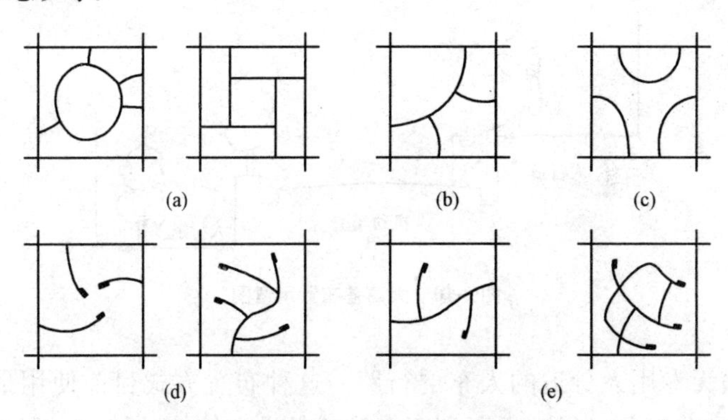

图 2-8 小城镇住区内部道路布置形式

(a)内环式；(b)环通式；(c)半环式；(d)尽端式；(e)混合式

2. 小城镇住区道路系统布局方式

(1)车行道、人行道并行布置。

1)微高差布置。人行道与车行道的高差为 300 mm 以下，如图 2-9 所示。这种布置方式能使行人上下车较为方便，道路的纵坡比较平缓,但当下大雨时,地面排水不迅速,这种方式主要适用于地势平坦的平原地区及水网地区。

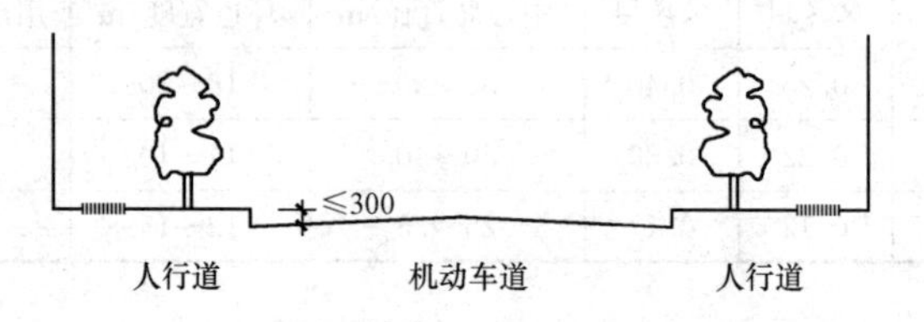

图 2-9　微高差布置示意图

2)大高差布置。人行道与车行道的高差在 300 mm 以上,隔适当距离或在合适的部位应设梯步将高低两行道联系起来,如图 2-10 所示。这种布置方式能够充分利用自然地形,减少土石方量,节省建设费用,而且有利于地面排水,但行人上下车不方便,道路曲度系数大,不易形成完整的住区道路网络,主要适用于山地、丘陵地小区。

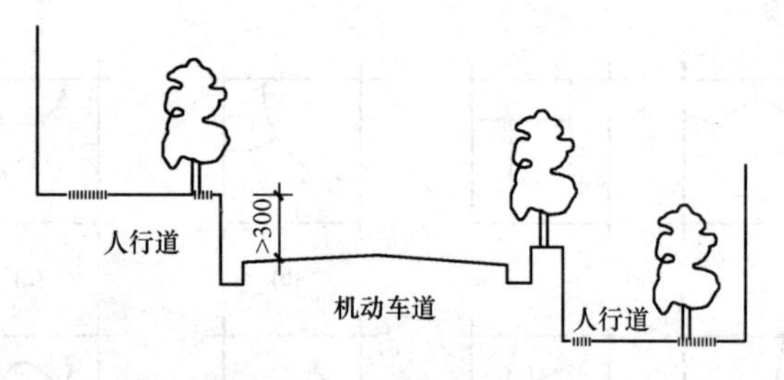

图 2-10　大高差布置示意图

3)无专用人行道的人车混行路。这种布置方式目前使用最为普遍,其具有简便、经济,但不利于管线的敷设和检修的特点,而且车流、人流多时也不太安全,主要适用于人口规模小的住区干路或人口规模较大的住区支路。

(2)车行道、人行道独立布置。这种布置形式应尽量减少车行道和人行道的交叉,减少相互间的干扰,应以并行布置和步行系统为主组织道路交通系统,但在车辆较多的住区内,应按人车分流的原则进行布置。主要适用于人口规模较大、经济状况较好的小城镇住区。

第六节　小城镇住区绿化景观规划布局

小城镇住区内的绿化是为居民创造舒适、卫生和美观的居住环境，其涉及范围广，与居民生活密切相关。由此，合理地规划绿地，在居住环境、环境保护和住区特色等方面有重要作用。

一、小城镇住区绿地系统组成

小城镇住区绿地系统主要由公共绿地、专用绿地、宅旁和庭院绿地、道路绿地等构成。

1. 公共绿地

公共绿地是满足规定的日照要求、适合于安排游憩活动设施的、供居民共享的游憩绿地，应包括居住区公园、小游园和组团绿地及其他块状、带状绿地等。

公共绿地是指供游览休息的各种公园、动物园、植物园、陵园、花园、游园和供游览休息用的林荫道绿地、广场绿地，不包括一般栽植的行道树及林荫道的面积。住宅小区公共绿地的布置形式大致分为规则式、自然式和混合式三种。

(1)规则式。平面布局常采用几何形式，有着明显的中轴线，中轴线的前后左右对称或拟对称，地块主要划分成几何形体。植物、小品及广场呈几何形有规律地分布在绿地中。规则式布置给人一种规整、庄重的感觉，缺点是不够活泼。

(2)自然式。自然式平面布局较为灵活，但道路布置曲折迂回，植物、小品等较为自由地布置在绿地中，同时结合自然的地形、水体丰富景观空间。植物配置一般以孤植、丛植、群植、密林为主要形式，其具有自由活泼、易创造出自然别致环境的特点。

(3)混合式。混合式是规则式与自然式的交错组合，没有控制整体的主轴线和副轴线。一般情况下可以根据地形或功能的具体要求来灵活布置，最终既能与建筑相协调，又能产生丰富的景观效果。

2. 专用绿地

专用绿地是指小城镇中行政、经济、文化、教育、卫生、体育、科研、设计等机构或设施以及工厂和部队驻地范围内的绿化用地。

3. 宅旁和庭院绿地

居住小区宅旁绿地是居民日常休闲和交往的重要场所，是小区绿化的基础。同时，宅旁绿地对整个居住小区住宅建筑起到了美化、装饰、标示的效果，合理地设计宅旁绿地，能使植物与建筑景观相得益彰。随着经济的发展以及人们物质、文化生活水平的不断提高，对居住环境的要求也越来越高。宅旁绿地作为小区点、线、面绿地系统中的绿化形式，其不但影响小区居民的生活，同时也关系到小区绿地系统整体效益的发挥。

(1)宅旁绿地构成。根据宅旁绿地的不同领域属性和空间的使用情况，可分为基本空间绿地和聚居空间绿地两个部分，如图 2-11 所示。

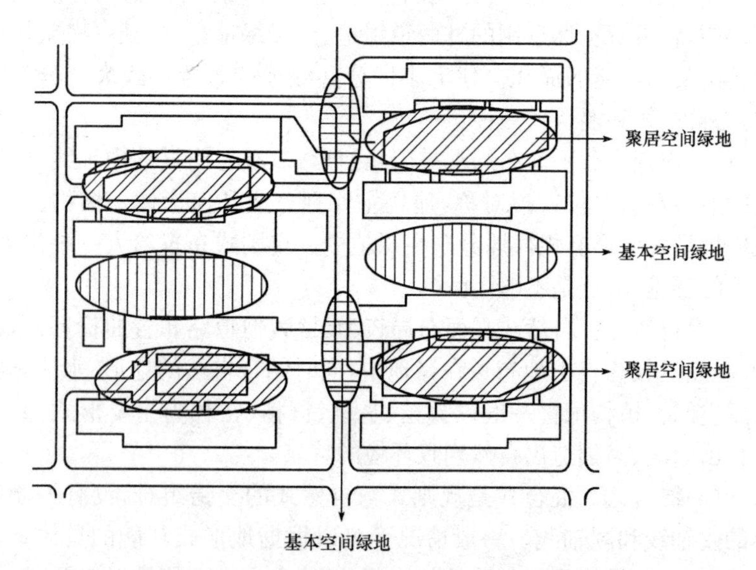

图 2-11 宅旁绿地构成示意图

1)聚居空间绿地是指居民经常到达和使用的宅旁绿地。宅旁的聚居空间绿地对住户来说使用频率最高,是每天出入的必经之地,因此其环境绿化的设计就显得尤其重要。环境布置在生态性、景观性等基础上,应满足绿地的实用性,具有较强的实际使用的功能。

2)基本空间绿地是指保证住宅正常使用而必须留出的、居民一般不易到达的宅旁绿地。在宅旁的基本空间绿地规划中,应重视其环境的生态性、景观性及经济性的功能作用。

(2)庭院绿地的空间构成包括近宅空间、庭院空间和余留空间。

1)近宅空间有两部分:一为底层住宅小院和楼层住户阳台、屋顶花园等;二为单元门前用地,包括单元入口、入户小路、散水等。前者为用户领域,后者属单元领域。

2)庭院空间包括庭院绿化、各活动场地及宅旁小路等,属宅群或楼栋领域。

3)余留空间是上述两项用地领域外的边角余地,大多是住宅群体组合中领域模糊的消极空间。

4. 道路绿地

道路绿地是指住区内各种道路的行道树等绿地。

二、小城镇住区绿化规划布局

1. 小城镇住区绿化规划布局基本方法

(1)点、线、面相结合。以公共绿地为点,路旁绿化及沿河绿化带为线,住宅建筑的宅旁和宅院绿化为面,三者相结合,分布在住区环境之中。

(2)平面绿化与立体绿化相结合。在做平面绿化的同时,也应加强立体绿化,如对屋顶平台、阳台的绿化,棚架绿化以及篱笆与栅栏绿化等。

(3)绿化与水体结合布置,营造环境。在住区的河流、池塘边种植树木花草,修建小花园或绿化带,处理好岸形,岸边可设置让人接近水面的小路、台阶、平台,还可设花坛、座椅等设施。

绿地分级配置要求见表2-13。

表 2-13　　绿地分级配置要求

分级	属性	绿地名称	设计要求	最小规模/m²	最大步行距离/m	空间属性
一级	点	集中公共绿地	配合总体，注重与道路绿化衔接 位置适当，尽可能与住区公共中心结合布置 利用地形，尽量利用和保留原有自然地形和植物 布置紧凑，活动分区明确 植物配植丰富、层次分明	≥750	≤300	公共
二级	点	分散公共绿地	有开敞式或半开敞式 每个组团应有一块较大的绿化空间 绿化以低矮的灌木、绿篱、花草为主，点缀少量高大乔木	≥200	≤150	公共
二级	线	道路绿地	乔木、灌木或绿篱	—	—	公共
三级	面	庭院绿地	以绿化为主，重点考虑幼儿、老人的活动场所	≥50	酌定	半公共
四级	面	宅旁绿地和宅院绿地	宅旁绿地以开敞式布局为主 庭院绿地可为开敞式或封闭式 注意划分出公共与私人控制领域 院内可搭设棚架，布置水池，种植果树、蔬菜、芳香植物 利用植物搭配、小品设计来增强标志性和可识别性	—	酌定	半私密

2. 小城镇住区园林植物配置

(1)选择和配置注意事项。小城镇住区绿化树种的选择和配置对绿化的功能、经济和美化环境等各方面作用的发挥和绿化规划意图的体现有直接的关系，其在选择和配置时应考虑以下事项。

1)宜选择容易管理、容易生长、容易修剪、害虫少以及具有地方特色的优良树种，一般以乔木为主，也可考虑一些有经济价值的植物。

2)要考虑不同的功能需要，如行道树宜选用遮阳力强的阔叶乔木，儿童游戏场和青少年活动场地忌用有毒或带刺植物，而体育运动场地则避免采用大量扬花、落果、落花的树木等。

3)为了使住宅小区的绿化面貌迅速形成，尤其是在新建的住宅小区，可选用速生和慢生的树种相结合，以速生树种为主。

4)住宅小区绿化树种配置应考虑四季景色的变化，可采用乔木与灌木，常绿与落叶以及不同树姿和色彩变化的树种，搭配组合，以丰富住宅小区的环境。

5)住宅小区各类绿化种植树林与建筑物、管线和构筑物的间距，见表 2-14。

表 2-14　种植树木与建筑物、构筑物、管线的水平距离

名称	最小间距/m		名称	最小间距/m	
	至乔木中心	至灌木中心		至乔木中心	至灌木中心
有窗建筑物外墙	3.0	1.5	给水管、闸	1.5	不限
无窗建筑物外墙	2.0	1.5	污水管、雨水管	1.0	不限
道路侧面、挡土墙脚、陡坡	1.0	0.5	电力电缆	1.5	
人行道边	0.75	0.5	热力管	2.0	1.0
高 2m 以下围墙	1.0	0.75	弱电电缆沟、电力电信杆、路灯电杆	2.0	
体育场地	3.0	3.0			
排水明沟边缘	1.0	0.5	消防龙头	1.2	1.2
测量水准点	2.0	1.0	煤气管	1.5	1.5

(2)园林中常用的园林植物。我国幅员辽阔，地形多变，气候复杂，园林植物资源十分丰富，被誉为“世界园林之母”。我国原产的乔灌木约 8 000 种，在世界园林树种中占很大比例。

1)乔木。园林中常用的常绿乔木及小乔木，见表 2-15。

表 2-15　常绿乔木及小乔木

序号	中名	科名	高度/m	习　性	观赏特性及城市绿地用途	适用地区
1	油松	松科	25	强阳性，耐寒，耐干旱瘠薄和碱土	树冠伞形；庭荫树，行道树，园景树，风景林造林绿化，风景林	华北、西北地区
2	马尾松	松科	30	强阳性，喜温湿气候，宜酸性土	造林绿化，风景林	长江流域及其以南地区
3	黑松	松科	20～30	强阳性，抗海潮风，宜生长于海滨	庭荫树，行道树，防潮林，风景林	华东沿海地区
4	赤松	松科	20～30	强阳性，耐寒，要求海岸气候	庭荫树，行道树，园景树，风景林	华东及北部沿海地区
5	平头赤松	松科	3～5	阳性，喜温暖气候，生长慢	树冠伞形，平头状；孤植，对植	华北地区
6	白皮松	松科	15～25	阳性，适应干冷气候，抗污染力强	树皮白色雅静；庭荫树，行道树，园景树	华北，西北，长江流域
7	湿地松	松科	25	强阳性，喜温暖气候，较耐水湿	庭荫树，行道树，造林绿化	长江流域至华南地区
8	红松	松科	20～30	弱阳性，喜冷凉湿润气候及酸性土	庭荫树，行道树，风景林	东北地区
9	华山松	松科	20～25	弱阳性，喜温凉湿润气候	庭荫树，行道树，园景林，风景林	西南，华西，华北地区
10	日本五针松	松科	5～15	中性，较耐阴，不耐寒，生长慢	针叶细短，蓝绿色；盆景，盆栽，假山元	长江中下游地区
11	日本冷杉	松科	30	阴性，喜冷凉湿润气候及酸性土	树冠圆锥形；园景树，风景林	华东，华中地区
12	辽东冷杉	松科	25	阴性，喜冷凉湿润气候，耐寒	树冠圆锥形；园景树，风景林	东北，华北地区

续表

序号	中名	科名	高度/m	习　性	观赏特性及城市绿地用途	适用地区
13	白杆	松科	15～25	耐阴，喜冷凉湿润气候，生长慢	树冠圆锥形，针叶粉蓝色；园景树，风景林	华北地区
14	雪松	松科	15～25	弱阳性，耐寒性不强，抗污染力弱	树冠圆锥形，姿态优美；园景树，风景林	北京、大连以南各地
15	云杉	松科	45	稍耐阴，喜冷凉湿润，抗有毒气体，生长慢	树冠圆锥形，树姿优美，孤植树	陕、甘、晋、宁夏、川北
16	南洋杉	南洋杉科	30	阳性，喜暖热气候，很不耐寒	树冠狭圆锥形，姿态优美；园景树，行道树	华南地区
17	杉木	杉科	25	中性，喜温湿气候及酸性土，速生	树冠圆锥形；园景树，造林绿化	长江中下游至华南地区
18	柳杉	杉科	20～30	中性，喜温暖湿润气候及酸性土	树冠圆锥形；列植，丛植，风景林	长江流域及其以南地区
19	侧柏	柏科	15～20	阳性，耐寒，耐干旱瘠薄，抗污染	庭荫树，行道树，风景林，绿篱	华北、西北至华南
20	千头柏	柏科	2～3	阳性，耐寒性不如侧柏	树冠紧密，近球形；孤植，对植，列植	长江流域，华北地区
21	日本扁柏	柏科	20	中性，喜凉爽湿润气候，不耐寒	园景树，丛植	长江流域
22	云片柏	柏科	5	中性，喜凉爽湿润气候，不耐寒	树冠窄塔形；园景树，丛植，列植	长江流域
23	日本花柏	柏科	25	中性，耐寒性不强	园景树，丛植，列植	长江流域
24	柏木	柏科	25	中性，喜温暖多雨气候及钙质土	墓道树，园景树，列植，对植，造林绿化	长江以南地区

续表

序号	中名	科名	高度/m	习　性	观赏特性及城市绿地用途	适用地区
25	圆柏	柏科	15～20	中性，耐寒，稍耐湿，耐修剪	幼年树冠狭圆锥形；园景树，列植，绿篱	东北南部、华北至华南
26	龙柏	柏科	5～8	阳性，耐寒性不强，抗有害气体	树冠圆柱形，似龙体；对植，列植，丛植	华北南部至长江流域
27	鹿角柏	柏科	0.5～1	阳性，耐寒	丛生状，干枝向四周斜展；庭园点缀	长江流域，华北地区
28	翠柏	柏科	0.5～1	喜阳，耐瘠薄，喜排水良好的土壤	直立灌木，多分枝，刺叶，两面均被白粉，球果，庭植，盆景	我国各地
29	铺地柏	柏科	0.3～0.5	阳性，耐寒，耐干旱	匍匐状灌木；布置岩石园，地被	长江流域，华北地区
30	沙地柏	柏科	0.5～1	阳性，耐寒，耐干旱性强	匍匐状灌木，枝斜上；地被，保土，绿篱	西北，内蒙古，华北地区
31	刺柏	柏科	12	中性，喜温暖多雨气候及钙质土	树冠狭圆锥形，小枝下垂；列植，丛植	长江流域，西南，西北地区
32	英珞柏	柏科	12～23	中性偏阴，喜温暖多雨气候及石灰质土壤	树冠狭圆锥形，小枝下垂	华东及华南地区
33	杜松	柏科	6～10	阳性，耐寒；耐干瘠，抗海潮风	树冠狭圆锥形；列植，丛植，绿篱	华北，东北地区
34	罗汉松	罗汉松科	10～20	半阴性，喜温暖湿润气候，不耐寒	树形优美，观叶、观果；孤植，对植，丛植	长江以南各地
35	紫杉	红豆杉科	10～20	阴性，喜冷凉湿润气候，耐寒	树形端正；孤植，丛植，绿篱	东北地区

续表

序号	中名	科名	高度/m	习　性	观赏特性及城市绿地用途	适用地区
36	香榧	紫杉科	25	耐阴,不耐寒,喜酸性土,抗烟尘和有害气体	树形广圆锥形,庭荫树	长江南至闽北地区
37	粗榧	粗榧科	12	阴性,耐修剪	树冠广圆锥形,孤植树,绿篱下木	长江流域及其以南各省
38	瑞香	瑞香科	2	阳性,好酸性土壤	花淡花,紫,芳香,3～4月,庭植,盆栽	长江流域
39	金丝桃	金丝桃科	0.6	阳性,稍耐阴	花黄,6～9月,在北方落叶,庭植,花境,盆栽	华北南至华南地区
40	金丝梅	金丝桃科	1	阳性,不耐积水	花金黄,6～8月,常绿半常绿,庭植,花境,盆栽	华东、华中、华南地区
41	广玉兰	木兰科	15～25	阳性,喜温暖湿润气候,抗污染	花大,白色,6～7月;庭荫树,行道树	长江流域及其以南地区
42	白兰花	木兰科	8～15	阳性,喜暖热,不耐寒,喜酸性土	花白色,浓香,5～9月;庭荫树,行道树	华南地区
43	含笑	木兰科	2～5	弱阳性,耐阴,不耐寒	花淡黄,芳香,3～7月;庭植,盆栽	长江流域及其以南各省
44	黄兰	木兰科	10	阳性,不耐碱	花淡黄,浓香;庭荫树	华南地区
45	红楠	樟科	20	阳性,稍耐阴	花期4月;庭荫树,工厂绿化,防护林	长江以南各省
46	大叶楠	樟科	28	阳性,稍耐阴	花白,5月;庭荫树	长江以南各省

续表

序号	中名	科名	高度/m	习　性	观赏特性及城市绿地用途	适用地区
47	柑橘类	芸香科	1～2	阳性，喜肥，排水良好土壤；抗性强	花白，有香气，果黄、橙红、橙黄；庭荫树，工厂绿化	长江以南各省
48	冬青	冬青科	10	阳性，耐湿和修剪，抗性强，抗 SO_2	果深红，冬叶紫红；庭荫树，绿篱，抗污染	长江以南各省
49	樟树	樟科	10～20	弱阳性，喜温暖湿润，较耐水湿	树冠卵圆形；庭荫树，行道树，风景林	长江流域至珠江流域
50	台湾相思	豆科	6～15	阳性，喜暖热气候，耐干瘠，抗风	花黄色，4～6 月；庭荫树，行道树，防护林	华南地区
51	羊蹄甲	豆科	10	阳性，喜暖热气候，不耐寒	花玫瑰红色，10 月；行道树，庭园景，风景树	华南地区
52	蚊母	金缕梅科	5～15	阳性，喜温暖气候，抗有毒气体	花紫红色，4 月；街道及工厂绿化，庭荫树	长江中下游至东南部
53	苦槠	山毛榉科	15	中性，喜温暖气候，抗有毒气体	枝叶茂密；防护林，工厂绿化，风景林	长江以南地区
54	青冈栎	山毛榉科	15	中性，喜温暖湿润气候	枝叶茂密；庭荫树，背景树，风景林	长江以南地区
55	木麻黄	木麻黄科	20	阳性，喜暖热，耐干瘠及盐碱土	行道树，防护林，海岸造林	华南地区
56	榕树	桑科	20～25	阳性，喜暖热多雨气候及酸性土	树冠大而圆整；庭荫树，行道树，园景树	华南地区
57	印度橡皮树	桑科	15～20	喜肥和湿润土壤	树冠 6～8m；庭荫树	华南地区
58	黄葛树	桑科	15～26	喜湿润和肥土；抗烟尘和 SO_2	树冠开展，皮褐色；庭荫树	华南、西南地区

续表

序号	中名	科名	高度/m	习 性	观赏特性及城市绿地用途	适用地区
59	银桦	山龙眼科	20～25	阳性，喜温暖，不耐寒，生长快	干直冠大，花橙黄色，5 月；庭荫树，行道树	西南，华南地区
60	大叶桉	桃金娘科	25	阳性，喜暖热气候，生长快	行道树，庭荫树，防风林	华南，西南地区
61	柠檬桉	桃金娘科	30	阳性，喜暖热气候，生长快	树干洁净，树姿优美；行道树，风景林	华南地区
62	蓝桉	桃金娘科	30～30	阳性，喜温暖，不耐寒，生长快	行道树，庭荫树，造林绿化	西南，华南地区
63	白千层	桃金娘科	35	阳性，喜暖热，耐干旱和水湿	行道树，防护林	华南地区
64	女贞	木樨科	6～12	弱阳性，喜温湿，抗污染，耐修剪	花白色，6 月；绿篱，行道树，工厂绿化	长江流域及其以南地区
65	小叶女贞	木樨科	2～3	阳性，稍耐阴，耐修剪；抗性强	花期 8～9 月，有香气；庭植，绿篱	华东、华中地区
66	茉莉	水樨科	1	阳性，稍耐阴，不耐寒，喜温暖湿润气候及酸性土壤	花白色，芳香；庭植	闽、粤、川、湘、鄂各省
67	桂花	木樨科	10～12	阳性，喜温暖湿润气候	花黄、白色，浓香，9 月；庭园观赏，盆栽	长江流域及其以南地区
68	棕榈	棕榈科	5～10	中性，喜温湿气候，抗有毒气体	工厂绿化，行道树，对植，丛植，盆栽	长江流域及其以南地区
69	蒲葵	棕榈科	8～15	阳性，喜暖热气候，抗有毒气体	庭荫树，行道树，对植，丛植，盆栽	华南地区

续表

序号	中名	科名	高度/m	习　性	观赏特性及城市绿地用途	适用地区
70	王棕	棕榈科	15～20	阳性，喜暖热气候，不耐寒	树形优美；行道树，园景树，丛植	华南地区
71	皇后葵	棕榈科	10～15	阳性，喜暖热气候，不耐寒	树形优美；行道树，园景树，丛植	华南地区
72	芒果	漆树科	5～9	阳性，耐海水、SO_2、Cl_2	树冠密球形，花红色，果淡黄，嫩叶红色；庭荫树，行道树	华南、福建、台湾地区
73	扁桃	漆树科	3～4	喜温暖；抗SO_2、Cl_2	树干挺直，树冠茂密，球形或卵形；庭荫树，行道树	华南、云南地区

2)落叶乔木。落叶乔木见表 2-16。

表 2-16　落叶乔木

序号	中名	科名	高度/m	习　性	观赏特性及城市绿地用途	适用地区
1	金钱松	松科	20～30	阳性，喜温暖多雨气候及酸性土	树冠圆锥形，秋叶金黄；庭荫树，园景树	长江流域
2	落叶松	松科	30	阳性，不耐风和海潮	树冠幼年呈塔状，老树开阔；庭荫树	东北地区
3	水松	杉科	8～10	阳性，耐热，喜多雨气候，耐水湿	树冠狭圆锥形；庭荫树，防风，护堤树	华南地区
4	水杉	杉科	20～30	阳性，喜温暖，较耐寒，耐盐碱	树冠狭圆锥形，列植，丛植，风景林	长江流域，华北南部
5	落羽杉	杉科	20～30	阳性，喜温暖，不耐寒，耐水湿	树冠狭圆锥形；秋色叶；护岸树，风景林	长江流域及其以南地区

续表

序号	中名	科名	高度/m	习性	观赏特性及城市绿地用途	适用地区
6	皂荚	豆科	20	阳性,耐寒,耐干旱,抗污染力强	树冠广阔,叶密荫浓;庭荫树	华北至华南地区
7	山皂荚	豆科	15～25	阳性,耐寒,耐干旱,抗污染力强	树冠广阔,叶密荫浓;庭荫树,行道树	东北、华北至华东地区
8	凤凰木	豆科	15～20	阳性,喜暖热气候,不耐寒,速生	花红色,5～8月;庭荫观赏树,行道树	两广南部及滇南地区
9	合欢	豆科	10～15	阳性,耐寒,耐干旱瘠薄	花粉红色,6～7月;庭荫观赏树,行道树	华北至华南
10	槐树	豆科	15～25	阳性,耐寒,抗性强,耐修剪	枝叶茂密,树冠宽广;庭荫树,行道树	华北,西北,长江流域
11	乔木刺桐	豆科	20	阳性,不耐烟尘	树皮有刺,花朱红色,春季开花;庭荫树,行道树	华南地区
12	池杉	杉科	15～25	阳性,喜温暖,不耐寒,极耐湿	树冠狭圆锥形,秋色叶;水滨湿地绿化	长江流域及其以南地区
13	银杏	银杏科	20～30	阳性,耐寒,抗多种有毒气体	秋叶黄色;庭荫树,行道树,孤植,对植	沈阳以南、华北到华南地区
14	鹅掌楸	木兰科	20～25	阳性,喜温暖湿润气候	花黄绿色,4～5月;庭荫观赏树,行道树	长江流域及其以南地区
15	厚朴	木兰科	15～20	阳性,耐侧方庇荫	花白色,芳香;庭荫树	长江以南各省,鄂,陕西
16	檫木	樟树	35	阳性	树冠广卵形、椭圆形;庭荫树	长江流域以南各省

续表

序号	中名	科名	高度/m	习　性	观赏特性及城市绿地用途	适用地区
17	灯台树	山茱萸科	20	阳性	树冠圆锥形，花白，5～6月，果蓝黑，9～10月；庭荫树，行道树	东北南至西南各省
18	刺槐	豆科	15～25	阳性，适应性强，浅根性，生长快	花白色，5月；行道树，庭荫树，防护林	南北各地
19	珙桐	珙桐科	20	阳性，耐半阴	树冠圆锥形，花4～5月；庭荫树，行道树	鄂西、桂、川中
20	喜树	蓝果树科	20～25	阳性，喜温暖，不耐寒，生长快	庭荫树，行道树	长江以南地区
21	刺楸	五加科	10～15	弱阳性，适应性强，深根性，速生	庭荫树，行道树	南北各地
22	枫香	金缕梅科	30	阳性，喜温暖湿润气候，耐干瘠	秋叶红艳，庭荫树，风景林	长江流域及其以南地区
23	悬铃木	悬铃木科	15～25	阳性，喜温暖，抗污染，耐修剪	冠大荫浓；行道树，庭荫树	华北南部至长江流域
24	毛白杨	杨柳科	20～30	阳性，喜温凉气候，抗污染，速生	行道树，庭荫树，防护林	华北，西北，长江下游
25	银白杨	杨柳科	15～25	阳性，适应寒冷干燥气候	行道树，庭荫树，风景林，防护林	西北，华北，东北南部
26	新疆杨	杨柳科	20～25	阳性，耐大气干旱及盐渍土	树冠圆柱形，优美；行道树，风景树，防护林	西北，华北地区
27	加杨	杨柳科	25～30	阳性，喜温凉气候，耐水湿、盐碱	行道树，庭荫树，防护林	华北至长江流域
28	钻天杨	杨柳科	30	阳性，喜温凉气候，耐水湿	树冠圆柱形；行道树，防护林，风景树	华北，东北，西北地区

续表

序号	中名	科名	高度/m	习　性	观赏特性及城市绿地用途	适用地区
29	箭杆杨	杨柳科	30	阳性，适应干冷气候，稍耐盐碱土	树冠圆柱形，行道树，防护林，风景树	西北地区
30	胡桃	胡桃科	15～25	阳性，耐干冷气候，不耐湿热	庭荫树，行道树，干果树	华北、西北至西南地区
31	核桃楸	胡桃科	20	阳性，耐寒性强	庭荫树，行道树	东北，华北地区
32	薄壳山核桃	胡桃科	20～25	阳性，喜温湿气候，较耐水湿	庭荫树，行道树，干果树	华东地区
33	枫杨	胡桃科	20～30	阳性，适应性强，耐水湿，速生	庭荫树，行道树，护岸树	长江流域，华北地区
34	榆树	榆科	20	阳性，适应性强，耐旱，耐盐碱土	庭荫树，行道树，防护林	东北，华北至长江流域
35	榔榆	榆科	15	弱阳性，喜温暖，抗烟尘及毒气	树形优美；庭荫树，行道树，盆景	长江流域及其以南地区
36	榉树	榆科	15	弱阳性，喜温暖，耐烟尘，抗风	树形优美；庭荫树，行道树，盆景	长江中下游至华南地区
37	小叶朴	榆科	10～15	中性，耐寒，耐干旱，抗有毒气体	庭荫树，绿化造林，盆景	东北南部，华北地区
38	珊瑚朴	榆科	23	阳性	树冠大而优美，冬春枝上有红褐色花絮；庭荫树	长江流域地区
39	朴树	榆科	15～20	弱阳性，喜温暖，抗烟尘及毒气	庭荫树，盆景	江淮流域至华南地区
40	桑树	桑科	10～15	阳性，适应性强，抗污染，耐水湿	庭荫树，工厂绿化	南北各地

续表

序号	中名	科名	高度/m	习性	观赏特性及城市绿地用途	适用地区
41	构树	桑科	15	阳性，适应性强，抗污染，耐干瘠	庭荫树，行道树，工厂绿化	华北至华南地区
42	青杨	杨柳科	30	阳性，耐干冷气候，生长快	行道树，庭荫树，防护林	北部及西北部
43	小叶杨	杨柳科	20	阳性，抗风固沙	树广卵；庭荫树，行道树，护堤树；片植	东北、华北、华中地区
44	旱柳	杨柳科	15～20	阳性，耐寒，耐湿，耐旱，速生	庭荫树，行道树，护岸树	东北，华北，西北地区
45	绦柳	杨柳科	15	阳性，耐寒，耐湿，耐旱，速生	小枝下垂；庭荫树，行道树，护岸树	东北，华北，西北地区
46	馒头柳	杨柳科	10～15	阳性，耐寒，耐湿，耐旱，速生	树冠半球形；庭荫树，行道树，护岸树	东北，华北，西北地区
47	龙爪柳	杨柳科	10	阳性，耐寒，生长势较弱，寿命短	枝条扭曲如龙游；庭荫树，观赏树	东北，华北，西北地区
48	垂柳	杨柳科	18	阳性，喜温暖及水湿，耐旱，速生	枝细长下垂，庭荫树，观赏树，护岸树	长江流域至华南地区
49	白桦	桦木科	15～20	阳性，耐严寒，喜酸性土，速生	树皮白色；庭荫树，行道树，风景林	东北，华山(高山)
50	板栗	山毛榉科	15	阳性，适应性强，深根性	庭荫树，干果树	辽、华北至华南、西南地区
51	麻栎	山毛榉科	25	阳性，适应性强，耐干旱瘠薄	庭荫树，防护林	辽、华北至华南地区
52	栓皮栎	山毛榉科	25	阳性，适应性强，耐干旱瘠薄	庭荫树，防护林	华北至华南、西南地区

续表

序号	中名	科名	高度/m	习　性	观赏特性及城市绿地用途	适用地区
53	榔树	山毛榉科	25	阳性，耐阴和烟尘	树冠卵圆形；庭荫树，工厂绿化	东北南部至华中
54	梧桐	梧桐科	10～15	阳性，喜温暖湿润，抗污染，怕涝	枝干青翠，叶大荫浓；庭荫树，行道树	长江流域，华北南部
55	木棉	木棉科	25～35	阳性，喜暖热气候，耐干旱，速生	花大，红色，2～3月；行道树，庭荫观赏树	华南地区
56	乌桕	大戟科	10～15	阳性，喜温暖气候，耐水湿，抗风	秋叶红艳；庭荫树，堤岸树	长江流域至珠江流域
57	重阳木	大戟科	10～15	阳性，喜暖气候，耐水湿，抗风	行道树，庭荫树，堤岸树	长江中下游地区
58	油桐	大戟科	8	阳性，喜温暖，不耐阴和水湿	树冠扁球形，花期4～5月	长江以南各省
59	沙枣	胡颓子科	5～10	阳性，耐干旱、低湿及盐碱	叶银白色，花黄色，7月；庭荫树，风景树	西北，华北，东北地区
60	枳椇	鼠李科	10～20	阳性，喜温暖气候	叶大荫浓；庭荫树，行道树	长江流域及其以南地区
61	酸枣	鼠李科	10	阳性，适应性和抗性强	树冠长圆形，花黄绿，4～5月，果9月；庭荫树，绿篱	黄河及淮河流域
62	柿树	柿树科	10～15	阳性，喜温暖，耐寒，耐干旱	秋叶红色，果橙黄色，秋季；庭荫树，果树	东北南部至华南、西南地区
63	君迁子	柿树科	20	阳性，耐半阴，抗性强	树冠球形，果黑色；庭荫树，行道树，湖岸树	东北南部至西南、东南地区

续表

序号	中名	科名	高度/m	习　性	观赏特性及城市绿地用途	适用地区
64	臭椿	苦木科	20～25	阳性,耐干瘠、盐碱,抗污染	树形优美;庭荫树,行道树,工厂绿化	华北、西北至长江流域
65	香椿	楝科	20	阳性,不耐阴,抗性强	树冠圆球形;庭荫树,行道树	华北至华南各省
66	楝树	楝科	10～15	阳性,喜温暖,抗污染,生长快	花紫色,5月;庭荫树,行道树,四旁绿化	华北南部至华南、西南地区
67	川楝	楝树	15	阳性,喜温暖,不耐寒,生长快	庭荫树,行道树,四旁绿化	中部至西南部地区
68	栾树	无患子科	10～12	阳性,较耐寒,耐干旱,抗烟尘	花金黄,6～7月;庭荫树,行道树,观赏树	辽、华北至长江流域
69	全缘栾树	无患子科	15	阳性,喜温暖气候,不耐寒	花金黄,7～9月;果淡红;庭荫树,行道树,	长江以南地区
70	无患子	无患子科	15～20	弱阳性,喜温湿,不耐寒,抗风	树冠广卵形;庭荫树,行道树	长江流域及其以南地区
71	黄连木	漆树科	15～20	弱阳性,耐干旱瘠薄,抗污染	秋叶橙黄或红色;庭荫树,行道树	华北至华南、西南地区
72	南酸枣	漆树科	20	阳性,喜温暖,耐干瘠,生长快	冠大荫浓;庭荫树,行道树	长江以南及西南各地
73	黄葛树	桑科	15～25	阳性,喜温热气候,不耐寒,耐热	冠大荫浓;庭荫树,行道树	华南,西南
74	杜仲	杜仲科	15～20	阳性,喜温暖湿润气候,较耐寒	庭荫树,行道树	长江流域,华北南部
75	糠椴	椴树科	15	弱阳性,喜冷冻湿润气候,耐寒	树姿优美,枝叶茂密;庭荫树,行道树	东北,华北

续表

序号	中名	科名	高度/m	习　性	观赏特性及城市绿地用途	适用地区
76	蒙椴	椴树科	5～10	中性，喜冷冻湿润气候，耐寒	树姿优美，枝叶茂密；庭荫树，行道树	东北，华北地区
77	紫椴	椴树科	15～20	中性，耐寒性强，抗污染	树姿优美，枝叶茂密；庭荫树，行道树	东北，华北地区
78	火炬树	漆树科	4～6	阳性，适应性强，抗旱，耐盐碱	秋叶红艳；风景林，荒山造林	华北，西北，东北南部
79	元宝枫	槭树科	10	中性，喜温凉气候，抗风	秋叶黄或红色；庭荫树，行道树，风景林	华北，东北南部
80	三角枫	槭树科	10～15	弱阳性，喜温湿气候，较耐水湿	庭荫树，行道树，护岸树，绿篱	长江流域各地
81	鸡爪槭	槭树科	10	阳性，喜温暖湿润，耐修剪，抗性强	树姿、叶色美；庭荫树	华东，华中地区
82	茶条槭	槭树科	6	弱阳性，耐寒，抗烟尘	秋叶红色，翅果成熟前红色；庭园风景林	东北，华北至长江流域
83	羽叶槭	槭树科	15	阳性，喜冷凉气候，耐烟尘	庭荫树，行道树，防护林	东北，华北地区
84	七叶树	七叶树科	20	弱阳性，喜温暖湿润，不耐严寒	花白色，5～6月；庭荫树，行道树，观赏树	黄河中下游至华东
85	流苏树	木樨科	6～15	阳性，耐寒，喜温暖	花白色，5月；庭荫观赏树，丛植，孤植	黄河中下游及其以南
86	白蜡树	木樨科	10～15	弱阳性，耐寒，耐低湿，抗烟尘	庭荫树，行道树，堤岸树	东北、华北至长江流域
87	洋白蜡	木樨科	10～15	阳性，耐寒，耐低湿	庭荫树，行道树，防护林	东北南部，华北地区

续表

序号	中名	科名	高度/m	习　性	观赏特性及城市绿地用途	适用地区
88	绒毛白蜡	木樨科	8～12	阳性，耐低洼、盐碱地，抗污染	庭荫树，行道树，工厂绿化	华北地区
89	水曲柳	木樨科	10～20	弱阳性，耐寒，喜肥沃湿润土壤	庭荫树，行道树	华北地区
90	梓树	紫葳科	10～15	弱阳性，适生于温带地区，抗污染	花黄白色，5～6月；庭荫树，行道树	黄河中下游地区
91	楸树	紫葳科	10～20	弱阳性，喜温和气候，抗污染	白花有紫斑，5月；庭荫观赏树，行道树	黄河流域至淮河流域
92	蓝花楹	紫葳科	10～15	阳性，喜暖热气候，不耐寒	花蓝色，5月；庭荫观赏树，行道树	华南地区
93	大花紫薇	千屈菜科	8～12	阳性，喜温热气候，不耐寒	花淡紫红色，夏秋；庭荫观赏树，行道树	华南地区
94	泡桐	玄参科	15～20	阳性，喜温暖气候，不耐寒，速生	花白色，4月；庭荫树，行道树	长江流域及其以南地区
95	毛泡桐	玄参科	10～15	强阳性，喜温暖，较耐寒，速生	白花有紫斑，4～5月；庭荫树，行道树	黄河中下游至淮河流域
96	苏铁	苏铁科	2	中性，喜温暖湿润气候及酸性土	姿态优美；庭园观赏，盆栽，盆景	华南，西南
97	含笑	木兰科	2～3	中性，喜温暖湿润气候及酸性土	花淡黄色，浓香，4～5月；庭园观赏，盆栽	长江以南地区
98	枇杷	蔷薇科	4～6	弱阳性，喜温暖湿润，不耐寒	叶大荫浓，初夏黄果；庭园观赏，果树	南方各地
99	石楠	蔷薇科	3～5	弱阳性，喜温暖，耐干旱瘠薄	嫩叶红色，秋冬红果；庭园观赏，丛植	华东，中南，西南

续表

序号	中名	科名	高度/m	习　性	观赏特性及城市绿地用途	适用地区
100	苹果	蔷薇科	15	阳性,喜冷凉、干燥气候	树冠卵圆形、扁球形,花白带红,花期4～5月,庭荫树	华北南部至长江流域、川、滇
101	洒金珊瑚	山茱萸科	2～3	阴性,喜温暖湿润,不耐寒	叶有黄斑点,果红色;庭园观赏,盆栽	长江以南各地
102	珊瑚树	忍冬科	3～5	中性,喜温暖,抗烟尘,耐修剪	白花6月,红果9～10月;绿篱,庭园观赏	长江流域及其以南地区
103	黄杨	黄杨科	2～3	中性,抗污染,耐修剪,生长慢	枝叶细密;庭园观赏,丛植,绿篱,盆栽	华北至华南、西南地区
104	雀舌黄杨	黄杨科	0.5～1	中性,喜温暖,不耐寒,生长慢	枝叶细密;庭园观赏,丛植,绿篱,盆栽	长江流域及其以南地区
105	锦熟黄杨	黄杨科	—	耐阴,畏烈日,抗性强	枝叶紧密;庭植,绿篱,盆栽	华北,华东至华南各省
106	小叶黄杨	黄杨科	0.6～1	耐阴,畏烈日,抗性强	枝叶紧密;庭植,绿篱,盆栽	长江流域及其以南各省
107	海桐	海桐科	2～4	中性,喜温湿,不耐寒,抗海潮风	白花,芳香,5月;基础种植,绿篱,盆栽	长江流域及其以南地区
108	山茶花	山茶科	2～5	中性,喜温湿气候及酸性土壤	花白、粉、红,2～4月;庭园观赏,盆栽	长江流域及其以南地区
109	茶梅	山茶科	3～6	弱阳性,喜温暖气候及酸性土壤	花白、粉、红,11月到次年1月;庭园观赏,绿篱	长江以南地区
110	云南山茶	山茶科	15	喜半阴及湿润,不耐碱、寒和酷热	花浅红或深紫;庭植	长江流域以南,主产云南

续表

序号	中名	科名	高度/m	习　性	观赏特性及城市绿地用途	适用地区
111	油茶	山茶科	8	阳性,不耐碱,抗SO_2,吸氧	花白,10～12月;庭植,片植,花篱	长江及珠江流域
112	枸骨	冬青科	1.5～3	弱阳性,抗有毒气体,生长慢	绿叶红果,甚美丽;基础种植,丛植,盆栽	长江中下游各地
113	大叶黄杨	卫矛科	2～5	中性,喜温湿气候,抗有毒气体	观叶;绿篱,基础种植,丛植,盆栽	华北南部至华南、西南地区
114	胡颓子	胡颓子科	2～3	弱阳性,喜温暖,耐干旱、水湿	秋花银白,芳香,红果5月;基础种植,盆景	长江下游及其以南
115	云南黄馨	木樨科	1.5～3	中性,喜温暖,不耐寒	枝拱垂,花黄色,4月;庭园观赏,盆栽	长江流域,华南,西南地区
116	夹竹桃	夹竹桃科	2～4	阳性,喜温暖湿润气候,抗污染	花粉红,5～10月;庭园观赏,花篱,盆栽	长江以南地区
117	栀子花	茜草科	1～1.6	中性,喜温暖气候及酸性土壤	花白色,浓香,6～8月;庭园观赏,花篱	长江流域及其以南地区
118	南天竹	小檗科	1～2	中性,耐阴,喜温暖湿润气候	枝叶秀丽,秋冬红果,庭园观赏,丛植,盆栽	长江流域及其以南地区
119	十大功劳	小檗科	1～1.5	耐阴,喜温暖湿润气候,不耐寒	花黄色,果蓝黑色;庭园观赏,丛植,绿篱	长江流域及其以南地区
120	阔叶十大功劳	山茶科	—	耐阴,喜湿润,不耐寒	花黄4～5月,果黑9～10月;庭植,绿篱,盆栽	我国中部及南部地区
121	凤尾兰	百合科	1.5～3	阳性,喜亚热带气候,不耐严寒	花乳白色,夏、秋;庭园观赏,丛植	华北南部至华南地区

续表

序号	中名	科名	高度/m	习　性	观赏特性及城市绿地用途	适用地区
122	丝兰	百合科	0.5～2	阳性，喜亚热带气候，不耐严寒	花乳白色，6～7月；庭园观赏，丛植	华北南部至华南地区
123	棕竹	棕榈科	1.5～3	阳性，喜湿润的酸性土，不耐寒	观叶；庭园观赏，丛植，基础种植，盆栽	华南，西南地区
134	筋斗竹	棕榈科	2～3	阴性，喜湿润的酸性土，不耐寒	观叶；庭园观赏，丛植，基础种植，盆栽	华南，西南地区

3)灌木与藤本植物。常用的灌木与藤本植物分别见表2-17、表2-18。

表2-17　常用灌木

序号	中名	科名	高度/m	习　性	观赏特性及城市绿地用途	适用地区
1	玉兰	木兰科	4～8	阳性，稍耐阴，颇耐寒，怕积水	花大洁白，3～4月；庭园观赏，对植，列植	华北至华南、西南地区
2	紫玉兰	木兰科	2～4	阳性，喜温暖，不耐严寒	花大紫色，3～4月；庭园观赏，丛植	华北至华南、西南地区
3	二乔玉兰	木兰科	3～6	阳性，喜温暖气候，较耐寒	花白带淡黄色，3～4月；庭园观赏	华北至华南、西南地区
4	木兰	木兰科	3～5	阳性，华北地区需小气候和防寒	花紫白，3～4月，先花后叶；庭植	长江流域以南各省，华北、西北等地
5	白鹃梅	蔷薇科	2～3	弱阳性，喜温暖气候，较耐寒	花白色，4月；庭园观赏，丛植	华北至长江流域
6	笑靥花	蔷薇科	1.5～2	阳性，喜温暖湿润气候	花小，白色，4月；庭园观赏，丛植	长江流域及其以南地区
7	珍珠花	蔷薇科	1.5～2	阳性，喜温暖气候，较耐寒	花小，白色，4月，庭园观赏，丛植	东北南部、华北至华南

续表

序号	中名	科名	高度/m	习　性	观赏特性及城市绿地用途	适用地区
8	麻叶绣线菊	蔷薇科	1～1.5	中性，喜温暖气候	花小，白色美丽，4月；庭园观赏，丛植	长江流域及其以南地区
9	菱叶绣线菊	蔷薇科	1～2	中性，喜温暖气候，较耐寒	花小，白色美丽，4～5月；庭园观赏，丛植	华北至华南、西南地区
10	粉花绣线菊	蔷薇科	1～2	阳性，喜温暖气候	花粉红花，6～7月；庭园观赏，丛植，花篱	华北南部至长江流域
11	珍珠梅	蔷薇科	1.5～2	耐阴，耐寒，对土壤要求不严	花小白色，6～8月；庭园观赏，丛植，花篱	华北，西北，东北南部
12	月季	蔷薇科	1～1.5	阳性，喜温暖气候，较耐寒	花红、紫，5～10月；庭园观赏，丛植，盆栽	东北南部至华南、西南
13	现代月季	蔷薇科	1～1.5	阳性，喜温暖气候，较耐寒	花色丰富，5～10月；庭植，专类园，盆栽	东北南部至华南、西南
14	玫瑰	蔷薇科	1～2	阳性，耐寒，耐干旱，不耐积水	花紫红，5月；庭园观赏，丛植，花篱	东北、华北至长江流域
15	黄刺玫	蔷薇科	1.5～2	阳性，耐寒，耐干旱	花黄色，4～5月；庭园观赏；丛植，花篱	华北，西北，东北南部
16	棣棠	蔷薇科	1～2	中性，喜温暖湿润气候，较耐寒	花金黄，4～5月，枝干绿色；丛植，花篱	华北至华南、西南
17	鸡麻	蔷薇科	1～2	中性，喜温暖气候，较耐寒	花白色，4～5月；庭园观赏，丛植	北部至中部、东部地区
18	杏	蔷薇科	5～8	阳性，耐寒，耐干旱，不耐涝	花粉红，3～4月；庭园观赏，片植，果树	东北、华北至长江流域
19	李	蔷薇科	10	阳性，耐半阴，耐涝；适应性强	树冠长圆形，花白，先花后叶，红紫7月，果黄；庭荫树	南北各省及原产中部

续表

序号	中名	科名	高度/m	习　性	观赏特性及城市绿地用途	适用地区
20	稠李	蔷薇科	15	阳性，稍耐阴	花白色，小朵成串下垂；庭荫树	辽、冀、西北地区
21	梅	蔷薇科	3～6	阳性，喜温暖气候，怕涝，寿命长	花红、粉、白，芳香，2～3月；庭植，片植	长江流域及其以南地区
22	桃	蔷薇科	3～5	阳性，耐干旱，不耐水湿	花粉红，3～4月；庭园观赏，片植，果树	东北南部、华北至华南
23	碧桃	蔷薇科	3～5	阳性，耐干旱，不耐水湿	花粉红，重瓣，3～4月；庭植，片植，列植	东北南部、华北至华南
24	山桃	蔷薇科	4～6	阳性，耐寒，耐干旱，耐碱土	花淡粉，白，3～4月；庭园观赏，片植	东北，华北，西北地区
25	紫叶李	蔷薇科	3～5	弱阳性，喜温暖湿润气候，较耐寒	叶紫红色，花淡粉红，3～4月；庭园点缀	华北至长江流域
26	腊梅	腊梅科	1.5～2	阳性，喜温暖，耐干旱，忌水湿	花黄色，浓香，1～2月；庭园观赏，丛植	华北南部至长江流域
27	紫荆	豆科	2～3	阳性，耐干旱瘠薄，不耐涝	花紫红，3～4月叶前开放；庭园观赏，盆栽	华北、西北至华南地区
28	毛刺槐	豆科	2	阳性，耐寒，喜排水良好土壤	花紫粉，6～7月；庭园观赏，草坪丛植	东北，华北地区
29	龙爪槐	豆科	3～5	阳性，耐寒	枝下垂，树冠伞形；庭园观赏，对植，列植	华北，西北，长江流域
30	紫穗槐	豆科	1～2	阳性，耐水湿，干瘠和轻盐碱土	花暗紫，5～6月；护坡固堤，林带下木	南北各地
31	锦鸡儿	豆科	1～1.5	中性，耐寒，耐干旱瘠薄	花橙黄，4月；庭园观赏，岩石园，盆景	华北至长江流域

续表

序号	中名	科名	高度/m	习　性	观赏特性及城市绿地用途	适用地区
32	樱花	蔷薇科	3～5	阳性，较耐寒，不耐烟尘和毒气	花粉白，4月；庭园观赏，丛植，行道树	东北、华北至长江流域
33	东京樱花	蔷薇科	5～8	阳性，较耐寒，不耐烟尘	花粉红，4月；庭园观赏，丛植，行道树	华北至长江流域
34	日本晚樱	蔷薇科	4～6	阳性，喜温暖气候，较耐寒	花粉红，4月；庭园观赏，丛植，行道树	华北至长江流域
35	榆叶梅	蔷薇科	1.5～3	弱阳性，耐寒，耐干旱	花粉、红、紫，4月；庭园观赏，丛植，列植	东北南部，华北，西北地区
36	郁李	蔷薇科	1～1.5	阳性，耐寒，耐干旱	花粉、白，4月，果红色；庭园观赏，丛植	东北，华北至华南地区
37	麦李	蔷薇科	1～1.5	阳性，较耐寒，适应性强	花粉、白，4月，果红色；庭园观赏，丛植	华北至长江流域
38	平枝栒子	蔷薇科	0.5	阳性，耐寒，适应性强	匍匐状，秋冬果鲜红；基础种植，岩石园	华北、西北至长江流域
39	火棘	蔷薇科	2～3	阳性，喜温暖气候，不耐寒	春白花，秋冬红果；基础种植，丛植，篱植	华东，华中，西南地区
40	花楸	蔷薇科	8	阳性，较耐阴	花白5月，果红10月；庭植	东北南部，华北，华中地区
41	山楂	蔷薇科	3～5	弱阳性，耐寒，耐干旱瘠薄土壤	春白花，秋红果；庭园观赏，园路，果树	东北南部，华北地区
42	木瓜	蔷薇科	3～5	阳性，喜温暖，不耐低湿和盐碱土	花粉红，4～5月，秋果黄色；庭园观赏	长江流域至华南地区
43	贴梗海棠	蔷薇科	1～2	阳性，喜温暖气候，较耐寒	花纷、红，4月，秋果黄色；庭园观赏	华北至长江流域

续表

序号	中名	科名	高度/m	习　性	观赏特性及城市绿地用途	适用地区
44	海棠果	蔷薇科	4～6	阳性，耐寒性强，耐旱，耐碱土	花白，4～5月，秋果红色；庭园观赏，果树	东北，华北，西北地区
45	海棠花	蔷薇科	4～6	阳性，耐寒，耐干旱，忌水湿	花粉红，单或重瓣，4～5月；庭园观赏	东北南部，华北，华东地区
46	垂丝海棠	蔷薇科	3～5	阳性，喜温暖湿润，耐寒性不强	花鲜玫瑰红色，4～5月；庭园观赏，丛植	华北南部至长江流域
47	白梨	蔷薇科	4～6	阳性，喜干冷气候，耐寒	花白色，4月；庭园观赏，果树	东北南部，华北，西北地区
48	沙梨	蔷薇科	5～8	阳性，喜温暖湿润气候	花白色，3～4月；庭园观赏，果树	长江流域至华南、西南地区
49	狭叶火棘	蔷薇科	3	强阳性，耐修剪，不耐寒	花白5～6月，果红9～10月；庭植，丛植，孤植或绿篱	西南，中部地区
50	糯米条	忍冬科	1～2	中性，喜温暖，耐干旱，耐修剪	花白带粉，芳香，8～9月；庭园观赏，花篱	长江流域至华南
51	猬实	忍冬科	2～3	阳性，颇耐寒，耐干旱瘠薄	花粉红，5月；果似刺猬；庭园观赏，花篱	华北，西北，华中地区
52	锦带花	忍冬科	1～2	阳性，耐寒，耐干旱，怕涝	花玫瑰红色，4～5月；庭园观赏，草坪丛植	东北，华北地区
53	海仙花	忍冬科	2～3	弱阳性，喜温暖，颇耐寒	花黄白变红，5～6月；庭园观赏，草坪庭植	华北，华东，华中地区
54	木本绣球	忍冬科	2～3	弱阳性，喜温暖，不耐寒	花白色，成绣球形，5～6月；庭植观花	华北南部至长江流域
55	蝴蝶树	忍冬科	2～3	中性，耐寒，耐干旱	花白色，4～5月，秋果红色；庭园观赏	长江流域至华南、西南

续表

序号	中名	科名	高度/m	习　性	观赏特性及城市绿地用途	适用地区
56	天目琼花	忍冬科	2～3	中性,较耐寒	花白色,5～6月;秋果红色,庭植观花观果	东北,华北至长江流域
57	香荚迷	忍冬科	2～3	中性,耐寒,耐干旱	花白色,芳香,4月;庭植观花	华北,西北地区
58	金银木	忍冬科	3～4	阳性,耐寒,耐干旱,萌蘖性强	花白、黄色,5～7月,秋果红色;庭园观赏	南北各地
59	接骨木	忍冬科	2～4	弱阳性,喜温暖,抗有毒气体	花小,白色,4～5月,秋果红色;庭园观赏	南北各地
60	无花果	桑科	1～2	中性,喜温暖气候,不耐寒	庭园观赏,盆栽	长江流域及其以南地区
61	结香	瑞香科	3～4	阳性,抗旱、涝、盐碱及沙荒	花黄色,芳香,3～4月,叶前开放;庭园观赏	长江流域各地
62	柽柳	柽柳科	2～3	弱阳性,喜温暖气候,较耐寒	花粉红色,5～8月;庭园观赏,绿篱	华北至华南、西南地区
63	木槿	锦葵科	2～3	阳性,喜温暖气候,不耐寒	花淡紫、白、粉红,7～9月;丛植,花篱	华北至华南地区
64	木芙蓉	锦葵科	1～2	中性偏阴,喜温湿气候及酸性土	花粉红色,9～10月;庭园观赏,丛植,列植	长江流域及其以南地区
65	胡枝子	豆科	1～2	中性,耐寒,耐干旱瘠薄	花紫红,8月;庭园观赏,护坡,林带下木	东北至黄河流域
66	太平花	虎耳草科	1～2	弱阳性,耐寒,怕涝	花白色,5～6月;庭园观赏,丛植,花篱	华北,东北,西北地区
67	山梅花	虎耳草科	2～3	弱阳性,较耐寒,耐旱,忌水湿	花白色,5～6月;庭园观赏,丛植,花篱	华北,华中,西北地区

续表

序号	中名	科名	高度/m	习 性	观赏特性及城市绿地用途	适用地区
68	溲疏	虎耳草科	1～2	弱阳性，喜温暖，耐寒性不强	花白色，5～6月；庭园观赏，丛植，花篱	长江流域各地
69	红瑞木	山茱萸科	1.5～3	中性，耐寒，耐湿，也耐干旱	茎枝红色美丽，果白色；庭园观赏，草坪丛植	东北，华北地区
70	四照花	山茱萸科	3～5	中性，喜温暖气候，耐寒性不强	花黄色，5～6月，秋果粉红；庭园观赏	华北南部至长江流域
71	杜鹃	杜鹃花科	1～2	中性，喜温湿气候及酸性土	花深红色，4～5月，庭园观赏，盆栽	长江流域及其以南地区
72	白花杜鹃	杜鹃花科	0.5～1	中性，喜温暖气候，不耐寒	花白色，4～5月，庭园观赏，盆栽	长江流域
73	云锦杜鹃	杜鹃花科	4	喜半阴，酸性土	花淡玫瑰红色5月，庭植，盆栽	长江及珠江流域，主产滇、川
74	金丝桃	藤黄科	2～5	阳性，喜温暖气候，较耐干旱	花金黄色，6～7月；庭园观赏，草坪丛植	长江流域及其以南地区
75	石榴	石榴科	2～3	中性，耐寒，适应性强	花红色，5～6月，果红色；庭园观赏，果树	黄河流域及其以南地区
76	秋胡颓子	胡颓子科	3～5	阳性，喜温暖气候，不耐严寒	秋果橙红色；庭园观赏，绿篱，林带下木	长江流域及其以北地区
77	胡颓子	胡颓子科	4	阳性，耐干旱、水浸，抗有毒气体	花银白、芳香，10～12月，果翌年5月，叶背银白；庭植	长江流域
78	花椒	芸香科	3～5	阳性，喜温暖气候，较耐寒	丛植，刺篱	华北、西北至华南地区

续表

序号	中名	科名	高度/m	习　性	观赏特性及城市绿地用途	适用地区
79	枸橘	芸香科	3～5	阳性,耐寒,耐干旱及盐碱土	花白色,4月,果黄绿,香;丛植,刺篱	黄河流域至华南地区
80	文冠果	无患子科	3～5	中性,耐寒	花白色,4～5月,庭园观赏,丛植,列植	东北南部,华北,西北地区
81	黄栌	漆树科	3～5	中性,喜温暖气候,不耐寒	霜叶红艳美丽;庭园观赏,片植,风景林	华北地区
82	鸡爪槭	槭树科	2～5	中性,喜温暖气候,不耐寒	叶形秀丽,秋叶红色;庭园观赏,盆栽	华北南部至长江流域
83	红枫	槭树科	1.5～2	中性,喜温暖气候,不耐寒	叶常年紫红色;庭园观赏,盆栽	华北南部到长江流域
84	羽毛枫	槭树科	1.5～2	中性,喜温暖气候,不耐寒	树冠开展,叶片细裂;庭园观赏,盆栽	长江流域
85	红羽毛枫	槭树科	1.5～2	阳性,喜温暖气候,不耐水湿	树冠开展,叶片细裂,红色;庭园观赏,盆栽	长江流域
86	醉鱼草	马钱科	2～3	中性,喜温暖气候,耐修剪	花紫色,6～8月;庭园观赏,草坪丛植	长江流域及其以南地区
87	小蜡	木樨科	2～3	中性,喜温暖,较耐寒,耐修剪	花小,白色,5～6月;庭园观赏,绿篱	长江流域及其以南地区
88	小叶女贞	木樨科	1～2	中性,喜温暖气候,较耐寒	花小,白色,5～7月;庭园观赏,绿篱	华北至长江流域
89	迎春	木樨科	4	阴性,稍耐阴,怕涝	花黄色,早春叶前开放;庭园观赏,丛植	华北至长江流域

续表

序号	中名	科名	高度/m	习 性	观赏特性及城市绿地用途	适用地区
90	丁香	木樨科	2～3	弱阳性，耐寒，耐旱，忌低湿	花紫色，香，4～5月；庭园观赏，草坪丛植	东北南部，华北，西北地区
91	紫丁香	木樨科	4～5	阳性，稍耐阴，忌低湿，抗性强	树冠球形，花紫、白，4～5月；庭植	东北南部、华北地区
92	辽东丁香	木樨科	6	阳性，稍耐阴	花蓝、紫，5～6月；庭植	东北、华北地区
93	暴马丁香	木樨科	5～8	阳性，耐寒，喜湿润土壤	花白色，6月；庭园观赏，庭荫树，园路树	东北，华北，西北地区
94	连翘	木樨科	2～3	阳性，耐寒，耐干旱	花黄色，3～4月叶前开放；庭园观赏，丛植	东北，华北，西北地区
95	金钟花	木樨科	1.5～3	阳性，喜温暖气候，较耐寒	花金黄，3～4月叶前开放；庭园观赏，丛植	华北至长江流域
96	紫珠	马鞭草科	1～2	中性，喜温暖气候，较耐寒	果紫色美丽，秋冬；庭园观赏，丛植	华北，华东，中南地区
97	海州常山	马鞭草科	2～4	中性，喜温暖气候，耐干旱、水湿	白花，7～8月；紫萼蓝果，9～10月；庭植	华北至长江流域
98	牡丹	毛茛科	1～2	中性，耐寒，要求排水良好土壤	花白、粉、红、紫，4～5月；庭园观赏	华北，西北，长江流域
99	小檗	小檗科	1～2	中性，耐寒，耐修剪	花淡黄，5月，秋果红色；庭园观赏，绿篱	华北，西北，长江流域
100	紫叶小檗	小檗科	1～2	中性，耐寒，要求阳光充足	叶常年紫红，秋果红色；庭园点缀，丛植	华北，西北，长江流域
101	紫薇	千屈菜科	2～4	阳性，喜温暖气候，不耐严寒	花紫、红，7～9月；庭园观赏，园路树	华北至华南、西南地区

续表

序号	中名	科名	高度/m	习　性	观赏特性及城市绿地用途	适用地区
102	大花紫薇	千屈菜科	8	阳性	树冠不整齐,树干多扭曲,花紫红,花期夏秋;庭荫树,行道树	华北至华南、西南地区
103	金缕梅	金缕梅科	9	阳性,稍耐阴	花金黄,1～3月;庭植	长江流域
104	蜡瓣花	金缕梅科	5	阳性,稍耐阴,忌干旱	花黄,花期早;庭植	长江流域及以南地区
105	八仙花	八仙花科	4	喜半阴,耐寒,喜酸性土壤	花蓝、白,6～7月;庭植,盆栽	长江流域以南各省,华北
106	枸杞	茄科	1～2	阳性,耐阴,耐碱	花紫5～10月,果红7～11月;庭植,盆景	华北南部到闽、粤、西南
107	丝棉木	卫矛科	6	中性,耐寒,耐水湿,抗污染	枝叶秀丽,秋果红色;庭荫树,水边绿化	东北南部至长江流域
108	卫矛	卫矛科	3	阳性,适应性强	花绿、白,5～6月,果红,9～10月,嫩叶及霜叶均为红色;庭植,绿篱	我国南北各省
109	太平花	山梅花科	1～2	阳性,耐半阴,耐寒,忌水湿	花乳白色,5～6月,芳香;庭植,花篱,丛植,林缘,草地	华北、华中地区
110	山梅花	山梅花科	3～5	阳性,耐半阴,耐寒,忌水湿	花白色,6～7月;庭植,花篱	华北,华中地区
111	溲疏	山梅花科	2.5	阳性,耐半阴,不耐寒,萌芽力强	花白色,6～7月;庭植,花篱,岩石园栽植	华北南部至长江流域

表 2-18　　藤本植物

序号	中名	科名	高度/m	习　性	观赏特性及城市绿地用途	适用地区
1	铁线莲	毛茛科	4	中性,喜温暖,不耐寒,半常绿	花白花,夏季;攀缘篱垣、棚架、山石	长江中下游至华南
2	木通	木通科	10	中性,喜温暖,不耐寒,落叶	花暗紫色,4月;攀缘篱垣、棚架、山石	长江流域至华南
3	三叶木通	木通科	8	中性,喜温暖,较耐寒,落叶	花暗紫色,5月;攀缘篱垣、棚架、山石	华北至长江流域
4	五味子	木兰科	8	中性,耐寒性强,落叶	果红色,8～9月;攀缘篱垣、棚架、山石	东北,华北,华中
5	蔷薇	蔷薇科	3～4	阳性,喜温暖,较耐寒,落叶	花白、粉红,5～6月;攀缘篱垣、棚架等	华北至华南地区
6	十姊妹	蔷薇科	3～4	阳性,喜温暖,较耐寒,落叶	花深红,重瓣,5～6月;攀缘篱垣、棚架等	华北至华南地区
7	木香	蔷薇科	6	阳性,喜温暖,较耐寒,半常绿	花白或淡黄、芳香,4～5月;攀缘篱架等	华北至长江流域
8	紫藤	豆科	15～20	阳性,耐寒,适应性强,落叶	花堇紫色,4月;攀缘棚架、枯树等	南北各地
9	多花紫藤	豆科	4～8	阳性,喜温暖气候,落叶	花紫色,4月;攀缘棚架、枯树,盆栽	长江流域及其以南地区
10	常春藤	五加科	25	阴性,喜温暖,不耐寒,常绿	绿叶长青;攀缘墙垣、山石、盆栽	长江流域及其以南地区
11	中华常春藤	五加科	30	阴性,喜温暖,不耐寒,常绿	绿叶长青;攀缘墙垣、山石等	长江流域及其以南地区
12	猕猴桃	猕猴桃科	8	中性,喜温暖,耐寒性不强,落叶	花黄白色,6月;攀缘棚架、篱垣,果树	长江流域及其以南地区

续表

序号	中名	科名	高度/m	习　性	观赏特性及城市绿地用途	适用地区
13	猕猴梨	猕猴桃科	25～30	中性，耐寒，落叶	花乳白色，6～7月；攀缘棚架、篱垣等	东北，西北，长江流域
14	葡萄	葡萄科	30	阳性，耐干旱，怕涝，落叶	果紫红或黄白，8～9月；攀缘棚架、栅篱等	华北、西北，长江流域
15	爬山虎	葡萄科	25	耐阴，耐寒，适应性强，落叶	秋叶红、橙色；攀缘墙面、山石、树干等	东北南部至华南地区
16	五叶地锦	葡萄科	25	耐阴，耐寒，喜温温气候，落叶	秋叶红、橙色；攀缘墙面、山石、栅篱等	东北南部，华北地区
17	薜荔	桑科	15	耐阴，喜温暖气候，不耐寒，常绿	绿叶长青；攀缘山石、墙垣、树干等	长江流域及其以南地区
18	叶子花	紫茉莉科	10	阳性，喜暖热气候，不耐寒，常绿	花红、紫，6～12月；攀缘山石、园墙、廊柱	华南，西南地区
19	扶芳藤	卫矛科	10	耐阴，喜温暖气候，不耐寒，常绿	绿叶长青；掩覆墙面、山石、老树干等	长江流域及其以南地区
20	胶东卫矛	卫矛科	3～5	耐阴，喜温暖，稍耐寒，半常绿	绿叶红果；攀附花格、墙面、山石、老树干	华北至长江中下游地区
21	南蛇藤	卫矛科	12	中性，耐寒，性强健，落叶	秋叶红、黄色；攀缘棚架、墙垣等	东北、华北至长江流域
22	金银花	忍冬科	10	喜光，也耐阴，耐寒，半常绿	花黄、白色，芳香，5～7月；攀缘小型棚架	华北至华南、西南地区
23	络石	夹竹桃科	5	耐阴，喜温暖，不耐寒，常绿	花白色，芳香，5月；攀缘墙垣、山石，盆栽	长江流域各地
24	凌霄	紫葳科	9	中性，喜温暖，稍耐寒，落叶	花橘红、红色，7～8月；攀缘墙垣、山石等	华北及其以南各地

续表

序号	中名	科名	高度/m	习　性	观赏特性及城市绿地用途	适用地区
25	美国凌霄	紫葳科	10	中性,喜温暖,耐寒,落叶	花橘红色,7～8月;攀缘墙垣、山石、棚架	华北及其以南各地
26	炮仗花	紫葳科	10	中性,喜暖热,不耐寒,常绿	花橘红色,夏季;攀缘棚架、墙垣、山石等	华南地区

4)一、二年生花卉。园林中常用的一、二年生花卉见表2-19。

表2-19　一、二年生花卉

序号	中名	科名	高度/m	习　性	观赏特性及城市绿地用途	适用地区
1	凤仙花	凤仙花科	0.3～0.8	阳性,喜暖畏寒,宜疏松肥沃土壤	花色多,6～7月;花坛,花篱,盆栽	全国各地
2	三色堇	堇菜科	0.015～0.3	阳性,稍耐半阴,耐寒,喜凉爽	花色丰富艳丽,4～6月;花坛,花境,镶边	全国各地
3	月见草	柳叶菜科	1～1.5	喜光照充足,地势高燥	花黄色,芳香,6～9月;丛植,花坛,地被	全国各地
4	待宵草	柳叶菜科	0.5～0.8	喜光照充足,地势高燥	花黄色,芳香,6～9月;丛植,花坛,地被	全国各地
5	牵牛类	旋花科	3	阳性,不耐寒,较耐旱,直根蔓性	花色丰富,6～10月;棚架,篱垣,盆栽	全国各地
6	金鱼草	玄参科	0.12～1.2	阳性,较耐寒,宜凉爽,喜肥沃	花色丰富艳丽,花期长,花坛,切花,镶边	全国各地
7	心叶藿香蓟	菊科	0.15～0.25	阳性,适应性强	花蓝色,夏秋;花坛,花径,丛植,地被	全国各地
8	雏菊	菊科	0.07～0.15	阳性,较耐寒,宜冷凉气候	花白、粉、紫色,4～6月;花坛镶边,盆栽	全国各地

续表

序号	中名	科名	高度/m	习　性	观赏特性及城市绿地用途	适用地区
9	滨菊	菊科	0.3～0.6	阳性，喜肥沃湿润土壤	花白色，花期春秋；宜花坛，花境	长江及黄河流域
10	扫帚草	藜科	1～1.5	阳性，耐干热瘠薄，不耐寒	株丛圆整翠绿；宜自然全植，花坛中心，绿篱	全国各地
11	五色苋	苋科	0.4～0.5	阳性，喜暖畏寒，宜高燥，耐修剪	株丛紧密，叶小，叶色美丽；毛毡花坛材料	全国各地
12	三色苋	苋科	1～1.4	阳性，喜高燥，忌湿热积水	秋天梢叶艳丽，宜丛植，花境背景，基础栽植	全国各地
13	鸡冠花	苋科	0.2～0.6	阳性，喜干热，不耐寒，宜肥忌涝	花色多，8～10月；宜花坛，盆栽，干花	全国各地
14	凤尾鸡冠	苋科	0.6～1.5	阳性，喜干热，不耐寒，宜肥忌涝	花色多，8～10月；宜花坛，盆栽，干花	全国各地
15	千日红	苋科	0.4～0.6	阳性，喜干热，不耐寒	花色多，6～10月；宜花坛，盆栽，干花	全国各地
16	紫茉莉	紫茉莉科	0.8～1.2	喜温暖向阳，不耐寒，直根性	花色丰富，芳香，夏至秋；林缘草坪边，庭院	全国各地
17	半支莲	马齿苋科	0.15～0.2	喜暖畏寒，耐干旱瘠薄	花色丰富，6～8月；宜花坛镶边，盆栽	全国各地
18	茑萝类	旋花科	6～7	阳性，喜温暖，直根，蔓性	花红、粉、白色，夏秋；宜矮篱，棚架，地被	全国各地
19	福禄考	花葱科	0.15～0.4	阳性，喜凉爽，耐寒力弱，忌碱涝	花色繁多，5～7月；宜花坛，岩石园，镶边	全国各地

续表

序号	中名	科名	高度/m	习　性	观赏特性及城市绿地用途	适用地区
20	美女樱	马鞭草科	0.3～0.5	阳性，喜湿润肥沃，稍耐寒	花色丰富，铺覆地面，6～9月；花坛，地被	全国各地
21	碎蝶花	白花菜科	1	喜肥沃向阳，耐半阴，宜直播	花粉、白色，6～9月；花坛，丛植，切花	全国各地
22	羽衣甘蓝	十字花科	0.3～0.4	阳性，耐寒，喜肥沃，宜凉爽	叶色美，宜凉爽季节花坛，盆栽	全国各地
23	香雪球	十字花科	0.15～0.3	阳性，喜凉忌热，稍耐寒耐旱	花白或紫色，6～10月；花坛，岩石园	全国各地
24	紫罗兰	十字花科	0.2～0.8	阳性，喜冷凉肥沃，忌燥热	花色丰富，芳香，5月；宜花坛，切花	全国各地
25	桂竹香	十字花科	0.25～0.7	阳性，较耐寒	花橙黄、褐色4～6月，浓香；花坛，花境，切花	全国各地
26	七里香	十字花科	0.25～0.5	阳性，较耐寒	花橙黄4～5月；花坛，花境	全国各地
27	一串红高型	唇形科	0.7～1	阳性，稍耐半阴，不耐寒，喜肥沃	花红色或白、粉、紫色，7～10月；花坛，盆栽	全国各地
28	一串红矮型	唇形科	0.3以下	阳性，稍耐半阴，不耐寒，喜肥沃	花红色，7～10月；宜花坛，花带，盆栽	全国各地
29	矮牵牛	茄科	0.2～0.6	阳性，喜温暖干燥，畏寒，忌涝	花大色繁，6～9月；花坛，自然布置，盆栽	全国各地
30	须苞石竹	石竹科	0.6	阳性，耐寒喜肥，要求通风好	花色变化丰富，5～10月；花坛，花境，切花	全国各地

续表

序号	中名	科名	高度/m	习　性	观赏特性及城市绿地用途	适用地区
31	锦团石竹	石竹科	0.2～0.3	阳性，耐寒喜肥，要求通风好	花色变化丰富，5～10月；宜花坛，岩石园	全国各地
32	高雪轮	石竹科	0.3～0.6	阳性，耐寒，不耐高温	花粉红、玫瑰色或白色，4～5月；花坛	全国各地
33	矮雪轮	石竹科	0.2～0.25	阳性，耐寒，不耐高温	花粉红、玫瑰色或白色，4～5月；花坛	全国各地
34	飞燕草	毛茛科	0.3～1.2	阳性，喜高燥凉爽，忌涝，直根性	花色多，5～6月，花序长，宜花带，切花	全国各地
35	花菱草	罂粟科	0.3～0.6	耐寒，喜冷凉，直根性，阳性	叶秀花繁，多黄色，5～6月；花带，丛植	全国各地
36	虞美人	罂粟科	0.3～0.6	阳性，喜干燥，忌湿热，直根性	艳丽多彩，6月；宜花坛，花丛，花群	全国各地
37	银边翠	大戟科	0.5～0.8	阳性，喜温暖，耐旱，直根性	梢叶白或镶白边，林缘地被或切花	全国各地
38	金盏菊	菊科	0.3～0.6	阳性，较耐寒，宜凉爽	花黄至橙色，4～6月；花坛，盆栽	全国各地
39	翠菊	菊科	0.2～0.8	阳性，喜肥沃湿润，忌连作和水涝	花色丰富，6～10月；宜各种花卉布置和切花	全国各地
40	矢车菊	菊科	0.2～0.8	阳性，好冷凉，忌炎热，直根性	花色多，5～6月；宜花坛，切花，盆栽	全国各地
41	蛇目菊	菊科	0.6～0.8	阳性，耐寒，喜冷凉	花黄、红褐或复色，7～10月；宜花坛，地被	全国各地
42	波斯菊	菊科	1～2	阳性，耐干燥瘠薄，肥水多易倒伏	花色多，6～10月；宜花群，花篱，地被	全国各地

续表

序号	中名	科名	高度/m	习性	观赏特性及城市绿地用途	适用地区
43	万寿菊	菊科	0.2～0.9	阳性，喜温暖，抗早霜，抗逆性强	花黄、橙色；7～9月；宜花坛，篱垣，花丛	全国各地
44	孔雀菊	菊科	0.15～0.4	阳性，喜温暖，抗早霜，耐移植	花黄带褐斑，7～9月；花坛，镶边，地被	全国各地
45	百日草	菊科	0.2～0.9	阳性，喜肥沃，排水好	花大色艳，6～7月；花坛，丛植，切花	全国各地

5)宿根花卉。园林中常用的宿根花卉、球根花卉分别见表2-20、表2-21。

表2-20　宿根花卉

序号	中名	科名	高度/m	习性	观赏特性及城市绿地用途	适用地区
1	瞿麦	石竹科	0.3～0.4	阳性，耐寒，喜肥沃，排水好	花浅粉紫色，5～6月；花坛，花境，丛植	华北，华中地区
2	皱叶剪夏罗	石竹科	0.6～0.8	阳性，耐寒，喜凉爽湿润	花序半球状，砖红色，6～7月；花境，花坛	华北，华东地区
3	石碱花	石竹科	0.2～1	阳性，不择干湿，地下茎发达	花白、淡红、鲜红色，6～8月；地被	华北地区
4	斗莱	毛茛科	0.6～0.9	炎夏宜半荫，耐寒，宜湿润排水好	花色丰富，初夏；自然式栽植，花境，花坛	全国各地
5	翠雀	毛茛科	0.6～0.9	阳性，喜凉爽通风，排水好	花蓝色，6～9月；自然式栽植，花境，花坛	东北、华北、西北地区
6	芍药	芍药科	1～1.4	阳性，耐寒，喜深厚肥沃砂质土	花色丰富，5月；专类园，花境，群植，切花	全国各地
7	荷包牡丹	罂粟科	0.3～0.6	喜侧阴，湿润，耐寒惧热	花粉红或白色，春夏；丛植，花境，疏林地被	全国各地

续表

序号	中名	科名	高度/m	习　性	观赏特性及城市绿地用途	适用地区
8	费莱	景天科	0.2～0.4	阳性,多浆类,耐寒,忌水湿	花橙黄色,6～7月;花境,岩石园,地被	华北、西北地区
9	八宝	景开科	0.3～0.5	阳性,多浆类,耐寒,忌水湿	花淡红色,7～9月;花境,岩石园,地被	东北、华东地区
10	千叶蓍	菊科	0.3～0.6	阳性,耐半阴,耐寒,宜排水好	花白色,6～8月;宜花境,群植,切花	东北,西北,华北地区
11	蓍草	菊科	0.5～1.5	阳性,耐半阴,耐寒,宜排水好	花白色,夏秋;宜花境,群植,切花	东北,华北;华东地区
12	木茼蒿	菊科	0.8～1	阳性,常绿,喜凉惧热,畏寒	花白色,周年开花;花坛,花篱,切花,盆栽	全国各地
13	荷兰菊	菊科	0.5～1.5	阳性,喜湿润肥沃,通风排水良好	花莲紫,白色8～9月;花坛,花境,盆栽	全国各地
14	大金鸡菊	菊科	0.3～0.6	阳性,耐寒,不择土壤,逸为野生	花黄色,6～8月;宜花坛,花境,切花	华北,华东地区
15	菊花	菊科	0.6～1.5	阳性,多短日性,喜肥沃湿润	花色繁多,10～11月;花坛,花境,盆栽	全国各地
16	金光菊	菊科	3.0	阳性,耐阴,耐寒	花黄色,7～8月;花境,切花,丛植	全国各地
17	大天人菊	菊科	0.7～0.9	阳性,要求排水良好	花黄或瓣基褐色,6～10月;花坛,花境	华北、东北,华东地区
18	牛眼菊	菊科	0.3～0.6	阳性,耐寒,喜肥沃,排水好	花白色,5～9月;宜花坛,花境,丛植	华北、西北,东北地区
19	黑心菊	菊科	0.8～1	阳性,耐干旱,喜肥沃,通风好	花金黄或瓣基暗红色,5～9月;宜花境	东北、东北、华东地区

续表

序号	中名	科名	高度/m	习　性	观赏特性及城市绿地用途	适用地区
20	萱草	百合科	0.3～0.8	阳性,耐半阴,耐寒,适应性强	花艳叶秀,6～8月;丛植,花境,疏林地被	我国大部地区
21	玉簪	百合科	0.75	喜阴耐寒,宜湿润,排水好	花白色,芳香,6～8月;林下地被	全国各地
22	火炬花	百合科	0.6～1.2	耐半阴,耐寒,宜排水好	花黄,晕红色,夏花;宜花坛,花境,切花	华北,华东地区
23	阔叶麦冬	百合科	0.3	喜阴湿温暖,常绿性	株丛低矮,宜地被,花坛,花境边缘,盆栽	我国中部及南部
24	紫萼	百合科	0.2～0.4	喜阴、湿和漫射光	花紫色6～9月;径旁、草地边、建筑物荫处	全国各地
25	吉祥草	百合科	0.2～0.4	喜半阴和湿润	叶狭长,簇生;大片栽植和盆栽	我国中部、南部各省
26	万年青	百合科	0.2～0.4	耐阴湿,不耐水湿	叶常绿,有光泽,浆果红色;盆栽,林下栽培	浙江、福建、四川、云南
27	蜀葵	锦葵科	2～3	阳性,耐寒,宜肥沃排水良好	花色多,6～8月;宜花坛,花境,花带背景	全国各地
28	芙蓉葵	锦葵科	1～2	阳性,喜温暖湿润,耐寒,排水好	花白色,6～8月;宜丛植,花境背景	华北、华东地区
29	宿根福禄考	花　科	0.6～1.2	阳性,宜温和气候,喜排水良好	花色多,7～8月;花坛,花境,切花,盆栽	华北,华东,西北地区
30	随意草	唇形科	0.6～1.2	阳性,耐寒,喜疏松肥沃,排水好	花白,粉紫色,7～9月;花坛,花境	华北地区
31	桔梗	桔梗科	0.3～1	阳性,喜凉爽湿润,排水良好	花篮,白色,6～9月;花坛,花境,岩石园	全国各地

续表

序号	中名	科名	高度/m	习　性	观赏特性及城市绿地用途	适用地区
32	沿阶草	百合科	0.3	喜阴湿温暖，常绿性	株丛低矮，宜地被，花坛，花境边缘，盆栽	我国中部及南部
33	德国鸢尾	鸢尾科	0.6～0.9	阳性，耐寒，喜湿润排水好	花色丰富，5～6月；花坛，花境，切花	全国各地
34	鸢尾	鸢尾科	0.3～0.6	阳性，耐寒，喜湿润而排水好	花蓝紫色，3～5月；花坛，花境，丛植	全国各地
35	兰花类	兰科	0.2～0.4	喜阴湿、通风、排水好	叶黄花香；盆栽，林下地被	长江以南，台湾地区

表 2-21　　球根花卉

序号	中名	科名	高度/m	习　性	观赏特性及城市绿地用途	适用地区
1	花毛茛	毛茛科	0.2～0.4	阳性，喜凉忌热，宜肥沃而排水好	花色丰富，5～6月；宜丛植，切花	华东，华中，西南
2	大丽花	菊科	0.3～1.2	阳性，畏寒惧热，宜高燥凉爽	花形、花色丰富，夏秋；宜花坛，花境，切花	全国各地
3	卷丹	百合科	0.5～1.5	阳性，稍耐荫，宜湿润肥沃，忌连作	花橙色，7～8月；丛植，花坛，花境，切花	全国各地
4	葡萄风信子	百合科	0.1～0.3	耐半阴，喜肥沃湿润，凉爽，排水	株矮，花蓝色，春花；疏林地被，丛植，切花	华北，华北地区
5	郁金香	百合科	0.2～0.4	阳性，宜凉爽湿润，疏松，肥沃	花大，艳玉多彩，春花；宜花境，花坛，切花	全国各地
6	百合类	百合科	0.3～2.0	阳性，耐半阴，喜湿润，宜排水好	花形、色多变，花期5～8月；庭植，盆栽和切花	全国各地

续表

序号	中名	科名	高度/m	习　性	观赏特性及城市绿地用途	适用地区
7	鹿葱	石蒜科	0.6 以上	阳性，喜凉爽湿润，疏松，排水好	花粉红色，8 月；林下地被，丛植，切花	华东，华北，华中地区
8	喇叭水仙	石蒜科	0.25～0.4	阳性，喜温暖湿润，肥沃而排水好	花大，白、黄色，4 月；花坛，花境，群植	华东，华中，华北
9	晚香玉	石蒜科	1～1.2	阳性，喜温暖湿润，肥沃，忌积水	花白色，芳香，7～9 月；切花，夜花园	全国各地
10	葱兰	石蒜科	0.15～0.2	阳性，耐半荫，宜肥沃而排水好	花白色，夏秋；花坛镶边，疏林地被，花径	全国各地
11	唐菖蒲	鸢尾科	1～1.4	阳性，喜通风好，忌闷热湿冷	花色丰富，夏秋；宜切花，花坛，盆栽	全国各地
12	西班牙鸢尾	鸢尾科	0.45～0.6	阳性，稍耐阴，喜凉忌热，宜排水好	花色丰富，春花；花坛，花境，丛植，切花	华东，华北地区

6)竹类。园林中常用的竹类植物见表 2-22。

表 2-22　　竹类植物

序号	中名	科名	高度/m	习　性	观赏特性及城市绿地用途	适用地区
1	佛肚竹	禾本科	2～4	喜温暖，排水良好的肥土	秆高，节间长或秆矮而粗，节间短；庭植，盆栽	华南地区
2	孝顺竹	禾本科	2～3	中性，喜温暖湿润气候，不耐寒	秆丛生，枝叶秀丽，庭园观赏	长江以南地区
3	凤尾竹	禾本科	1	中性，喜温暖湿润气候，不耐寒	秆丛生，枝叶细密秀丽；庭园观赏，篱植	长江以南地区
4	慈竹	禾本科	5～8	阳性，喜温湿气候及肥沃疏松土壤	秆丛生，枝叶茂盛；庭园观赏，防风、护堤林	华中，西南地区

续表

序号	中名	科名	高度/m	习　性	观赏特性及城市绿地用途	适用地区
5	菲白竹	禾本科	0.5～1	中性,喜温暖湿润气候,不耐寒	叶有白色纵条纹;绿篱,地被,盆栽	长江中下游地区
6	毛竹	禾本科	10～20	阳性,喜温暖湿润气候,不耐寒	秆散生,高大;庭园观赏,风景林	长江以南地区
7	桂竹	禾本科	10～15	阳性,喜温暖湿润气候,稍耐寒	秆散生;庭园观赏	淮河流域至长江流域
8	斑竹	禾本科	10	阳性,喜温暖湿润气候,稍耐寒	竹秆有紫褐色斑;庭园观赏	华北南部至长江流域
9	刚竹	禾本科	8～12	阳性,喜温暖湿润气候,稍耐寒	枝叶青翠;庭园观赏	华北南部至长江流域
10	罗汉竹	禾本科	5～8	阳性,喜温暖湿润气候,稍耐寒	竹秆下部节间肿胀或节环交互歪斜;庭园观赏	华北南部至长江流域
11	紫竹	禾本科	3～5	阳性,喜温暖湿润气候,稍耐寒	竹秆紫黑色;庭园观赏	华北南部至长江流域
12	淡竹	禾本科	7～15	阳性,喜温暖湿润气候,稍耐寒	秆灰绿色;庭园观赏	长江流域及其以南地区
13	早园竹	禾本科	5～8	阳性,喜温暖湿润气候,较耐寒	枝叶青翠;庭园观赏	华北至长江流域
14	黄槽竹	禾本科	3～5	阳性,喜温暖湿润气候,较耐寒	竹秆节间纵槽内黄色;庭园观赏	华北地区
15	方竹	禾本科	3～8	喜水肥	秆散生,深褐色,下方上圆,基部数节,有刺状气根一圈;庭植	华东地区
16	阔叶箬竹	禾本科	1	喜生低山、丘陵向阳山坡	秆散生,叶宽,株矮;庭植,地被	江苏、浙、皖、豫、陕南等

7)草坪植物。园林中常用的草坪植物见表2-23。

表2-23　草坪植物

序号	中名	科名	高度/m	习　性	观赏特性及城市绿地用途	适用地区
1	二月兰	十字花科	0.1～0.5	宜半明,耐寒,喜湿润	花淡蓝紫色,春夏;疏林地被,林缘绿化	东北南部至华东地区
2	白车轴草	豆科	0.3～0.6	耐半阴,耐寒、旱、酸土,喜温湿	花白色,6月	东北,华北至西南地区
3	连钱草	唇形科	0.1～0.2	喜阴湿,阳处亦可,耐寒忌涝	花淡蓝至紫色,3～4月;疏林或泥叶地被	全国各地
4	匍匐剪股颖	禾本科	0.3～0.6	稍耐阴,耐寒,湿润肥沃,忌旱碱	绿色期长,宜为潮湿地区或疏林下草坪	华北,华东,华中地区
5	地毯草	禾本科	0.15～0.5	阳性,要求温暖湿润,侵占力强	宽叶低矮;宜庭园,运动场,固土护坡草坪	华南地区
6	野牛草	禾本科	0.05～0.25	阳性,耐寒,耐瘠薄干旱,不耐湿	叶细,色灰绿;为我国北方应用最多的草坪	我国北方广大地区
7	狗牙根	禾本科	0.1～0.4	阳性,喜湿耐热,不耐荫,蔓延快	叶绿低矮;宜游憩,运动场草坪	华东以南温暖地区
8	草地早熟禾	禾本科	0.5～0.8	喜光亦耐阴,宜温湿,忌干热,耐寒	绿色期长;宜为潮湿地区草坪	华北,华东,华中地区
9	结缕草	禾本科	0.15	阳性,耐热、寒、旱、践踏	叶宽硬;宜游憩,运动场,高尔夫球场草坪	东北,华北,华南,西北等地区
10	细叶结缕草	禾本科	0.1～0.15	阳性,耐湿,不耐寒,耐践踏	叶极细,低矮;宜观赏,游憩,固土护坡草坪	长江流域及其以南地区
11	假俭草	禾本科	0.08～0.3	喜光,耐旱,耐踩	叶黄绿至蓝绿色,固土草坪	华东,华南地区
12	羊胡子草	莎草科	0.05～0.4	稍耐阴,耐寒、旱、瘠薄,耐踏差	叶鲜绿,宜观赏,或人流少的庭园草坪	我国北方广大地区

8)水生植物。园林中常用水生植物见表 2-24。

表 2-24　　水生植物

序号	中名	科名	高度/m	习　性	观赏特性及城市绿地用途	适用地区
1	荷花	睡莲科	1.8～2.5	阳性,耐寒,喜湿暖而多有机质处	花色多,6～9 月;宜美化水面,盆栽或切花	全国各地
2	萍蓬草	睡莲科	约 0.15	阳性,喜生浅水中	花黄色,春夏;宜美化水面和盆栽	东北,华东,华南地区
3	白睡莲	睡莲科	浮水面	阳性,喜温暖通风之静水,宜肥土	花白或黄、粉色,6～8 月;美化水面	全国各地
4	睡莲	睡莲科	浮水面	阳性,宜温暖通风之静水,喜肥土	花白色,6～8 月;水面点缀,盆栽或切花	全国各地
5	千屈菜	千屈菜科	0.8～1.2	阳性,耐寒,通风好,浅水或地植	花玫红色,7～9 月;花境,浅滩,沼泽地被	全国各地

(3)园林植物配置的类型。

1)孤植。园林中的优型树,单独栽植时,称为孤植。孤植的树木,称之为孤植树,有时在特定的条件下,也可以是 2～3 株,紧密栽植,组成一个单元。但必须是同一树种,这看起来与单株栽植效果相似。

①功能。孤植树的主要功能是构图艺术上的需要,作为局部空旷地段的主题,或作为园林中蔽荫与构图艺术相结合的需要。孤植树作为主景是用以反映大自然中个体植株充分生长发育的景观,外观上要挺拔繁茂、雄伟壮观。

②选择条件。孤植树的选择应具备以下几个基本条件:树的体形巨大、树冠轮廓要富有变化、树姿优美、开花繁茂、具芳香、季相变化明显、树木不含毒素、不污染环境、花果不易撒落等。如广玉兰、榕树、白皮松、银杏、枫香、槭树、雪松等,均为孤植树中的代表树种。

③适用场所。孤植树作为园林空间的主景,常用于大片草坪上、花坛中心、小庭院的一角与山石相互成景之处。

2)对植。对植是指两株树按照一定的轴线关系做相互对应,成均衡状态的种植方式。对植根据种植形式的不同分为对称种植与不对称种植两种，对称种植多用于规则式种植构图，不对称种植多用于自然式园林。在自然式种植中，对植是不对称的，但左右必须是均衡的。对称种植时，必须采用体形大小相同、种类统一的树种，它们与构图中轴线的距离宜相等。至于不对称种植，树种也必须统一，但体形大小和姿态，则不宜相同，其中与中轴线的垂直距离近者，宜种大些的树，远者宜种小一些的树，并彼此之间要有呼应。对植也可以在一侧种大树一株，而在另一侧种植同种（或不同种）的小树两株。同理类推，两个树丛或树群，只要它们的组合成分相似，也可以进行对植。

③适用场所。主要适用于公园、建筑、道路、广场的入口，同时结合蔽荫、休息，在空间构图上是作为配景用的。

3)丛植。将树木成丛地种植在一起，称为丛植。丛植通常是由2～9株乔木构成的，树丛中加入灌木时，数量可以更多。树丛是园林绿化中重点布置的一种植物配置类型，它可用两种以上的乔木搭配，或乔木、灌木混合配置，有时亦可与山石、花卉相组合。

①作用。以反映树木群体美的综合形象为主，但这种群体美的形象又是通过个体之间的组合来体现的，彼此之间有统一的联系又有各自的变化，互相对比、互相衬托。同时，组成树丛的每一株植物，也都要能在统一的构图之中表现其个体美。

②分类。树丛配置的形式分两株配合、三株配合、四株配合、五株配合、六株以上配合等许多种类（图 2-12）。

③适用场所。丛植是园林中普遍应用的方式，可用作主景或配景用，也可作背景或隔离措施。

4)群植。群植是以一株或两株乔木为主体，与数种乔木和灌木搭配，组成较大面积的树木群体。树木的数量较多，以表现群体为主，具有“成林”的效果。

①适用场所。群植常设于草坪上，道路交叉处。此外，在池畔、岛上或丘陵坡地，均可设置。组成树群的单株数量一般在 20～30 株。

②注意事项。树群所表现的主要为群体美，树群与孤植树、树丛一样，是构图上的主景之一。树群规模不宜太大，构图上要四面空旷。树群的主要形式是混交树群。混交树群大多由乔木层、亚乔木层、大

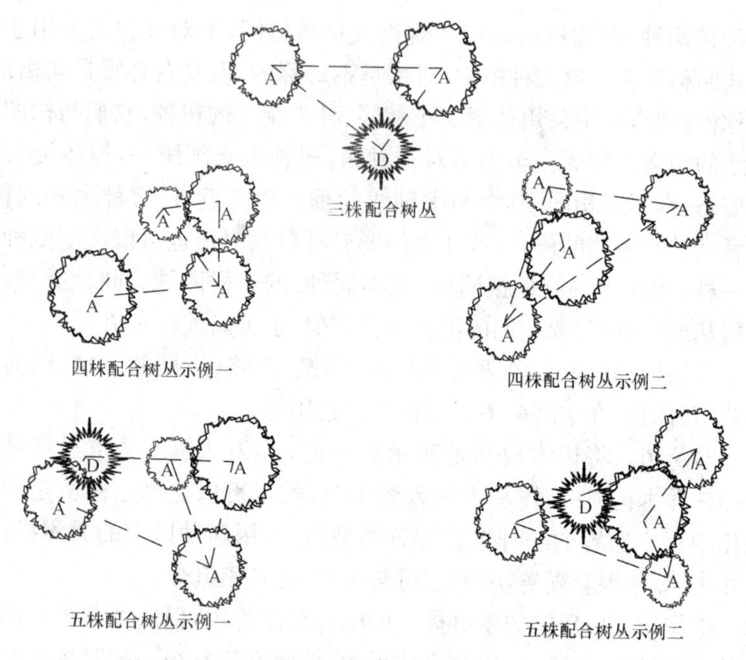

图 2-12 多株树丛配合方式

灌木层、小灌木层及多年生草本植被等 5 个层次构成，其中每一层都要显露出来，显露部分应该是该植物观赏特征突出的部分。乔木层树冠的姿态要特别丰富，使整个树群的天际线富于变化。亚乔木层选用的树种最好花繁叶茂，灌木应以花木为主。树群内植物的栽植距离要有疏密变化，树木的组合必须很好地结合生态条件。乔木层应该是阳性树，亚乔木层可以是半阴性的，种植在乔木庇荫下及北面的灌木可以是半阳性和半阴性的，喜暖的植物应该配置在树群的南方和东南方。

5)林植。林植是成片、成块大量栽植乔木、灌木，构成林地或森林景观的植物配置类型。

①选择树种条件。林植具有一定的密度和群落外貌，密度达70%～100%的称为密林，密度在 40%～70%的称为疏林。密林可选用异龄树种，配置大、小耐阴灌木或草本花卉。疏林树种应树冠展开，

树荫疏朗，花叶色彩丰富。疏林多与草地结合，成为“疏林草阻地”，深受人们的喜爱。疏林选择的树种应有较高的观赏价值，生长健壮，树冠疏朗开展，以落叶树为主，做到四季有景可观，疏林中还应注意林木疏密相间，有断有续，自由错落。

②适用场所。林植多用于大面积公共绿地安静区、风景游览区或休息区、疗养区及卫生防护。

6)篱植。凡是由灌木或小乔木以近距离的株行距密植，栽成单行或双行，紧密结构的种植形式均称篱植。对应的植物景观就是绿篱。

①分类。篱植按植物种类及其观赏特性可分为树篱、彩叶篱、花篱、果篱、枝篱、竹篱、刺篱、编篱等，根据园景主题和环境条件精心选择筹划，会取得不俗的植物配置效果。

篱植按其高度可分为矮绿篱（0.5 m以下）、中绿篱（0.5～1.5 m）、高绿篱（1.5 m以上）、绿墙（2 m以上）。矮篱的主要用途是围定园地和作为装饰；高篱的用途是划分不同的空间，屏障景物。用高篱形成封闭式的透视线，远比用墙垣等有生机。高篱作为雕像、喷泉和艺术设施景物的背景，能够造成美好的气氛。绿墙主要为供防风之用的常绿外篱。修剪需使用脚手架，故在其两旁需预留狭长的空地。

篱植按养护管理方式可分为自然式和整形式。前者一般只施加少量的调节长势的修剪；后者则需要定期进行整形修剪，以保持体形外貌。在同一景区，自然式篱植和整形式篱植可以形成完全不同的景观。

②选择的树种条件。作为篱植用的植物长势强健，萌发力强；生长速度较慢；叶子细小，枝叶稠密；底部枝条与内侧枝条不易凋落；抗性强，尤以能抗御城市污染的为佳。

③栽植方法。篱植的栽植方法是在预定栽植的地带先行深翻整地，施入基肥，然后视篱植的预期高度和种类，分别按20 cm、40 cm、80 cm左右的株距定植。定植后充分灌水，并及时修剪。

养护修剪的原则是对整形式篱植应尽可能使下部枝叶多见阳光，以免因过分荫蔽而枯萎，因而要使树冠下部宽阔，愈向顶部愈狭，通常以采用正梯形或馒头形为佳。对自然式篱植必须按不同树种的各自习性以及当地气候采取适当的调节树势的措施。

7)列植。列植是指沿直线或曲线以等距离或在一定变化规律下栽植树木的方式。列植的树种一般比较单一,但考虑到季节的变化,也可用两种以上栽种。常常选用的是落叶树和常绿树的搭配。列植可细分如下。

①行植。在规则式道路、广场上或围墙边缘,呈单行或多行、株距与行距相等的种植方法。

②正方形栽植。按方格网在交叉点种植树木,株行距相等。

③三角形栽植。株行距按等边或等腰三角形排列。

④长方形栽植。正方形栽植的一种变形,其特点为行距大于株距。

8)环植。环植是指同一视野内明显可见、树木环绕一周的列植形式。它一般处于陪衬地位,常应用于树(或花)坛及整形水池的四周。环植多选用灌木和小乔木,形体上要求为规整并耐修剪的树种。树木种类可以单一,亦可两种以上栽种。

9)基础种植。基础种植是指用灌木或花卉在建筑物或构筑物的基础周围进行绿化、美化栽植。基础种植的植物高度一般低于窗台,色彩宜鲜艳、浓重。

10)花坛。在一定范围的畦地上按照整形式或半整形式的图案栽植观赏植物以表现花卉群体美的园林设施。

①分类。花坛的分类方法如下。

按其形态可分为立体花坛和平面花坛两类。平面花坛又可按构图形式分为规则式、自然式和混合式三种。

按观赏季节可分为春花坛、夏花坛、秋花坛和冬花坛。

按栽植材料可分为一年生、二年生草花坛,球根花坛,水生花坛,专类花坛(如菊花坛、翠菊花坛)等。

按表现形式可分为花丛花坛,是用中央高、边缘低的花丛组成色块图案,以表现花卉的色彩美;绣花式花坛或模纹花坛,以花纹图案取胜,通常是以矮小的具有色彩的观叶植物为主要材料,不受花期的限制，并适当搭配些花朵小而密集的矮生花草，观赏期特别长。

按花坛的运用方式可分为单体花坛、连续花坛和组群花坛。现在又出现移动花坛，由许多盆花组成，适用于铺装地面和装饰室内。

②设计方法。花坛的设计，首先必须从周围的整体环境来考虑所要表现的园景主题、位置、形式、色彩组合等因素。具体设计时可用方格纸，按1∶1 000～1∶20的比例，将图案、配置的花卉种类或品种、株数、高度、栽植距离等详细绘出，并附实施的说明书。设计者必须对园林艺术理论以及植物材料的生长开花习性、生态习性、观赏特性等有充分的了解。好的设计必须考虑到由春到秋开花不断，做出在不同季节中花卉种类的换植计划以及图案的变化。

③选择植物的条件。花坛所用花草宜选择株形整齐、具有多花性、开花齐整而花期长、花色鲜明、能耐干燥、抗病虫害和矮生性的品种，常用的有金鱼草、雏菊、金盏菊、翠菊、鸡冠花、石竹、矮牵牛、一串红、万寿菊、三色堇、百日草等。

④适用场所。花坛主要用在规则式园林的建筑物前、入口、广场、道路旁或自然式园林的草坪上。我国传统的观赏花卉形式是花台，一般从地面抬高数十厘米，以砖或石砌边框，中间填土种植花草。有时在花坛边上围以矮栏，如牡丹台、芍药栏等。

11)花境。一种花坛，用比较自然的方式种植灌木及观花草本植物，呈长带状，主要是提供从一侧观赏之用，叫花境。

①分类。花境按所种植物分为一年生植物花境、多年生植物花境和混合栽植的花境，且以后者居多。

②设计与种植要点。在设计上，花缘宜以宿根花卉为主体，适当配置一些一年生、二年生草花和球根花卉或者经过整形修剪的低矮灌木。一般将较高的种类种在后面，矮的种在前面，但要避免呆板的高矮前后列队，偶尔可将少量高株略向前突出，形成错落有致的自然趣味。为了加强色彩效果，各种花卉应成团成丛种植；并注意各丛团间花色、花期的配合，要求在整体上有自然的调和美。常以篱植、墙垣或灌木丛作背景。花缘的宽度一般为1.2 m，如果地面较宽，最好在花缘与作背景的篱植之间留1.2～1.3 m空地种上草皮或铺上卵石作为

隔离带，以免树根影响花缘植物的生长，又便于对花缘后方植物和绿篱的养护管理。由于宿根花卉会逐年扩大生长面积，所以在最初栽植时，各团丛之间应留有适当空间，并种植一、二年生草花或球根花卉填空。对宿根花卉可每三四年换植一次，也可每年更换一部分植株，以利植物的更新和复壮。平日应注意浇水和清除杂草及枯花败叶，保持花缘优美秀丽和生机盎然的状态。初冬应对半耐寒的种类，用落叶、蒿草加土覆盖以便安全过冬。

12)攀缘绿化。攀缘绿化是利用攀缘植物装饰建筑物的一种绿化形式，可以创造生机盎然的氛围。攀缘绿化除美化环境外，还有增加叶面积和绿视率、阻挡日晒、降低气温、吸附尘埃等改善环境质量的作用。攀缘根据其攀缘方式可分为缠绕类、吸附类、卷须类、叶攀类、钩刺类等类型。攀缘绿化是攀缘植物攀附在建筑物上的一种装饰艺术，绿化的形式能随建筑物的形体而变化。用攀缘植物可以绿化墙面、阳台和屋顶，装饰灯柱、栅栏、亭、廊、花架和出入口等，还能遮蔽景观不佳的建筑物。

植物的选择。攀缘植物的选择，根据绿化场地的性质选择有相应吸附或攀附能力的攀缘植物，例如墙面绿化覆盖，宜选吸附力强有吸盘或气生根的植物；花架、阳台、栅栏等的绿化装饰，可选择攀附能力较强、有缠绕茎、卷须或钩刺的植物。此外，要根据攀缘植物的生态习性，因地制宜地选择植物种类。耐寒性较强的爬山虎、忍冬、紫藤、山葡萄等适宜于中国北方栽培；而在我国南方，除上述植物外，还可用常春藤、络石、凌霄、薜荔、常春油麻藤、木香等。喜阳的凌霄、紫藤、葡萄等宜植于建筑物的向阳面；耐阴的常春藤、爬山虎等宜植于建筑物的背阴处。

三、小城镇住宅小区规划实例

1. 义乌市佛堂镇

(1)基本状况。佛堂镇位于义乌市域南部，义乌江东岸，距义乌市区 10 km。镇域总面积 134.1 km^2，总人口 18.1 万，义乌江自北向南贯穿佛堂镇区，南有吴溪环溪之水注入义乌江，西有铜溪之水，北濒南江,水利条件优越,镇域南部和东部均为森林覆盖的山体。

该镇绿地系统规划主要为于生态安全的绿地系统规划,通过规划尽最大可能去维护生态系统自身的完整和稳定,保护生态环境不受威胁,同时在此基础上能较大限度的发挥生态系统的服务能力。

(2)现状分析。目前,佛堂镇建设发展速度较快,但绿地建设速度和质量都无法满足城镇发展和居民生活需求。从镇域来看,风景区的开发没有很好地考虑镇域整体自然环境,义乌江及其支流的防护绿地数量及质量远远不能达到生态安全要求,而镇区内绿化率不高且绿地分布不均匀,人均公共绿地面积仅有 4 m^2,缺少大块公共绿地和开敞空间,为数不多的公园绿地服务半径远不能辐射到整个建成区。旧居住区绿地严重不足,建成区大部分道路规划设计未留出足够的绿化用地,镇内部分机关单位和学校的绿化率较高且效果较好。

(3)规划途径。

1)将全镇土地进行分类,可分为禁止建设区、限制建设区、适宜建设区。

①禁止建设区:该区内生态系统较为完善,是全镇的生态供给区或是生态敏感区,要严格禁止进行各种建设活动,但是因需要而进行建设活动的,建设过程中要加强保护措施,建设完成后,要做好生态恢复工作。

②限制建设区:该区内主要是一些风景名胜及自然人文保护区,在环境允许下,该区可适当提前开发建设,防止对自然与人文资源的破坏与影响。

③适宜建设区:该类地区是城镇发展优先选择的地区,但建设必须依照生态优先的原则,在已建成的区域主要以填充绿地为主,未建成的区域要首先优先考虑绿地的建设,然后再考虑其他用地建设。村镇绿地建设结合总规,规划建立村庄绿地体系,尽量做到每个农村社区均有一块公共绿地,保持每个村庄特色和淳朴的乡土气息,避免过于城市化。

2)分别对公园绿地、道路绿地、河道绿地进行规划,具体内容如下。

①公园绿地：规划 4 个大型综合公园、3 个滨水公园、5 个社区公园以及 10 余个街旁小游园，为全镇市民提供休憩娱乐场所，充分利用义乌沿江的优越地理条件，规划建设沿江的滨水公园。

②道路绿地：规划将道路分为三类，分别为景观林荫道、交通性景观干道、一般道路。

a. 景观林荫道：此类道路规划要求植物配置精致，绿化设计强调整体绿化效果，注重层次，结合道路节点商业广场等适当配置一些休息设施。

b. 交通性景观干道：主要包括一些次干道以上道路及对外交通干道，由于交通量较大，规划强调绿化的防护性结构，植物选材和配置应考虑对交通噪声的阻挡和烟尘的沉降作用，同时兼顾景观效果。

c. 一般道路：指的是镇内非干线道路，车行量相对较少。此类道路绿地以行道树为主，重点体现遮阴减噪的功能。

3)河道绿地：佛堂镇内河道资源较为丰富，以义乌江为干多条河流纵横交错，规划沿义乌江两岸，一般设置 50～100 m 防护绿廊，其中在古镇区段上下游及江对岸绿地规划为滨水公园，其他为防护性绿地。古镇区段因古建筑保护范围，绿化廊道减少至 20 m，规划吴溪沿岸防护绿廊宽度为 20～40 m，在邻近居住区处建设小型滨水公园，规划环溪沿岸防护绿廊宽度为 30～50 m，其他一般河道规划防护绿廊 10～20 m。

(4)规划启发。

1)义乌市佛堂镇将全镇土地划分为禁止建设区、限制建设区、适宜建设区三类的方法，可以为康庄镇的规划起指导作用，首先明确所要建设的重点区域在哪里，不至于眉毛胡子一把抓。

2)义乌市佛堂镇的绿地系统规划是遵循“生态安全”的原则，在主要生态环境不受破坏的基础上进行规划建设，该做法值得借鉴。

2. 东莞市麻涌镇

(1)基本状况。麻涌镇地处珠江三角洲腹地、穗港经济走廊中部，镇域面积 86.83 km^2，是东莞市中心镇之一。该镇发展的主要目标是建设现代化滨港工业城镇，近期的建设重点是建设成为现代化的港口工业新城、东莞西部地区的中心镇、华南地区的粮油食品仓储和加工基地。麻涌镇承接珠江三角洲的第一轮产业转移，目前已经形成粮油加工和港口物流两大主导产业和造纸、化工、电子、纺织、建材等支柱产业。

麻涌镇的发展体现了我国小城镇发展中面临的常见问题——城镇化和城市生态环境保护之间的矛盾，通过绿地系统规划增加城镇绿地面积，逐步将非建设用地纳入科学而严密的控制管理轨道，建立与城市规划平行和互动的城市开敞空间规划体系，从而改善城镇环境。

(2)现状分析。麻涌镇的现状绿地面积为 56 800 m^2，占城市建设总用地的 3.62%，远远低于国家标准。目前全镇整体的绿化水平较低，绿地建设不成系统。全镇大小公园共计 23 个，公共绿地总面积 166 500 m^2，人均公共绿地面积 1.54 m^2。从空间分布来看，公共绿地集中分布在镇中心，一些偏远村的公共绿地面积较少，尤其是人口密度较大的旧城区更是矛盾突出。一些政府行政办公机构、学校、酒店用地内的绿化较好，而工业厂区用地内绿化较少，缺乏必要的防护、隔离绿地。在有污染的工业区与居住生活区之间以及危险品仓库周围缺乏必要的防护绿地，河流的岸边也缺乏一定的生态防护绿地。麻涌镇河网密布，属于典型的水乡田园景色，但由于沿河绿化未被重视，没有形成可供居民休憩娱乐、改善城镇生态环境的滨河绿廊。

(3)规划途径。该镇绿地系统规划的根本目标是保护和改善城市生态环境、优化人居环境、促进城市的可持续发展，解决快速城镇化过程中社会经济发展与环境建设之间的协调问题。

1)规划内容不仅是划定绿地的位置、面积，满足人均公共绿地和绿地率等指标，还要确定规划的绿地如何实现。以公共绿地建设为主线，重点发展公园绿地、街头绿地和水乡特色的滨水绿地。对于大部分自然景观良好的蕉园，可以建设成为调节改善全镇生态环境的外部生态控制区，同时可以作为以休闲、度假为主题的生态公园和农家乐。重视生产防护绿地建设，在城市交通性主干道两侧控制 10 m 以上的防护用地，在高速公路两侧控制 20～50 m 的防护绿地。在有严重空气污染的工业区与居民居住区之间建设专用的防护性生态绿地。

2)结合麻涌镇的水网布置绿地,形成滨水绿廊;结合城镇主要道路布置绿地,成为绿化带;结合村庄居民点布置公园绿地,提供游憩、休闲、娱乐等场所切实改善村民的居住环境;结合古树布置小游园,形成良好的景观。

3)增加公共绿地建设,结合麻涌镇水乡的自然环境,布置街心公园、带状公园、街头绿地等,为居民提供游憩、休闲、娱乐、健身的开敞空间。公园绿地的规划布置充分考虑到其服务半径,力求做到大、中、小不同等级的公园结合布置,在全镇范围内实现公园服务功能全覆盖。

4)依据自然条件与气候特征,选择符合地域性的本地树种;结合绿地性质与功能的不同,选择不同的树种。根据麻涌镇的自然条件,在绿地系统建设初期,落叶树种比例宜大些,3～5 年后再逐步提高常绿树种的应用比重。

5)增加生产绿地,安排足够规模和数量的生产,规划在市域范围内建立一批具有较大规模的苗圃基地,大量培育城镇绿化树种,使苗木自给率达到 80%以上,满足城镇绿地系统建设要求。同时,要加大园林科研力度,积极推广乡土树种和保护珍稀濒危树种,引种驯化具有显著生态社会和经济价值的品种,提高城镇绿化物种的多样性指数。

(4)规划启发。

东莞市麻涌镇建设以休闲、度假为主题内容的生态公园和农家乐的做法可以应用于康庄镇的规划当中来,在发展农业、增加绿地率的同时,增加农民收入。

3. 临海市杜桥镇

(1)基本状况。杜桥镇位于浙江省台州湾北部,是临海市南部沿海地区的商贸中心,距临海市区 60 km,该镇水电资源丰富,有 3 个大中型水库,风景名胜古迹资源丰富,但土地资源矛盾突出。

(2)现状分析。杜桥镇人口密度高,土地资源短缺;公共绿地缺乏,环境质量较差;城镇里老镇区所包含丰富的历史文化信息面临着毁灭性破坏;乡村景观和园林景观的审美、协调存在着问题;游憩绿地缺乏等。

(3)规划途径。对历史文化资源及现有的绿地、水系的保护和改造;合理安排各类绿地在城镇中的分布;确立一套切实可行的动态指标体系,适应于城镇的变化发展;滨水林休闲绿带结合地形安排步行道以及休闲娱乐设施,并与各个功能区内部绿地及开敞空间相互渗透;居住区绿地主要布置在居住区中心,绿地内安排步行道、广场、小游园以及健身设施等;街头绿地与公园将各功能单元与主干道隔离,减少噪声污染,同时供居民游憩。

(4)重点规划。

1)公园绿地:公园规划以松山公园建设为主,在松山公园原有的基础上进行改造,开展以休闲观赏、文娱体育健身活动等为主的全镇综合性公园。

2)街头绿地:在杜桥镇镇区主要街道有条件的地段,设置必要休憩休闲娱乐设施,形成街头绿地,供给周边居民使用。

3)街道附属绿地:加强街道绿化,在统一规划的基础上结合各自周围环境形成特色街道绿地。

4)单位附属绿地:根据各种条例规定,学校机关团体等单位附属绿地不得低于35%;工业企业、交通运输战场和仓库不得低于20%。应按照此标准加强单位附属绿地的建设。

5)居住区绿地:杜桥镇镇区居住区绿地稀缺,在镇区改造进程中,应配套建设中心绿地、组团绿地和住宅庭院绿地三级居住区绿地系统,利用借景手法,将居住区外的优美环境引进来,以利于整个居住区景观环境的改善。居住绿化还可在建筑墙面上加强立体绿化垂直绿化和屋顶绿化,在提高景观多样性的同时,起到围护阻挡的作用,在户外创造亲切随意的交流场所。

(5)规划启发。通过对临海市杜桥镇与延庆县康庄镇的对比可以看出:二者在土地资源利用方面均存在一些需要解决的问题;二者均具有丰富的旅游资源。在很大程度上,康庄镇与杜桥镇有着相似之处,可在杜桥镇绿地规划的基础上进行一些关于康庄镇绿地布局的思考。择其优,摒其弊,比较不同布局对康庄整体规划的影响,衡量利弊,已得到最佳的效果。

4. 上海市航头镇

(1)基本状况。

航头镇位于上海市南汇区西南部,地处奉贤、闵行和南汇交界之处,素有“金三角”之称,是邻近中心城区的市郊型城镇。总行政区域面积 59.9 km^2,也是上海新一轮建设发展的 22 个中心镇之一。

(2)现状分析。

航头镇绿地建设发展速度较快,但绿地建设速度不如城镇人口增长速度,配套社区公园和街头绿地相对较少,公园绿地服务半径存在盲区,生产绿地苗木品种较为单一。附属绿地中新建居住区绿地率较高,绿化效果好;但旧居住区绿地严重不足,甚至没有绿地。集中在镇区中心城市道路绿地面积较大,周边道路街道绿地也未成型。旧城区大部分道路绿地规划设计不合理,道路红线内没有留出足够绿化用地,相应减少了道路绿化面积。机关单位大部分绿地率较高,效果不错。

(3)存在问题。

1)绿地布局零散,不成系统。在城镇建设过程中,各类型绿地虽有建设,但绿色空间分布不均,各类绿地之间缺乏有机联系,没有形成一个充分发挥绿地生态效益的稳定系统,现有绿地的建设忽视了城镇绿地整体结构系统的形成,影响了绿地综合效益的发挥。

2)基础薄弱,建设水平较低。航头镇绿化基础薄弱,各项绿地指标普遍偏低,现有公园绿地数量少,规模小,分布不均,结构不合理,尚有 500 m 服务半径的盲区;单位附属绿地和居住区绿化总体指标偏低;道路附属绿地还不能满足城市道路绿化设计标准和规范的要求,种植形式单一,缺乏结构层次,交通枢纽节点的绿地设计往往过于简单。

3)绿地综合功能未有效发挥。航头镇建设用地中真正用于园林绿化的后备土地资源缺乏,由于地价昂贵,开发商不愿出高价买绿化建设用地,紧邻中心镇区地块建筑密度相对高,预留的公园绿地面积很小,环境改造难度大,严重制约了绿地的建设。镇域内分布有丰富的河道水系资源，长期以来缺乏对滨河开放空间的合理利用，使绿色植物固堤护岸、改善水质、保护生态环境的综合效益没有充分发挥。镇区内外景观生态过程与格局之间缺乏连续性，镇区与镇域景观尚未形成有机的整体，片面强调镇区内绿化景观的建设，忽视了镇域大环境绿化背景的营造。

(4)规划途径。

1)坚持生态优先，充分利用自然演进过程中形成的水系、地形、农田等，将镇域大环境绿地与建成区绿地相结合，开放型公园绿地与娱乐型设施相结合，线性绿带与块状绿地相结合，使各种绿地合理布局，有机衔接。

2)针对绿地布置零散的现状，镇区绿化以两个中心向四周发散的形式，通过绿廊将整个镇区的绿地联结起来，形成点和面结合的布局。考虑镇区的外围环境、城市结构形态、路网骨架、绿地功能需求等综合因素，使中心镇区的绿化用地与自然水系相结合。以镇区两条主要干道为绿色纽带，将航头中心镇公园、小游园、附属绿地等绿地斑块串联起来，共同构成一个复合式的绿色网络结构。

(5)绿地规划。

1)公园绿地规划：重点做到“普”和“小”，在建成区范围内，均衡布局块状绿地，消除500 m服务半径盲区，包括综合公园、社区公园、带状公园和街旁绿地，其中规划综合公园1个，社区公园12个，街旁绿地3个，各类绿地分散布置，可达性强，方便居民生活。

2)道路绿地规划：充分利用道路绿廊把镇区内部孤立的绿地斑块与镇域大型绿地斑块有机联系起来，形成绿网，为城镇提供良好的生态网络环境，形成点、线、面相结合的小城镇绿地系统网络体系。规划将道路分为5类，分别为景观林荫道、交通性景观干道、一般绿化道路、道路与道路的交叉点以及河道绿地。

3)景观林荫道：该类道路是指占据镇区轴线或有通透性的道路，是镇中心区的沿街生活商业中心，其植物配置精致，周围环境质量优良，自身形成一条亮丽的风景线，同时在城市绿地系统中起主要的骨架作用。绿化设计强调整体的绿化效果，注重实现通透，结合道路节点商业广场可以适当增加一些休息设施。

4)交通性景观道路:该类型道路包含次干线以上的道路或对外交通干道,由于交通量大,规划强调绿化防护性结构和行车时的连续性动态景观效果。植物选材和配置应保证对交通噪声和烟尘的衰减作用,兼顾景观效果,建立景观层次丰富的城市景观走廊。

5)一般绿化道路:指城市中非干线道路,车行量相对较少,该类型道路绿地以行道树为主,重点体现遮阴减噪的功能。

6)各道路交叉口:道路与河流交叉口,市内道路与过境道路及高速公路相交地段,作重点绿化,成为城市亮点。

7)河道绿地:在规划区域内有着丰富的河道资源,形成纵横交错河道体系。沿江河两岸,规划一级河道设置20～30 m防护绿廊;二级河道设置不小于20 m绿廊;其他河道设置宽度10～15 m防护绿地。两岸紧倚密集的居民区,防护绿带内可建设供居民休息纳凉的设施,并要尽可能保留原有大树,适当添置园林景观小品。

(6)规划启发。

1)比较康庄镇与航头镇,二者均有绿地分布零散,不成系统的弊端,但是康庄镇自然生态环境好,旅游资源较丰富,起步要比航头镇高一些。

2)航头镇在道路系统上的规划较为丰富,道路绿地的质量较高,有效地解决了绿地零散的问题。这对康庄镇来说,也是一种不错的解决方式。

5. 石家庄市大河镇

(1)基本状况。大河镇受省会城市和鹿泉市区辐射影响较大,是邻近大城市的市郊型城镇。大河镇下辖26个行政村,镇域总体规划用地规模67.5 km^2,镇区建设用地规模3.6 km^2。

(2)现状分析。多年来由于大河镇偏重于经济发展,而忽视了对自然景观格局的保护与发扬,盲目地开发了一些污染较严重的工业项目,侵占了大量山林、农田,使区域绿色空间减少,水域不断缩小,空气和水体污染加剧,整体景观格局遭到破坏。

(3)存在问题。

1)绿化基础薄弱,各项绿地指标普遍偏低。镇域西部污染严重,污染企业厂区外缺少防护绿地,无法阻止污染蔓延扩散,威胁着全镇居民的健康。

2)西部山区大面积开山采石,山体植被遭到破坏,造成大河镇面山景观的破碎,割断了绿地系统的连续性。此外,大河镇绿地的分离度比较大,各绿地斑块之间缺乏生命廊道相连,使得生态系统被分离、割裂,不能形成完整的绿地网络,影响绿地系统的生态功能。

3)镇区内外景观生态过程与格局之间缺乏连续性,镇区与镇域景观尚未形成有机的整体,片面强调镇区内绿化景观的建设,忽视了镇域大环境绿化背景的营造。

(4)规划途径。

1)从镇域的绿地系统出发,为了治理西部山区的污染,沿山体走向种植 50 m 宽的绿化隔离带,改善山体景观,关闭小规模的水泥厂,规划将规模较大的水泥厂集中于西部一定区域范围内,外围设置 30～50 m 宽的防护绿带,减轻污染扩散。为了进一步阻止西部污染源向中部、东部蔓延,减轻镇区的污染程度,沿采石路、铁路、古运河设三条纵向隔离带,位于镇区西部,宽度分别为 30～50 m,作为保护镇区环境的屏障,并沿石津干渠、大河路及故城路设置绿化带,形成镇域范围内四纵两横的绿色廊道网络,保留原有位于西部山区和东部河滩地的几块大型自然绿地,通过绿色廊道,将大面积的自然绿地、农田、蔬菜基地、林地等构成的绿色板块串联起来,成为有机的镇域大环境绿地系统,形成更为稳定的生态空间保护体系。

2)从大河镇整体景观格局出发,结合原有的自然景观,进行镇区绿地系统的规划布局。在镇区规划范围以内,建设用地范围以外,主要以生态农田、滨水绿化、林地及花卉基地为主,营造外围连续且不规则的绿色生态背景,与镇域的绿地系统融为一,使镇区镶嵌在绿色基质之中,有利于将外围的自然田园风光和新鲜空气引入镇区。在建成区范围内,均衡布局块状绿地,包括公园绿地、居住小区游园绿地、街头绿地和专用绿地等,形成遍布镇区均匀分布的绿地斑块系统。到规划期末绿地覆盖率为 40%,人均公共绿地为 10 m^2 以上。公共绿地基本上沿镇区的东南、西北向连片布置，还有一些公共绿地分散布置于镇区其他位置，使其可达性强，方便居民生活。沿流经镇区西部的河流布置滨河绿地，营造亲水空间，为居民休闲娱乐提供场所。沿主要道路和渠道两侧规划 6～10 m 宽的绿带。五纵五横的镇区绿色廊道，这些线性廊道交织成网状，把镇区孤立的绿地板块与镇域大型绿地斑块有机联系起来，形成串珠式的绿色空间体系，点、线、面相结合的小城镇绿地系统网络体系，为将大河镇建设成为与自然共生的新型的生态小城镇创造了条件。

(5)规划启发。

大河镇盲目地开发工业，对环境造成了极大的污染，破坏了原有的生态环境，这对近邻八达岭工业开发区、都市型工业具有一定基础的康庄来说是一个警示。有了这个前车之鉴，在建设康庄的时候应当注意的问题也就较为明确了。必须在发展工业的同时，注意环境的保护，在进行绿地规划建设的同时，也应注意将原有的自然环境与增加的绿地面积有机串联起来，形成整体上更为稳定的空间防护体系，这对于具有一定工业基础的康庄显得尤为重要。

6. 湖南省桂东县

(1)基本状况。桂东县地处湖南省东南部，郴州市东部。境内海拔高、山地多，平地面积非常有限。土地较肥沃，为植被和农作物的生长提供了良好的条件。植物资源丰富，是湖南省的重点林区县和用材林、楠竹林基地县之一。同时，桂东县还是湖南省的茶叶和药材生产基地。

(2)现状分析。桂东县有着优越的自然山水条件。三台山、凤岭等都具有良好的自然植被，山林景观优美，沤江及其支流具有优良的滨水景观基础。随着城市总体规划的逐步实施，城市绿化有所改善，桂东县特色已经有所凸显，一些附属绿地绿化建设较好。但该县城绿地总体布局零散，没有形成完整的城市绿地系统，城市整体形象欠佳。桂东县旧城区内建筑密度大，用地紧张，开辟新的绿地难度较大。公园绿地缺乏，不能满足市民使用需求，特别是沿江两岸，在城市建设过程中，建筑紧逼河岸，优美的山水景观未能很好地在规划与建设中加以利用。生产绿地规模小，难以适应城市建设要求。防护绿地缺乏，不利于保护与改善城市生态环境。附属绿地缺乏控制和建设引导。城市道路总体绿化程度不高，道路绿地面积少，缺乏街头花园和开敞绿地，而且绿化树种变化少，生长状况欠佳。

(3)规划途径。

1)在充分利用桂东县自然资源和历史文化资源的基础上，以桂花传统文化为核心，以红色文化、地域文化和绿色生态文化为基础，通过规划建设城市绿地系统，将桂东县打造成具有浓郁历史气息、景观优美、独具特色的人文山水生态县城。

2)充分利用桂东县现有的自然条件(河流，山体等)进行绿地系统规划。

3)充分利用桂东历史文化资源景观进行绿地系统规划。

4)充分利用桂东原有的重点景观意向进行绿地系统规划。

5)充分发挥城市园林绿地的综合功能效益，统一规划，全面安排。

6)均匀分布公园绿地，合理配置生产绿地与防护绿地，加强单位附属绿地的建设管理，全面提高城市绿化。

7)近期建设规划与远期建设规划相结合，促进城市的可持续发展。

(4)规划启发。

1)以点、线、面相结合的形式确定桂东县绿地系统规划布局结构为:二系、三山、四园、五轴、八廊、十六节点。

2)“二系”即山系、水系。以自然山水环境为县城生态支撑，充分保护利用县城内自然山水，积极开发自然山林和滨水景观带，为城市提供优美的视线背景和天际线景观，满足人们休憩游览的需求，形成良好的自然生态环境。

3)“三山”即凤岭山、三台山、琴山吹号凸。在尊重保护原始地形地貌、植被群落的基础上，依托凤岭山、三台山、琴山吹号凸优美的自然资源，重点建设以山地景观为特色的生态公园绿地，最大限度发挥其生态效益，打造桂东县城的“天然氧吧”。

4)“四园”即三台山公园、凤岭公园、船山公园、桂花文化公园。根据桂东县城原有的自然地理特征以及市民的实际需要，在县城内规划建设规模不一、功能多样、各具特色的四个城市公园，以改善县城环境质量，创造丰富多彩的生态游憩空间和旅游观光资源。

5)“五轴”即沤江、草堂河、琴水河、东华路、朝阳路。根据桂东县城用地布局结构的总体规划和县城水系和主要道路分布现状，确定以沤江、草堂河、琴水河、东华路、朝阳路为县城绿地系统的主要轴线。

6)“八廊”根据桂东道路系统的总体规划，以建安大道、迎宾路、环北路、三台山路、新区北路、新城路、新区南路和新区东路等八条城市道路绿化带为绿色廊道，以线状或网状的形式联系县城中分散的“点”和“面”的绿地，从而组成完整的城市绿地系统。同时，利用绿色廊道将县城外围自然山林引入城市，最大限度地改善城市生态环境。

7)“十六节点”构成总体结构中“点”的绿地，既起到引导交通，又起到装饰效果。

通过“二系、三山、四园、五轴、八廊、十六节点”的生态绿地格局，将桂东县城外围生态空间向城市中心层层渗入，逐步引入到县城内部生态环境中来，形成独具特色的城市山水景观风貌。同时以道路绿廊，河道绿带为网络连接城市的公园绿地、附属绿地，组成一个以山、水为背景，相互关联的城市绿地系统。

通过对湖南省桂东县绿地系统规划的研读，可以发现绿地规划要结合当地的历史文化，并且要充分利用自身资源，包括自然资源以及人文资源，在此基础上进行绿地规划，能更好地体现当地的景观及文化特色。

另外，桂东县所提出的规划理念也为全面而系统地分析康庄提供了良好的范例。桂东县这种点、线、面相结合的方式，以及层层深入的做法，使得整个绿地系统化，也在很大程度上增加了它的人文气息。

7. 北京市“汤 HOUSE”规划设计

(1)基本状况。

“汤 HOUSE”位于北京市小汤山镇。小汤山镇地处昌平卫星城东南。南距亚运村 17 km，东距首都机场 10 km，处在北京市南北中轴线上。全镇辖区内有中央、市、县属单位 70 余家。全镇总面积 70.1 km^2，人口3万余人。

小汤山自古以来就以温泉名闻天下。据考证，该地区在地质历史上曾是一个湖，在白垩纪时期，由于地壳的大规模运动，湖水被覆盖并封闭于地下，受板块挤撞形成高温高压，历久而成今天著名的小汤山温泉。由于成因上有别于一般地热和岩浆形成的温泉，因此，小汤山温泉水质甘甜秀美，淡黄清澈，与一般颜色浑浊，带有硫磺味的温泉水截然不同，故享有“一盆金汤”的美誉。

小汤山温泉富含大量的矿物质和多种微量元素，达到了国家矿泉水的标准。汤泉水中还含有多种珍贵的稀有元素，可以在人体表面形成一层保护膜，对治疗皮肤病、色素沉着、色斑、关节炎及神经衰弱等有特殊的疗效。独特而优越的自然资源和环境，赋予了“汤 HOUSE”优越的发展优势，也为其增添了丰富的度假、疗养、休闲、时尚的居住生活条件。

(2)区位概况。南依葫芦河，北面为小汤山镇顺沙公路，西临汤尚路，东望车站路。规划总用地面积为172 300 m^2。拟建轻轨从地块南面通过，并在地块东南角设一停靠站点。基地周围交通便利。

“汤 HOUSE”东北角紧邻的空军招待所，是一所设施齐全的疗养康复基地，其优美的环境和丰富的健身资源将为小区居民提供相当的便利。西北角建有小汤山镇电信局、小汤山镇医院和全国人大疗养院。这些机构设施，为小区提供了良好的基础服务设施条件和优越的自然环境。西南角地块业已开发的地块，已建有小区供水、排水及供暖等基础设施。除此之外，小区附近还有一些知名物业，如王府大社区、静之湖、冠雅苑、太平家园、蓬莱园、天通苑等。各大部委还在此处设立了培训中心。

在这样一种休闲疗养的氛围下，“汤 HOUSE”将建成为一个环境优雅、亲切闲适的温泉度假花园小区。

(3)规划设计原则。

1)以建设一个“健康、环保”的温情度假式花园休闲居住小区为目的。

2)根据北京“汤 HOUSE”规划设计要求，协调本规划区相关外部环境条件，合理确定规划功能布局与开发建设规模，并通过“汤HOUSE”的建设，丰富小汤镇景观，促进小汤镇住宅建设的发展。

3)贯彻“以人为本”、“尊重自然”与“可持续发展”的思想，以建设生态型居住空间环境为规划目标，满足住宅的居住性、舒适性、安全性、耐久性和经济性。创造一个布局合理、功能齐备、交通便捷、环境优美的自然温馨的生活小区。

4)规划设计贯彻生态原则、文化原则与效益原则，力求塑造一个具有优美环境、文化内涵的舒适雅致的自然生活居住空间。

5)适应土地开发与建设实际、面向住宅消费市场，有利于起步分期开发，正确处理规划中社会效益与经济效益、超前性与操作性之间的关系。

(4)规划设计整体框架。本规划以人为中心，以整体社会效益、经济效益与环境效益三者统一为基准点，着意刻画优质生态环境，为居民塑造都市中自然优美、舒适便捷、卫生完全的栖息之地。

(5)规划理念。

1)人、自然与建筑的共存与融合。

2)禅意的居住环境及内外环境渗透合一的空间居住形态。

3)生态型居住小区的营造。

4)具有认同感的个性化空间设计。

(6)规划主旨。

1)突破习惯性围合式小区的规划手法，强调利用带状的景观空间来串联各个组团，强化优势区域的同时，也提高弱势区域的居住空间品质，使整个小区更加协调统一，创造均好的休闲生活环境。利用景观的串游，加强带状景观与各组团小块绿化空间的整合，使景观具有丰富变化的视觉效果，户外休闲空间变得更加引人入胜。

2)充分利用小汤山地区的温泉资源，将温泉引入小区生活，使小区内的居民在平常生活中享受到度假的闲适与关怀。

3)采用局部“人车分流”的交通组织形式，以环路与尽端路相结合，使居民在绿化景观带及组团内享受怡人的步行活动空间。

4)改变建筑与环境分开的做法，因地制宜，结合当地条件将绿化环境渗透进每户住宅内部，结合传统合院式居住空间布局，使建筑空间内外浑然合一，体现中国传统的居住空间意念。

(7)整体布局。本规划以低层高密度的温泉花园住宅为主，在地块最南端与最北端分别布置两幢酒店式公寓，一幢为十层，另一幢为五层，裙房部分则分别是南北两区的会所。中间则布置多层及低层的温泉花园住宅，以环线组织交通，并以步行交通来组织绿化活动空间。建筑布局紧凑而合理布局，公共景观空间开阔而形式灵活，并具有传统中国园林的空间收放特点，充分体现“禅意居住”的特色。

(8)住宅布局。

1)体现传统性。本规划在住宅布局中强调传统的居住理念，体现中国文化中天人合一的传统，利用住宅室内外空间的丰富穿插，将居外的空间自然环境引入室内，同时也将人居生活延伸到自然中，在内外的穿插与交接中体验心灵的禅境与人文关怀。同时结合传统内敛而贴近自然的建筑语汇塑造小区宁静古朴而不失现代感的造型，契合禅意人居环境的设计理念。

2)度假性和休闲性。住宅的布局中充分考量了小区地块的天然优势。温泉，在住宅的合理位置设置泡汤池，将温泉引入住宅，延续小汤山镇的泡汤文化，同时也将住宅由单纯的居住定义延伸至时尚的休闲与度假范畴，为小区生活增添新的魅力与活力点。

(9)公建布局。公建布局分为区位性、标志性与服务性。发挥沿街区位优势，在小区南北两地块之间道路交叉口处设置商业点和物业管理用房，既服务于社区，也服务于城市。在北区东南部规划幼儿园，靠近东站西路次入口，大片绿化围绕，方便而安静，并在此处五层酒店式公寓的底层裙房设置南区的会所，在北区北端小高层酒店式公寓的裙房设置部分沿街店面和北区的会所。在南北两幢酒店式公寓的地下室设置了泵房和配电所等设备用房以及地下停车库，同时，在南北两区分别设置了多个垃圾收集站。

(10)道路系统。本规划道路系统采用局部人车分流的方式，以环状交通组织小区主要车流，结合尽端式道路组织外围停车，将步行系统与绿化环境设计相结合，将道路设计与广场空间、绿地空间与建筑空间相结合，共同塑造户外景观空间。在合理地做到交通系统的便利与明晰的同时，又将交通系统与景观系统合理地结合起来。

(11)绿化系统。规划绿化系统布局采用点线结合的方式，通过水体与景观步行道的串接，将绿化系统贯穿于整个小区住宅群体之间，体现整体的布局观念。并加强空间转折点与视觉焦点处的节点绿化空间设计，将绿化系统与步行系统相结合，使绿化系统延续到宅前。

在景观的规划中体现传统的天人合一思想，利用矮墙与水体、植物围合而成的静谧空间达成宁静致远的景观氛围，并延伸栖居其间的人的思想维度，利用绿化系统与户内空间的相互渗透与互动，使居住其中的居民感受到一种居住的惬意。

第三章　小城镇住宅设计理论

第一节　概　述

一、住宅标准

居住是人类生活的重要组成部分，住宅为生活提供了必要的客观环境，住宅的设计也关系到人的生理和心理需要。

住宅建筑的标准包括以下三个方面内容。

(1)面积标准：建筑面积、套内建筑面积、使用面积、使用面积系数等。

(2)质量标准：包含结构的巩固性、防震、抗火能力等。

(3)室内状况：层高、设备、装修等。

二、小城镇住宅的特点

1. 活动空间灵活

在小城镇住宅设计中，应布置较大、较为灵活的空间，以适应周围的环境以及亲友聚会之需。

2. 重视建筑文化、特色鲜明

小城镇以其久远的历史、精深的建筑文化闻名，也更加适应广大群众的需要，特色也十分鲜明。

3. 经营方便

小城镇存在着许多有地方特色的小作坊、小商店等，其虽规模小，但是距离近，大大方便了周围人们的生活需要。在小城镇建设中，住宅一般都是呈街坊式布置，不像大中城市那样，有着很多的高楼大厦。

第二节　小城镇住宅设计原则与分类

一、小城镇住宅设计原则

1. 满足生活需求

在小城镇住宅设计过程中，应以满足小城镇不同层次的居民家居生活和生产的需求为依据，以住户舒适的生活和生产需要出发，充分保证小城镇家居文明的实现。

2. 适应发展需要

在小城镇住宅设计过程中，应能适应当地的居住水平和生产发展的需要，实现可持续发展。

3. 满足功能性需求

在小城镇住宅设计过程中，应合理组织齐全的功能空间，充分体现出小城镇住宅的适用性。

4. 满足美观性需求

在小城镇住宅设计过程中，要以合理的设计与造型体现小城镇住宅的特点，并达到美观、大方、和谐的需求。

二、小城镇住宅户型设计原则

1. 套型设计与住栋设计

套型设计与住栋设计的基本原则，见表 3-1。

表 3-1　套型设计与住栋设计基本原则

序号	设计	原则说明
1	套型设计	1)住宅应功能齐全。 2)各功能空间应保持不同程度的专用性和私密性要求。 3)合理布置客厅、起居厅的位置。 4)用户楼梯应与客厅、起居厅有便捷的联系。 5)应设置门厅作为每套住宅的室内外过渡空间，用来换鞋、换衣、放置雨具等。

续表

序号	设计	原则说明
1	套型设计	6)满足灵活性、可变性的要求。室内空间分隔应根据功能要求尽可能采用可拆改的非承重的隔墙或灵活的推拉、折叠等隔断
2	住栋设计	1)节约用地的原则、确定住宅层数,小城镇的低层住宅应尽可能采用并联式和联排式,并应以多层住宅或多、高层结合为主。 2)提倡住宅类型多样化。 3)充分利用和发挥建筑各部分空间的特点(包括低层、顶层、阁楼层、尽端转角、楼梯间、阳台、露台、外廊、错层和入口等特殊部位)。 4)使住栋具有明显的识别性,避免千篇一律

2. 厨卫及设施、管线设计原则

厨卫及设施、管线设计原则,见表 3-2。

表 3-2　　厨卫及设施、管线设计原则

序号	设计	原则说明
1	厨卫及设施设计	(1)厨房、卫生间应具有良好的通风和采光,并根据需要加设机械排烟通风设备或预留位置。 (2)厨房、卫生间应有足够的面积,采用整体设计的方法,综合考虑操作顺序、设备安装、通风、储藏要求
2	管线设计	1)小城镇住宅的热水供应系统应首选各种太阳能集热器,以节约能源。 2)各类管线系统应采取综合设计相对集中布置,设立管道井和水平管线区

三、小城镇住宅的分类

1. 按层数划分

按照《住宅建筑规范》(GB 50368—2005)的规定:低层住宅为一～三层;多层住宅为四～六层;高层住宅为七～九层。小城镇住宅按层数划分为:

(1)低层住宅。小城镇低层住宅,一般是一～三层低层住宅,其具有接地性好的优点，与别墅特点不同，非常受小城镇居民的欢迎。

1)平房住宅。小城镇住宅在传统上多为平房住宅，随着技术进步与改革，改善居住环境已是广大居民的强烈要求。为了节约土地，不应提倡平房住宅。

2)三层以下的低层住宅。三层以下的低层住宅是目前小城镇住宅的主要类型，又分为二层住宅(图 3-1、图 3-2)和三层住宅(图 3-3～图 3-5)。

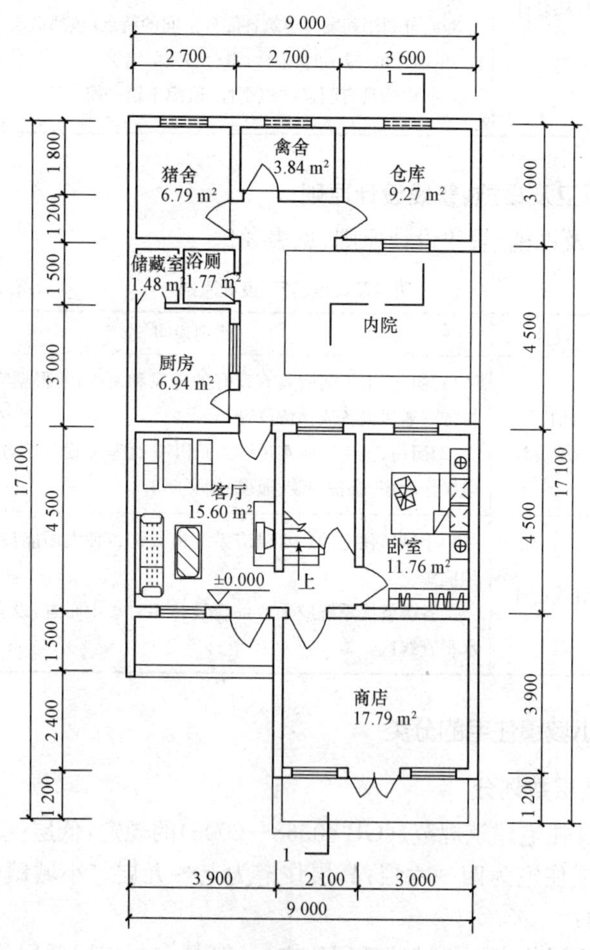

图 3-1　二层住宅一层平面图设计方案

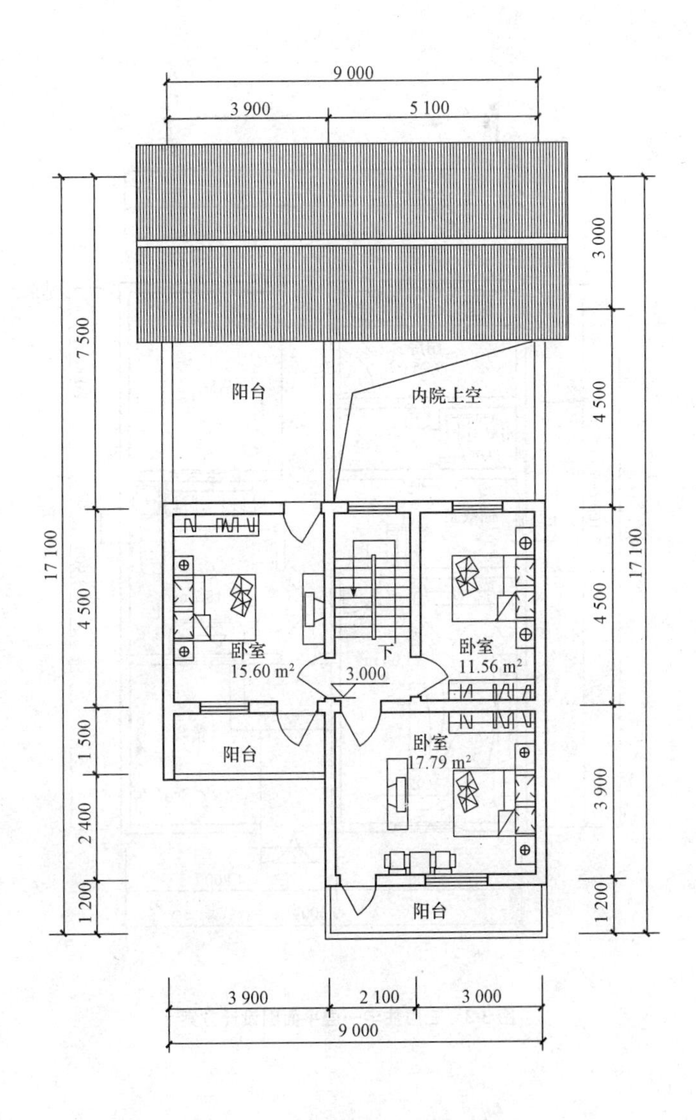

图 3-2　二层住宅二层平面图设计方案

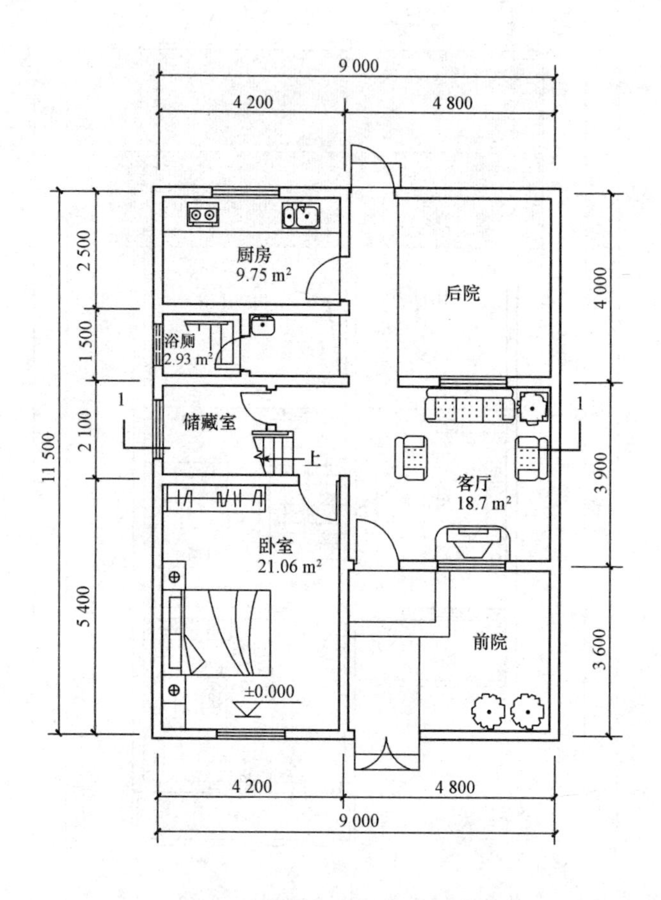

图 3-3　三层住宅一层平面图设计方案

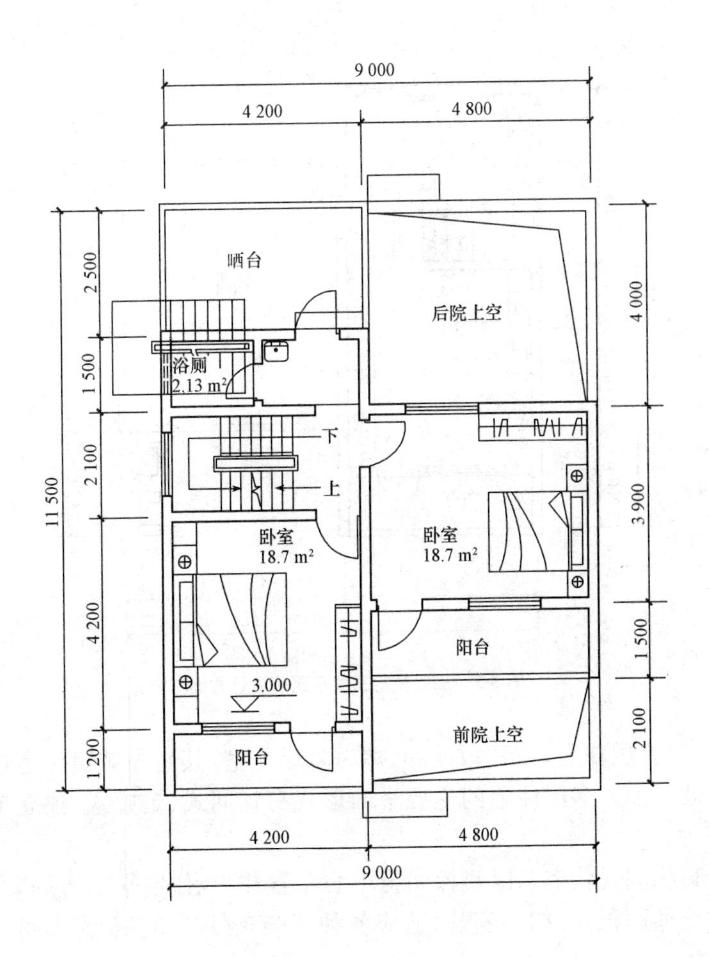

图 3-4 三层住宅二层平面图设计方案

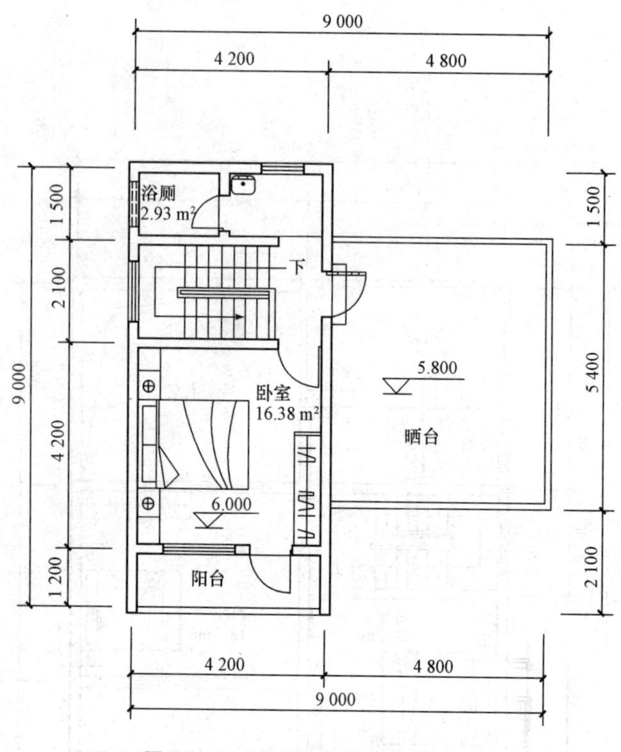

图 3-5　三层住宅三层平面图设计方案

(2)多层住宅。四～六层的称为多层住宅，其是小城镇住宅建设的主要类型。多层住宅的主要平面形式有梯间式、走廊式、独立单元式三种。

1)梯间式住宅。以楼梯间为中心布置住户，住宅平面布局紧凑，公共交通面积少，相对安静，适应各种气候条件。图 3-6 为梯间式多层住宅。

2)走廊式住宅。以走廊来连接多户住宅，通风效果不好，容易产生户间干扰，图 3-7 为走廊式多层住宅。

3)独立单元式住宅。又称点式住宅，由数户围绕一个楼梯枢纽，其有利于采光通风、地形处理自由度大的优点，但外墙面积大、不利于节能，图 3-8 为独立单元式住宅。

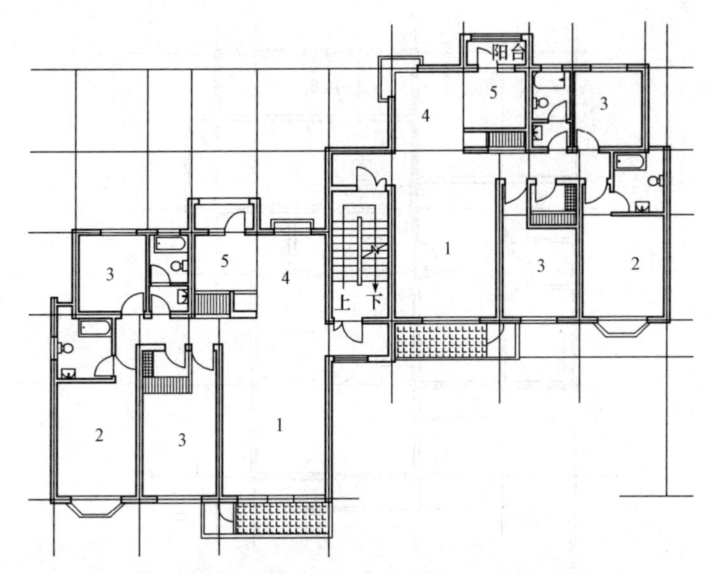

图 3-6　梯间式多层住宅示意图

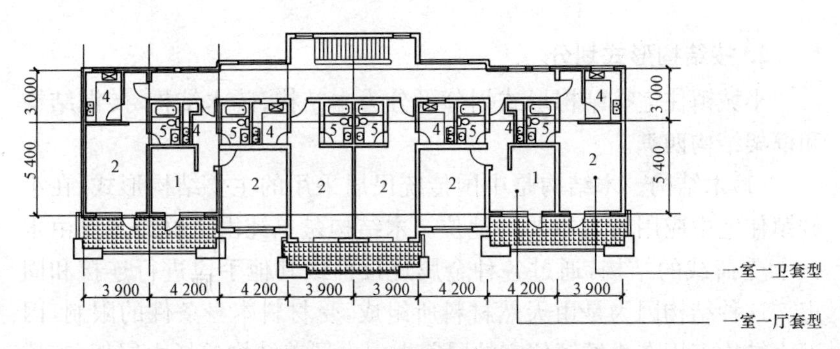

图 3-7　走廊式多层住宅示意图

(3)中高层住宅。小城镇中高层住宅,一般是七～十一层住宅。主要是指不设消防电梯的住宅。这类型住宅居住密度较高,主要用在用地比较紧张的小城镇中心区。

(4)高层住宅。小城镇高层住宅,一般是指十二层及十二层以上的住宅。虽然高层住宅节约用地,但目前还并不是小城镇住宅建设的主要形式。

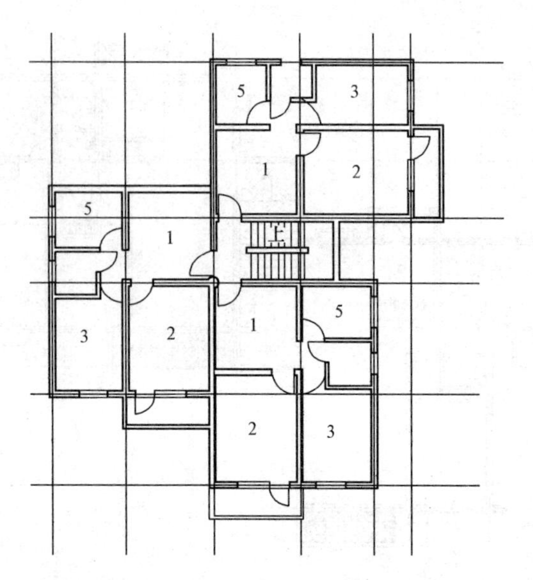

图 3-8　独立单元式住宅示意图

2. 按结构形式划分

小城镇住宅按结构形式划分可分为木结构、砖木结构、砖混结构和框架结构四类。

(1)木结构。木结构是中国传统民居采用的主要结构形式,在小城镇住宅中应用具有重要的地位。木结构是单纯由木材或主要由木材承受荷载的结构,通过各种金属连接件或其他手段进行连接和固定。这种结构因为是由天然材料所组成,受材料本身条件的限制,因而木结构多用在小城镇住宅的屋盖中。木屋盖结构包括木屋架、支撑系统、吊顶、挂瓦条及屋面板等用木材制成的结构。木结构是一种取材容易,加工简便的结构材料。木结构自重较轻,木构件便于运输、装拆,能多次使用。

(2)砖木结构。砖木结构的房屋在我国小城镇中非常普遍,其是指建筑物中竖向承重结构的墙、柱等采用砖或砌块砌筑,楼板、屋架等用木结构,它的空间分隔较方便,自重轻,并且施工工艺简单,材料也比较单一。不过,它的耐用年限短,设施不完备,而且占地多,建筑面积小,不利于解决城市人多地少的矛盾。

(3)砖混结构。砖混结构是指建筑物中竖向承重结构的墙、柱等采用砖或者砌块砌筑,横向承重的梁、楼板、屋面板等采用钢筋混凝土结构,也就是说砖混结构是以小部分钢筋混凝土及大部分砖墙承重的结构。砖混结构是混合结构的一种,是采用砖墙来承重,钢筋混凝土梁柱板等构件构成的混合结构体系。砖混结构是目前小城镇住宅中最为常用的结构。砖混结构建筑的墙体的布置方式如下。

1)横墙承重。用平行于山墙的横墙来支撑楼层。常用于平面布局有规律的住宅、宿舍、旅馆、办公楼等开间的建筑。横墙兼作分隔墙和承重墙之用,间距为 3～4 m。

2)纵墙承重。用檐墙和平行于檐墙的纵墙支撑楼层,开间可以灵活布置,但建筑物刚度较差,立面不能开设大面积门窗。

3)横纵墙混合承重。部分用横墙、部分用纵墙支撑楼层,多用于平面复杂、内部空间划分多样化的建筑。

4)砖墙和内框架混合承重。内部以梁柱代替墙承重,外围护墙兼起承重作用。这种布置方式可获得较大的内部空间,平面布局灵活,但建筑物的刚度不够。常用于空间较大的大厅。

5)底层为钢筋混凝土框架,上部为砖墙承重结构。常用于沿街底层为商店,或底层为公共活动的大空间,上面为住宅、办公用房或宿舍等建筑。

(4)框架结构。框架结构是指由梁和柱以刚接或者铰接相连接而成构成承重体系的结构,即由梁和柱组成框架共同抵抗适用过程中出现的水平荷载和竖向荷载。采用框架结构的房屋墙体不承重,仅起到围护和分隔作用,一般用预制的加气混凝土、膨胀珍珠岩、空心砖、多孔砖、浮石、蛭石、陶粒等轻质板材等材料砌筑或装配而成。在小城镇住宅建设中应用广泛。

框架结构与砖混结构主要是承重方式的区别。框架结构住宅的承重结构是梁、板、柱,而砖混结构的住宅承重结构是楼板和墙体。在牢固性上,理论上说框架结构能够达到的牢固性要大于砖混结构,所以砖混结构在做建筑设计时,楼高不能超过 6 层,而框架结构可以做到几十层。

3. 按庭院分布形式划分

建筑物(包括亭、台、楼、榭)前后左右或被建筑物包围的场地通称为庭或庭院,即一个建筑的所有附属场地、植被等。庭院一般分为前院式、后院式、前后院式、侧院式、内院式五种。

(1)前院式庭院。前院式庭院布置在住房南向,优点是避风向阳、院落集中、利用率高、较容易形成生活氛围;缺点是生活院与杂物院混合,在一些农业生产的特定时间段,例如收获季节、播种季节等,农业生产产品不得不堆积在院中,环境卫生相对较差。院落入口一般较为高大,与前院房顶平齐或高出房顶,正对院门是影壁,不单独设置,一般在倒坐房侧墙或厢房侧墙贴吉祥图案的瓷砖或用涂料粉画,入口门洞较为宽敞,兼做车库,前院倒座处设置一层厨房、厕所,基地较大的在入口侧设置厢房,做厨房或储物使用。前院式布局能够形成较为封闭的院落空间,室外空间集中紧凑,符合当地生活习惯,现实中较多采用。

(2)后院式庭院。后院式庭院布置在住房的北向,优点是住房朝向好,院落比较隐蔽和阴凉,适宜炎热地区进行家庭副业生产,前后交通方便;缺点是住房易受室外干扰,一般我国南方地区采用较多。

(3)前后院式庭院。前后院式庭院被住房分为两部分,形成生活和杂物活动的场所。南向庭院多为生活院落,北向院落多为杂物院。前后院式庭院优点是功能分区明确,使用方便、清洁、卫生、安静,如图 3-9所示。

(4)侧院式庭院。侧院式庭院被分割成生活院和杂物院两部分,一般分别设在住房前面和住房一侧,构成既分割又连通的空间,优点是功能分区明确,如图 3-10 所示。

(5)内院式庭院。内院式庭院,将庭院布置在住宅的中间,它可以为住宅的多个功能空间引进光线,调节小气候,在传统民居建筑中有着不可忽视的地位,其布置形式和尺寸大小也可根据不同条件和使用要求而变化万千,如图 3-11 所示。

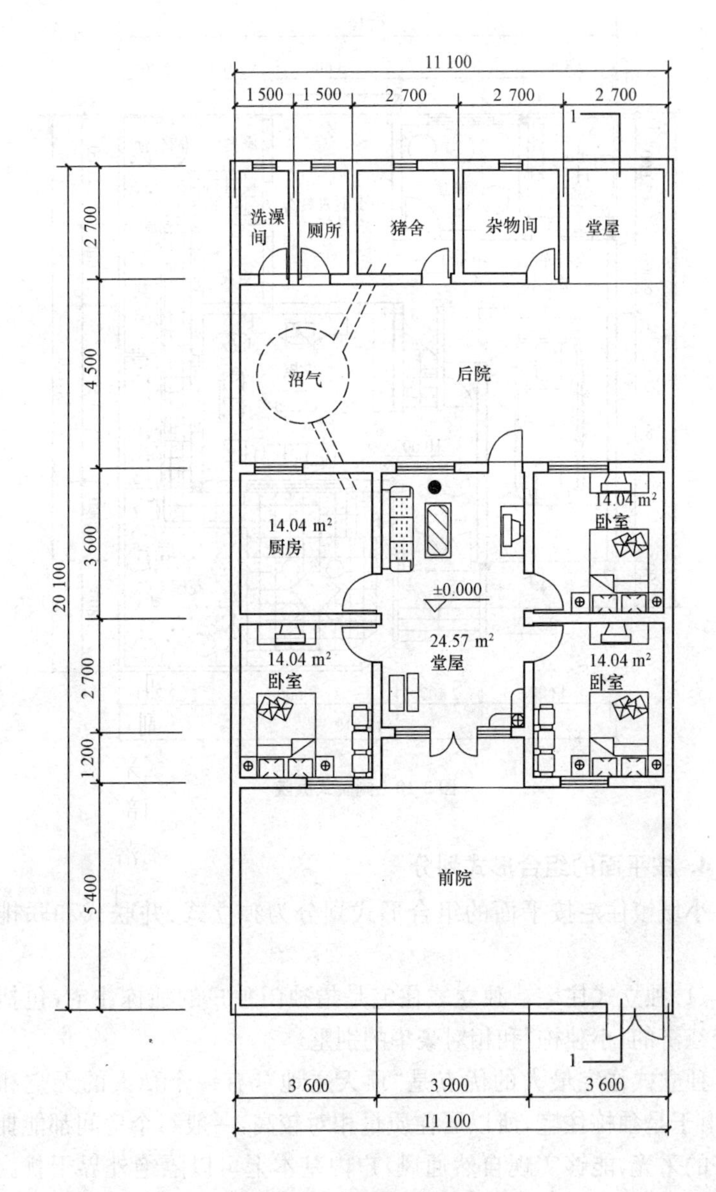
11 100
1 500
1 500
2 700
2 700
2 700
洗澡间
厕所
猪舍
杂物间
堂屋
沼气
后院
14.04 m²
厨房
14.04 m²
卧室
±0.000
24.57 m²
堂屋
14.04 m²
卧室
14.04 m²
卧室
前院
2 700
4 500
3 600
2 700
1 200
5 400
20 100
3 600
3 900
3 600
11 100

图 3-9　前后院式庭院

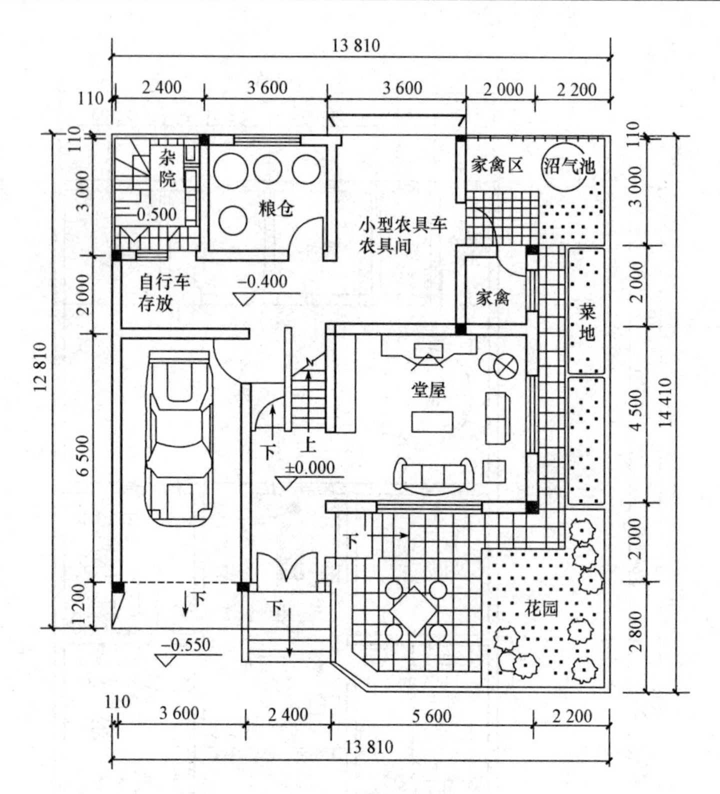

图 3-10　侧院式庭院

4. 按平面的组合形式划分

小城镇住宅按平面的组合形式划分为独立式、并联式和联排式三类。

(1)独立式住宅。独立式住宅是指独门独户的独栋住宅,包括相对较经济的“小独栋”和相对豪华的别墅。

独立式住宅最大的优点是“顶天立地”,有一个私人的天空和土地,由于是独栋住宅,所以居住质量相对较高,一般每个房间都能拥有良好的采光,能够实现自然通风,户内基本上可以隔绝外界干扰。独立式住宅周围一般有或大或小的配套花园,社区有较大的中心绿地,环境较好。独立式住宅由于住户之间距离太大,较难形成紧密的邻里

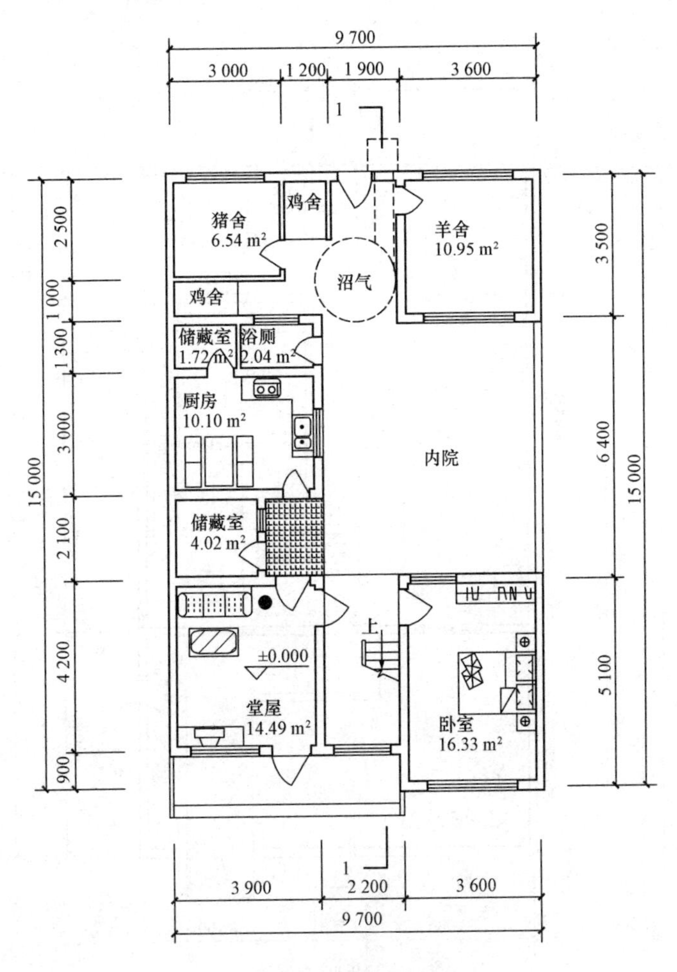

图 3-11 内院式庭院

关系，同时由于建筑布局分散，每户到配套设施的交通距离较大，各种基础设施配置不便，所以极少采用，如图 3-12 所示。

(2)并联式住宅。并联式住宅即两户住宅在平面上并联组合，形成一栋建筑，每户有三个面向外，特点是建筑三面临空，通风采光条件好。与独立式住宅相比，其优点主要是节约用地、减少室外管网长度等，如图 3-13 所示。

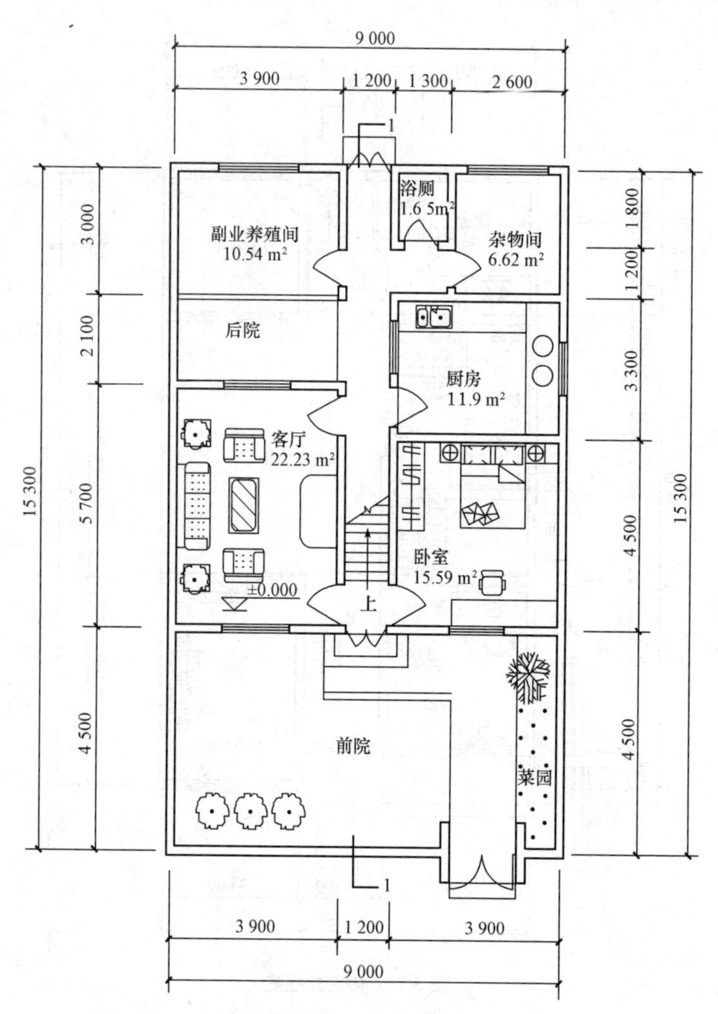

图 3-12　独立式住宅

(3)联排式住宅。即多户住宅并联,形成一栋建筑,一般 3～5 户,不宜太多,优点是节省用地和基础服务设施。

5. 按空间类型划分

(1)水平分户。水平分户的住宅一般有水平分户的平房住宅和水平分户的多层住宅两种形式。

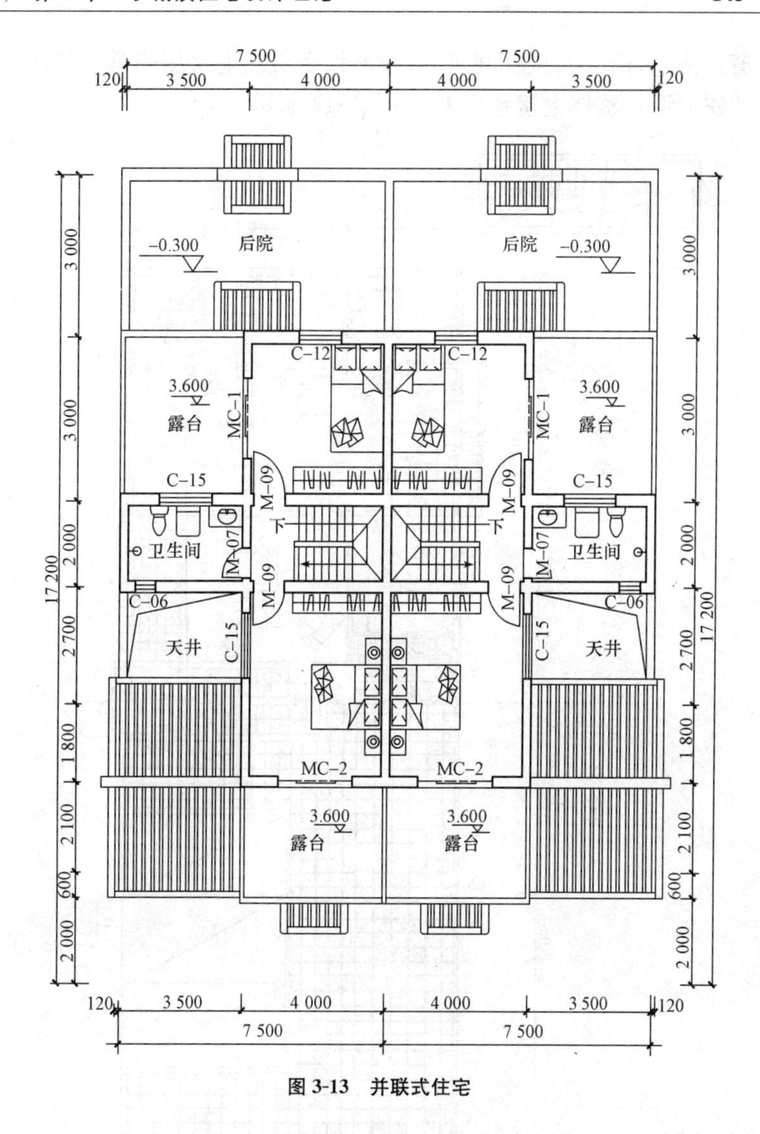

图 3-13 并联式住宅

1)水平分户平房住宅。水平分户平房住宅是带有庭院的独门独户住宅,具有生活、生产方便的特点,但由于占地面积较大,应尽量少采用。

2)水平分户多层住宅。水平分户多层住宅一般都是六层以下的公寓式住宅，由公共楼梯间进入，小城镇多层住宅常用的是一梯两户，这种住宅形式整体上接地性差，如图 3-14 所示。

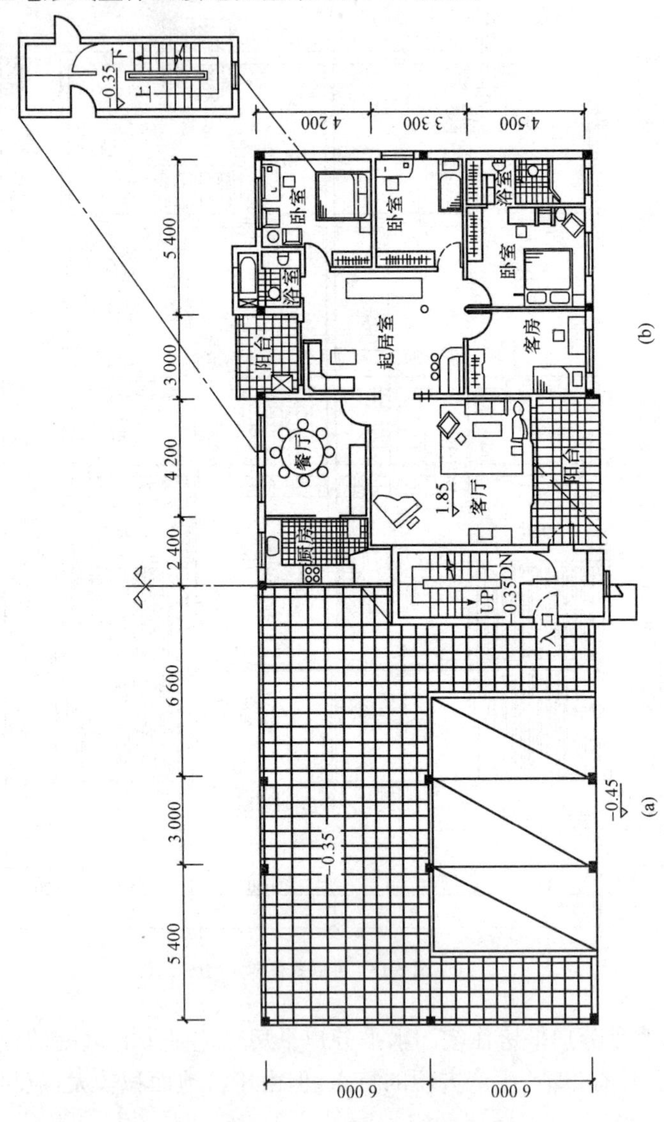

图 3-14　水平分户多层住宅

(a)A 型住宅支柱层平面；(b)A 型住宅标准层平面

(2)垂直分户。垂直分户的住宅一般都是二三层的低层住宅,每户不仅仅是占有上下三层的全部空间,而且都是独门独院,具有节约用地、贴近自然的优点,其是小城镇周边住宅的主要形式,如图3-15、图 3-16 所示。

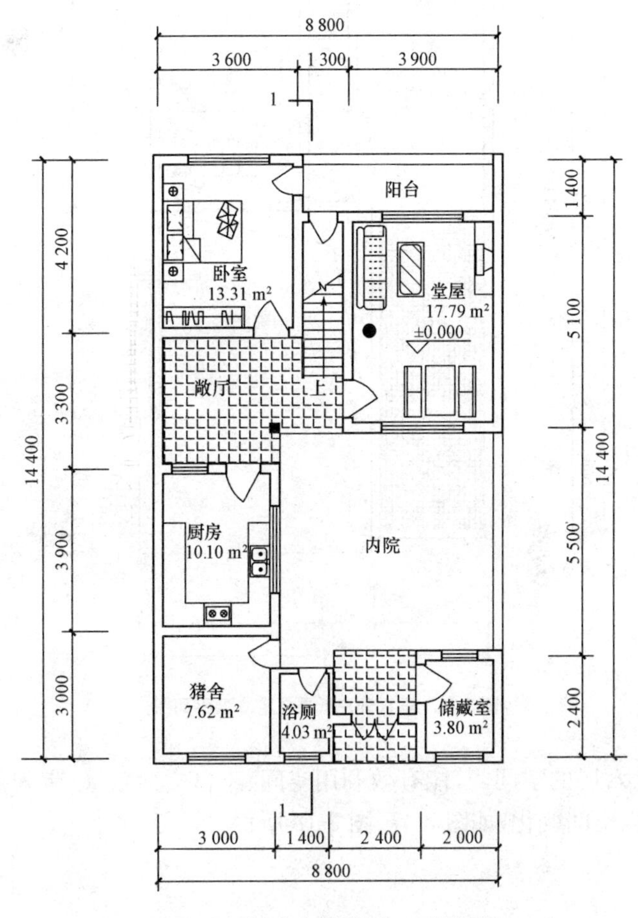

图 3-15　垂直分户低层住宅一层平面图

(3)跃层分户。跃层分户是一种日渐被广泛采用的形式,一般是其中一户占有一、二层的空间;另一户则占有三、四层的空间;再者则

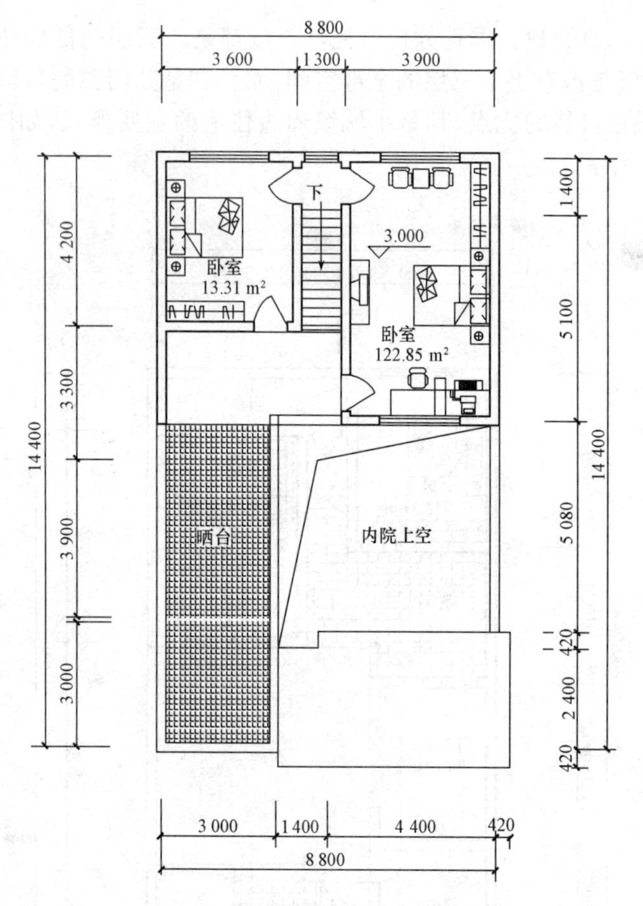

图 3-16　垂直分户低层住宅二层平面图

占有五、六层的空间，其能有效利用空间、丰富立面效果，带来很好效果的户内空间变化，如图 3-17、图 3-18 所示。

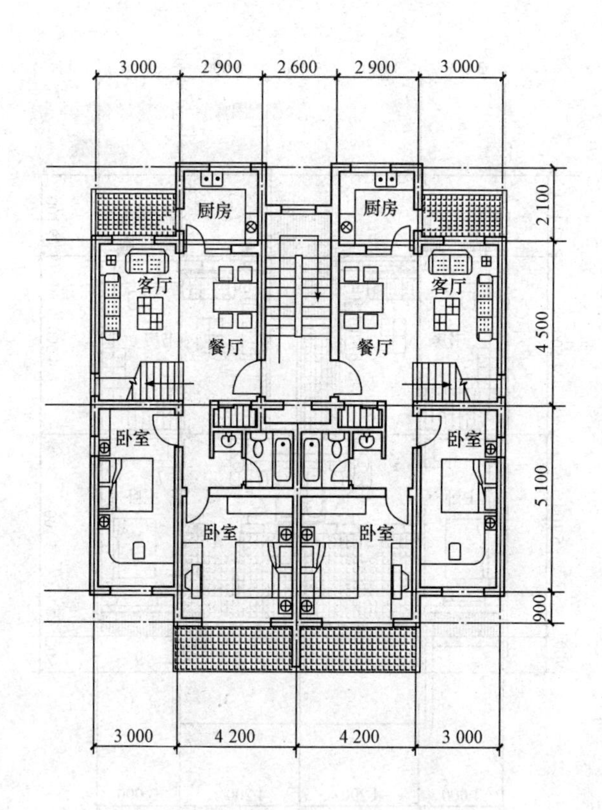

图 3-17　跃层分户的住宅跃层下层平面图

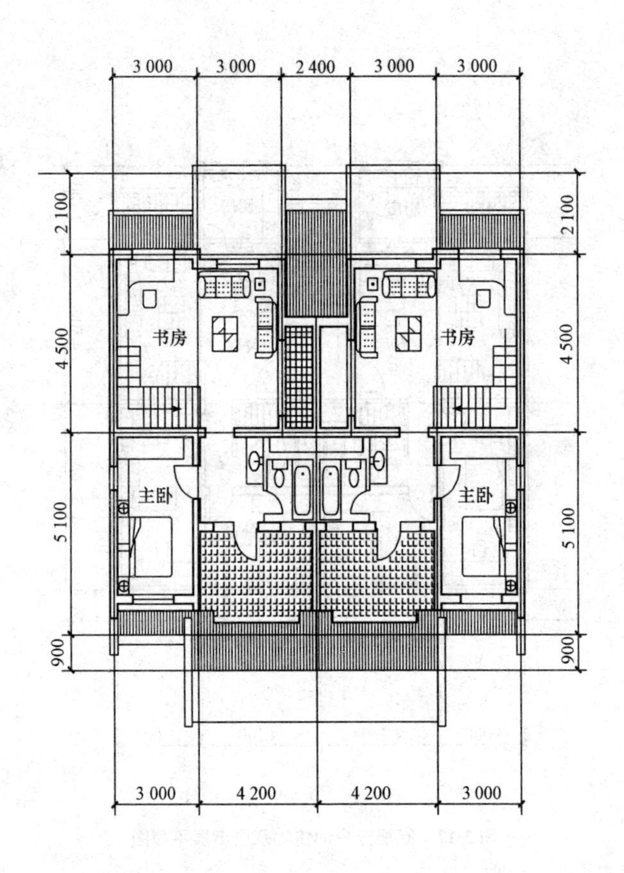

图 3-18　跃层分户住宅屋顶层平面图

第四章　小城镇住宅建筑设计

第一节　小城镇住宅平面设计

小城镇住宅平面设计应能满足居民的生活、生产需求，结合气候条件、特点、用户生活习惯等合理布置各功能空间，并应注重节能设计。

一、小城镇住宅户型设计

户型，是在现代建筑业发展过程中出现的一种对房屋住宅类型的新的简称。小城镇住宅户型设计是为不同住户提供适宜的居住生活和生产空间。在进行户型设计时，需认真分析深入研究影响小城镇住宅户型设计的因素，才能做好住宅户型设计工作。

1. 小城镇住宅户型设计原则

小城镇住宅的户型设计应遵循以下基本原则。

(1)功能性原则。实行内外分区、洁污分区、公私分区、动静分区原则，如图 4-1 所示。

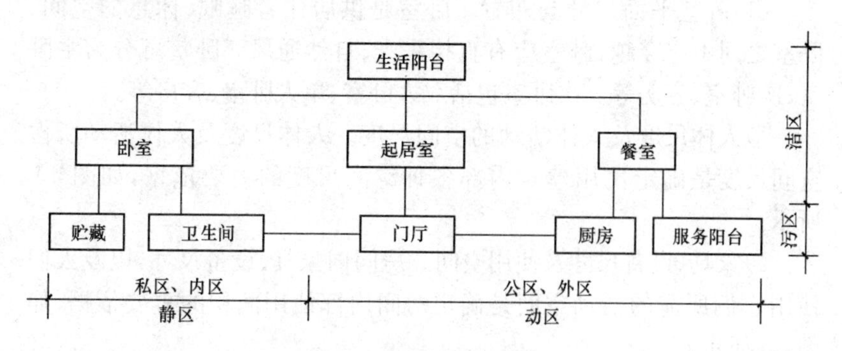

图 4-1　功能性原则示意图

(2)经济性原则。

1)住宅是价值量大的消费品,平面布局应尽量紧凑合理、不浪费面积;

2)住宅不能简陋,不能为经济而降低生活标准。

2. 各功能空间设计

住宅功能的分析要从家庭生活“行为单元”的分析入手,住宅的组成规律主要是由行为单元组成室,由室组成户。根据家庭生活行为单元的不同,可以将户分为居住、辅助、交通、其他四大部分;按空间使用功能来分,一套住宅可包括居室(起居室、卧室)、厨房、卫生间、门厅、过道、贮藏间、阳台等(图 4-2)。

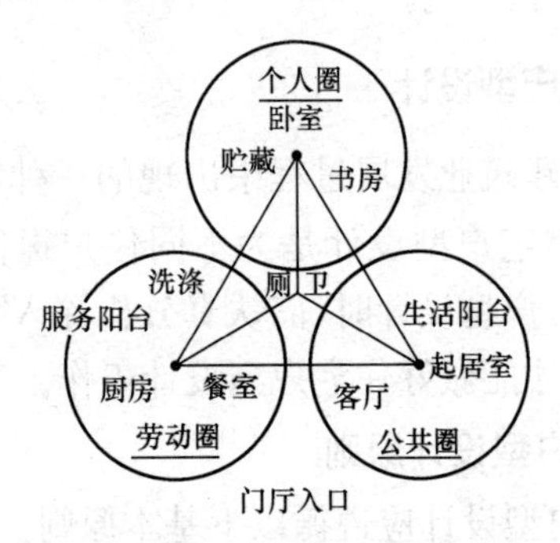

图 4-2　住宅主要功能的空间组合关系

(1)卧室平面尺寸与布置。卧室是供居住者睡眠、休息的空间。卧室之间不应穿越,卧室应有直接采光、自然通风。卧室可分为主卧室、次卧室、客房等。次卧室包括双人卧室、单人卧室、客房等。

1)人体尺度及人体活动的空间尺度。人体尺度及人体活动所占空间尺度是确定民用建筑内部各种空间尺度的主要依据,如图 4-3 所示。

2)家具、设备尺寸及使用空间。房间内家具、设备尺寸,以及人们使用它们所需的活动空间是确定房间内部使用面积的重要依据,如图 4-4所示。

3)卧室的开间和进深。主卧室要求床能两个方向布置,开间尺寸

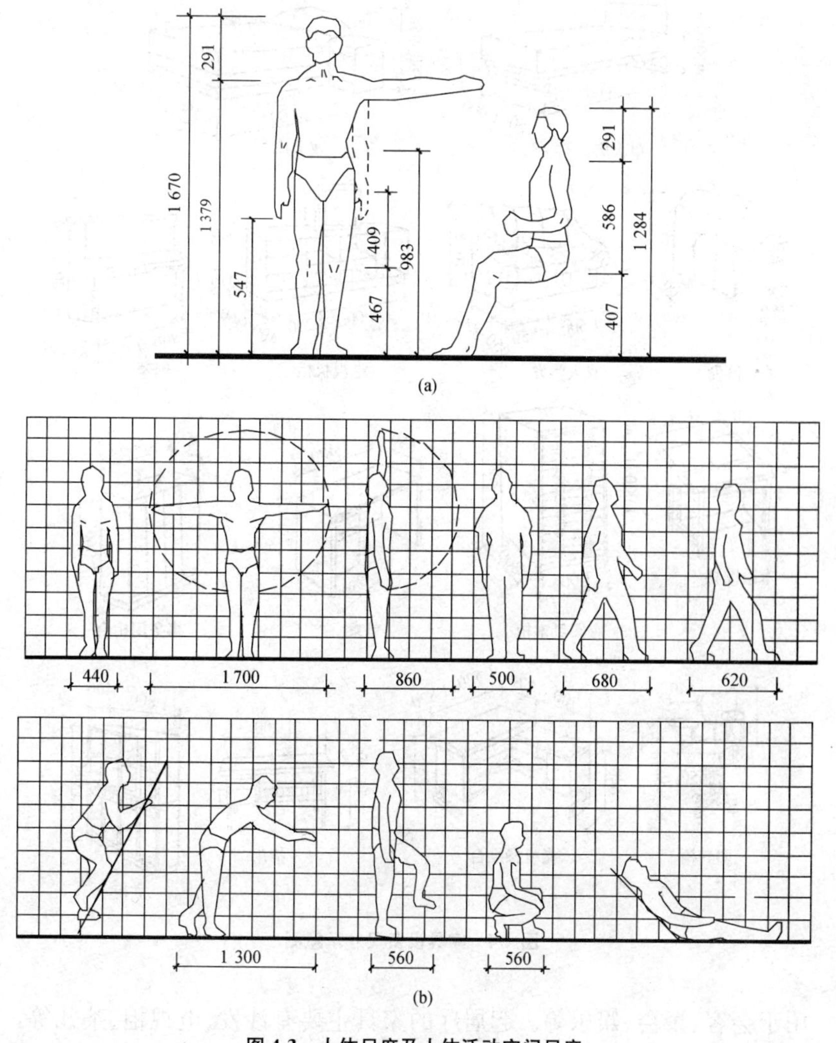

图 4-3　人体尺度及人体活动空间尺度

(a)中等身材男子的人体基本尺度;(b)人体基本动作尺度

常取 3.6 m,深度尺寸常取 3.90～4.50 m。次卧室开间尺寸常取 2.70～3.00 m,如图 4-5 所示。

(2)起居厅平面尺寸与布置。起居厅是家人集中活动的场所,多

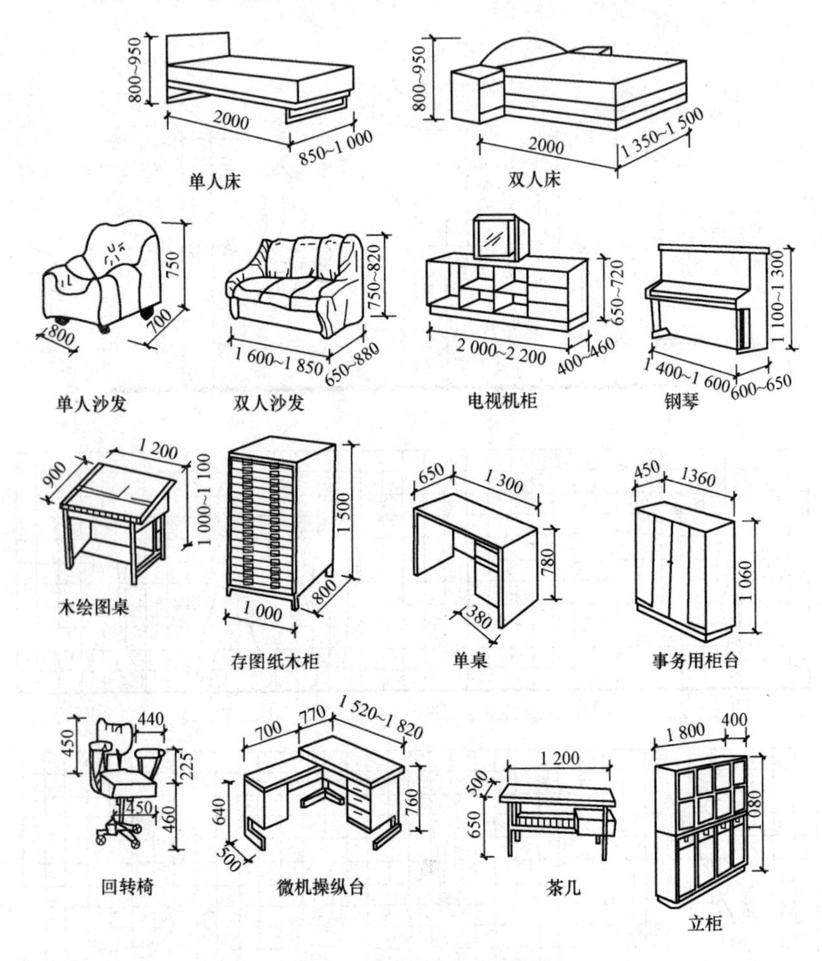

图 4-4　家具设备尺寸示意图

用于会客、聚会、娱乐等。起居厅的家具主要有沙发、电视柜、茶几等，由于起居室有家庭活动的需要，由此需要留出较多的活动空间，另外，考虑视听的要求，短边尺寸应在 3.0～4.0 m 之间，如图 4-6 所示。

(3)厨房空间平面设计。厨房的主要功能是烹调、烧水、清洁之用，面积较大的厨房还可兼作就餐用。厨房内主要设备有洗菜池、案台、炉灶、储物柜、排烟气设备、冰箱、烤箱和微波炉等。厨房一般面积

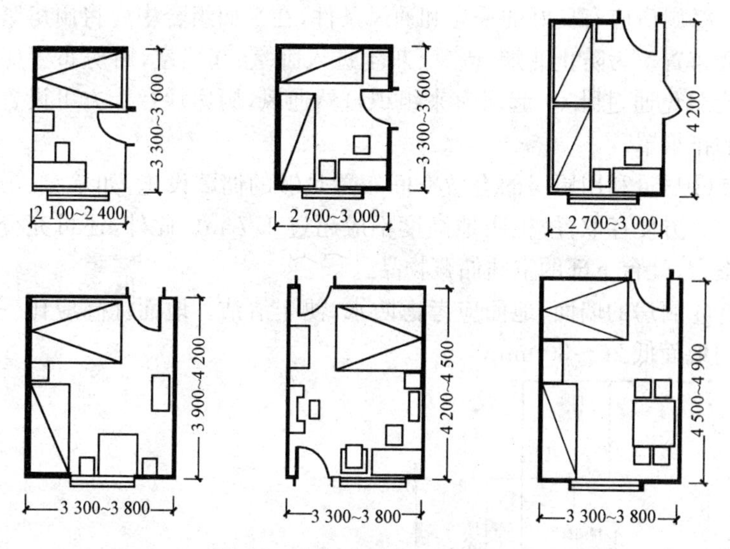

图 4-5　卧室开间进深尺寸示意图

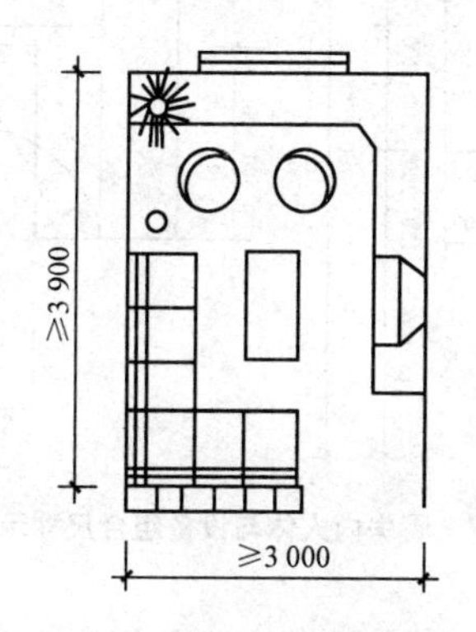

图 4-6　起居厅平面布置图

较小，但设备设施较多。

1)厨房空间平面设计要求。

①应考虑到其操作的主要工艺流程、人体工学的要求，并保证足够的操作空间，为使用方便尽量缩短往返路线、节约时间。图 4-7 为厨房内人体与设备组合尺寸。

②厨房应有良好的采光和通风条件，在平面组合中应将厨房紧靠外墙布置。为防止油烟、废气、灰尘进入卧室、起居室，厨房布置应尽可能避免通过卧室、起居室来组织自然通风，厨房灶台上方可设置专门的排烟罩。

③尽量利用厨房的有效空间布置足够的储藏设施，如壁龛、吊柜等。为方便存取，吊柜距地高度不应超过 1.7 m。此外，还可充分利用案台、灶台下部的空间储藏物品。

④厨房的墙面、地面应考虑防水，便于清洁。地面标高应比一般房间地面低 20～30 mm。

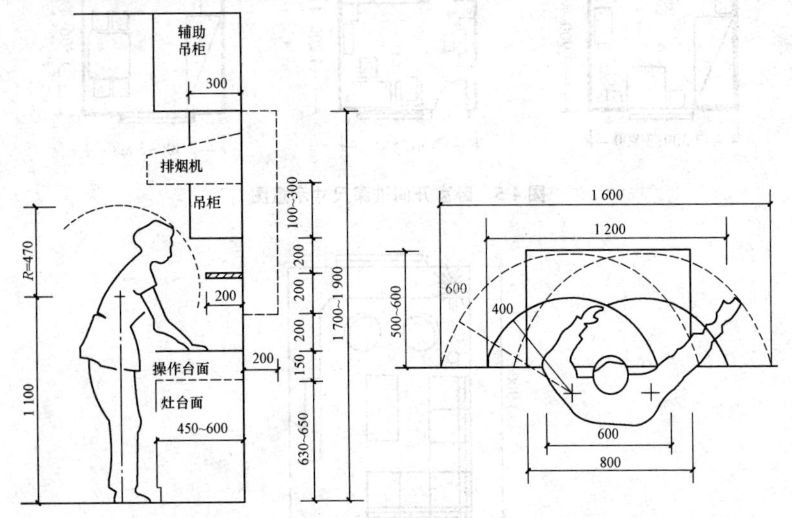

图 4-7　厨房内人体与设备组合尺寸示意图

2)厨房作业流程。厨房作业流程如图 4-8 所示。

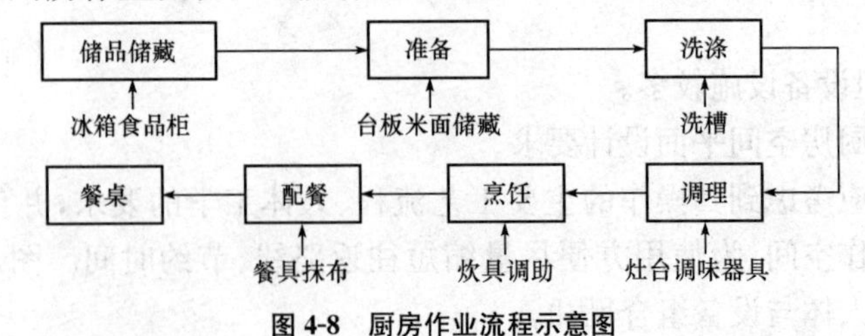

图 4-8　厨房作业流程示意图

3)厨房布置形式。厨房的布置形式主要有单排式、双排式、L 形与 U 形四种,如图 4-9 所示。

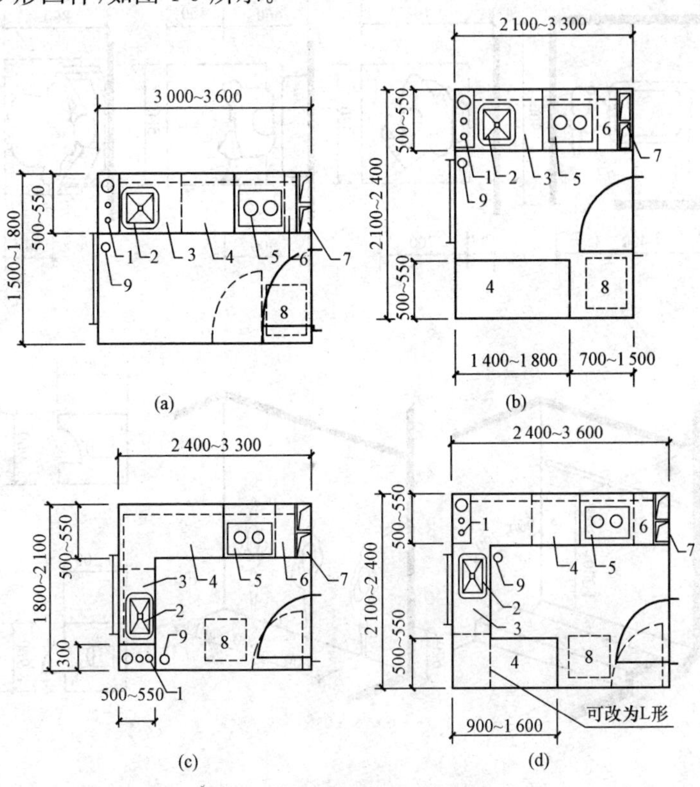

图 4-9 厨房布置形式示意图

(a)单排;(b)双排;(c)L 形;(d)U 形

1—竖向管道区;2—洗池;3—洗切台;4—操作台;5—灶台

6—放置台;7—排烟道;8—电冰箱;9—地漏

(4)卫生间设计。通常将沐浴、盥洗、便溺三种功能要求布置在一起的房间称为卫生间,只有便溺功能的房间称为厕所。

1)卫生间设计要求。

①考虑卫生洁具的大小以及它们的组合尺寸,图 4-10 为卫生间设备及其组合尺寸。

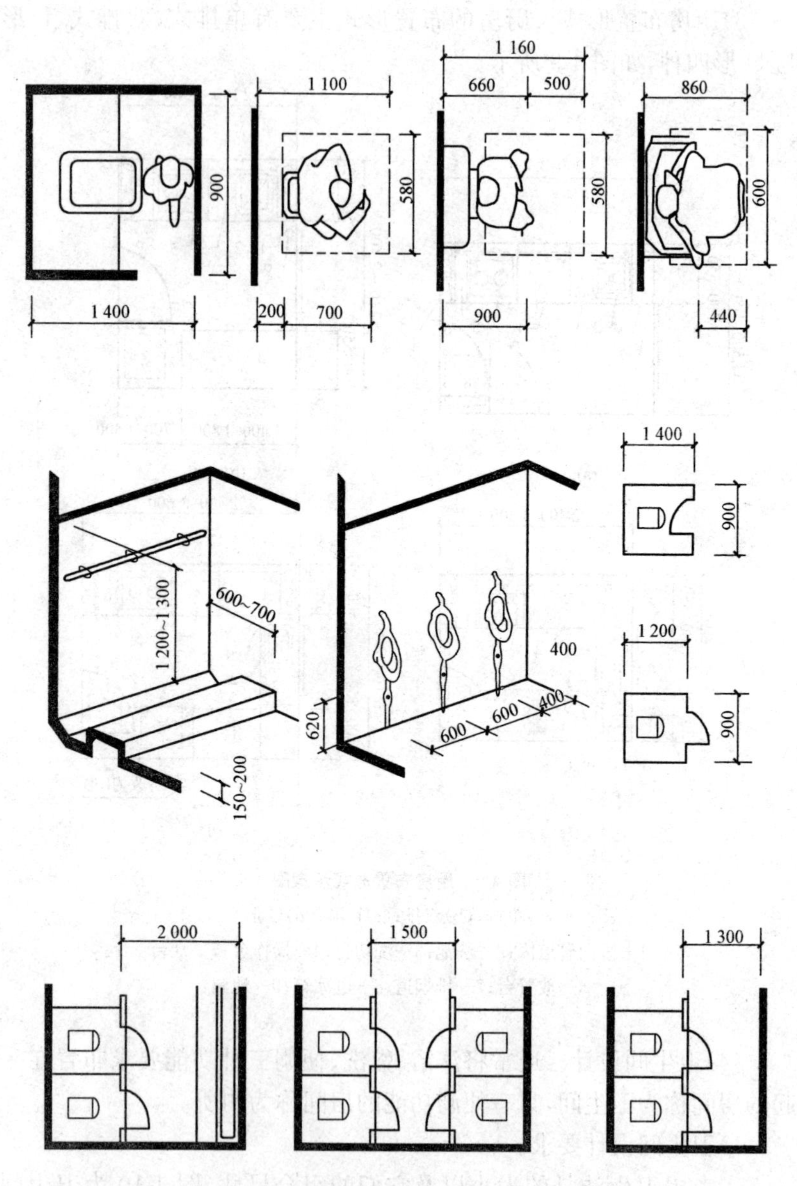

图 4-10　卫生间设备及其组合尺寸示意图

②设计时预留出卫生洁具的位置，以便安放，图 4-11 为住宅卫生设备平面布置方式。图 4-12 为住宅卫生设备尺寸及与管道组合尺寸。

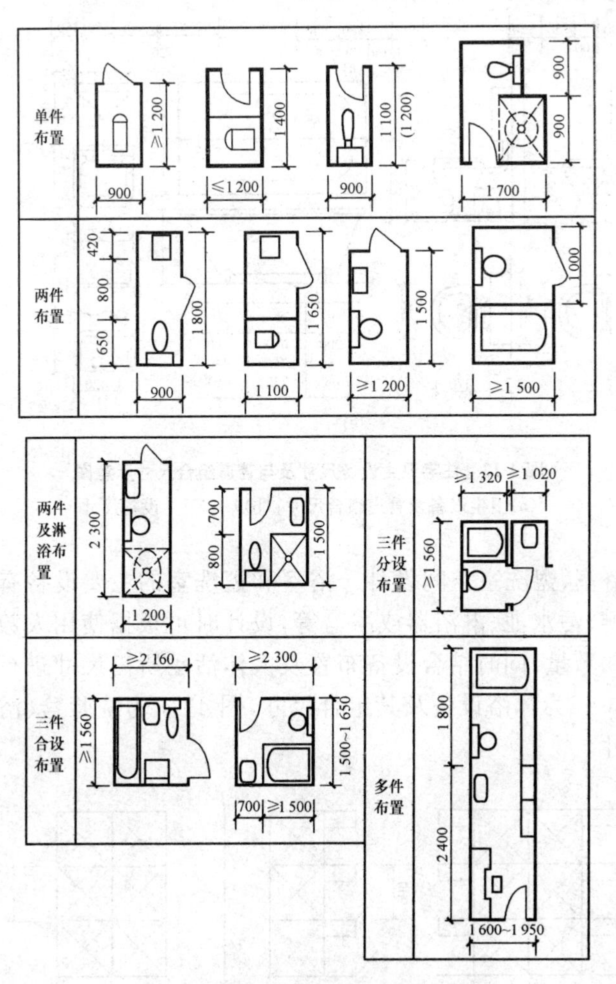

图 4-11　住宅卫生设备平面布置方式示意图

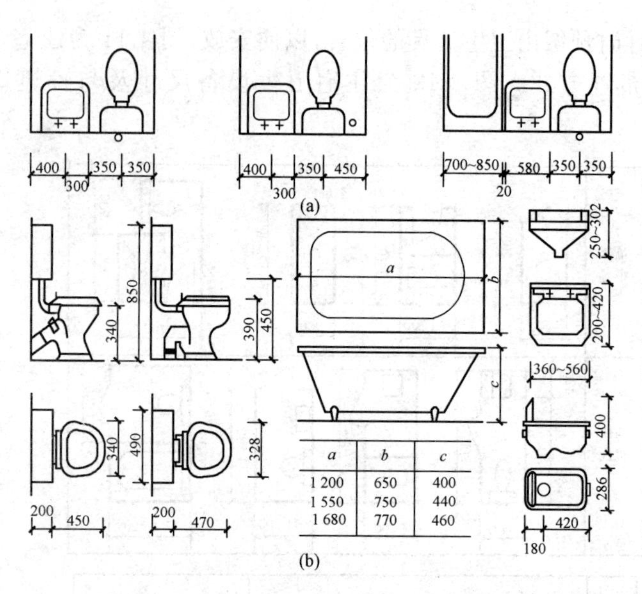

图 4-12　住宅卫生设备尺寸及与管道组合尺寸示意图

(a)卫生设备及管道组合尺寸；(b)基本卫生设备尺寸

2)浴室、盥洗室空间设计。浴室和盥洗室的主要设备有洗脸盆或洗脸槽、污水池、淋浴器或浴盆等，设计时可根据使用人数确定卫生器具的数量，同时结合设备布置及人体活动所需尺寸进行房间布置。图 4-13为沐浴设备及其组合尺寸，图 4-14 为洗脸盆、浴盆及其组合尺寸。

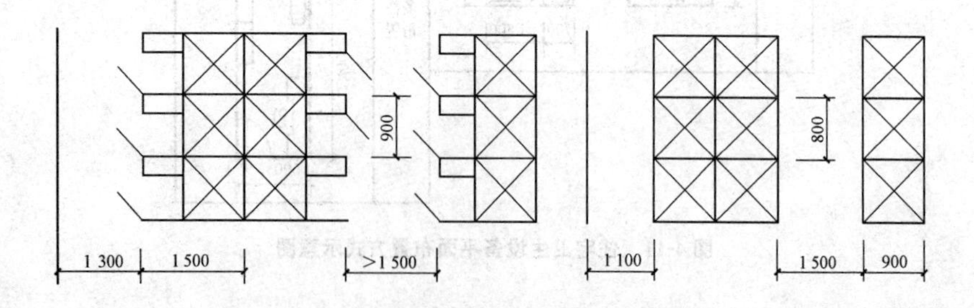

图 4-13　沐浴设备及其组合尺寸示意图

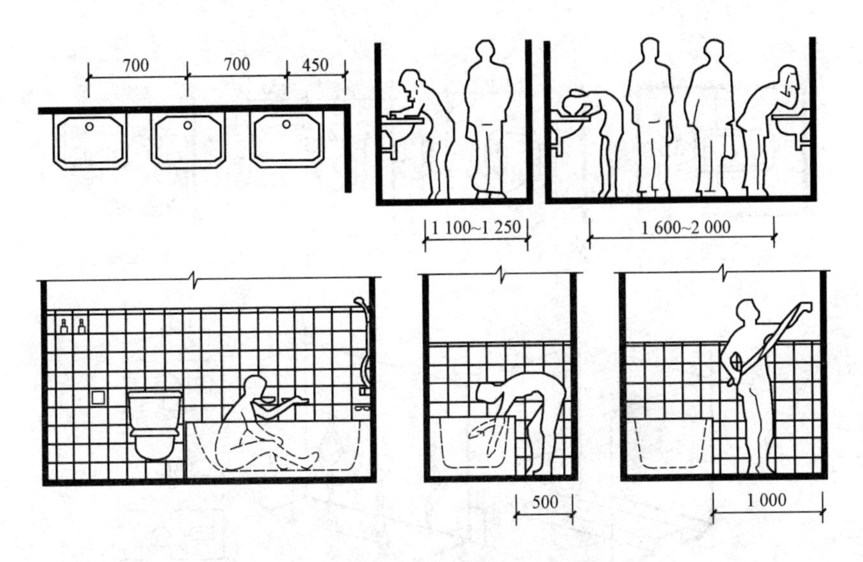

图 4-14 洗脸盆、浴盆及其组合尺寸示意图

3)厕所设计。在进行厕所设计时,首先要了解各种设备及人体活动的基本尺度;其次再根据使用人数和参考指标确定设备数量;最后确定房间尺寸。图 4-15 为厕所单间及其组合所需尺寸。厕所布置分有前室和无前室两种,有前室的厕所隐蔽,走廊卫生条件较好,常用于公共建筑中。前室内设有洗手槽及污水池,深度应不小于 1.5～2.0 m,图 4-16 为男女厕所布置形式。

(5)贮藏空间。在住宅设计中通常结合门斗、过道等的上部空间设置吊柜,利用房间边角部分设置壁柜,利用墙体厚度设置壁龛等,此外,还可结合坡屋顶空间、楼梯下空间作为贮藏空间。

(6)阳台。阳台按平面形式可分为悬挑阳台、凹阳台、半挑半凹阳台和封闭式阳台。悬挑阳台视野开阔、日照通风条件好,但私密性差,出挑深度一般为 1.0～1.8 m;凹阳台结构简单,深度不受限制,使用相对隐蔽;半挑半凹阳台兼有上述两个的特点;封闭式阳台是将以上三种阳台的临空面用玻璃窗封闭,可起到日光间的作用。

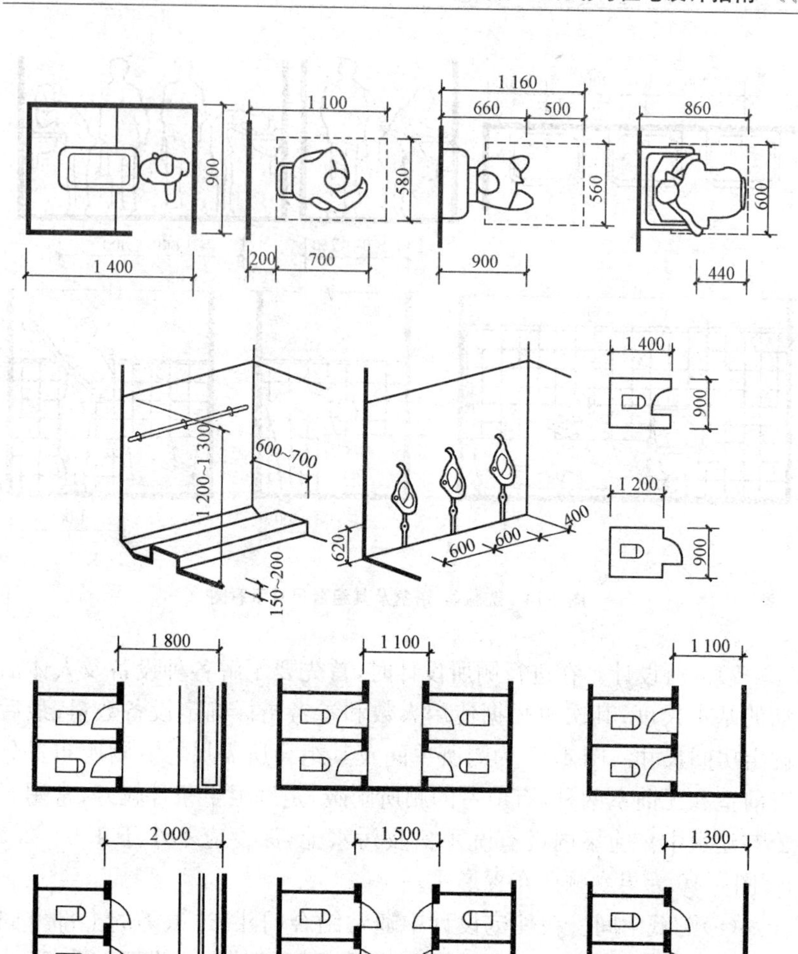

图 4-15　厕所单间及其组合所需尺寸示意图

二、小城镇低层住宅户型平面设计

小城镇住宅的主要类型是二、三层的低层住宅，在进行小城镇低层住宅户型平面设计时，需注意以下几个问题。

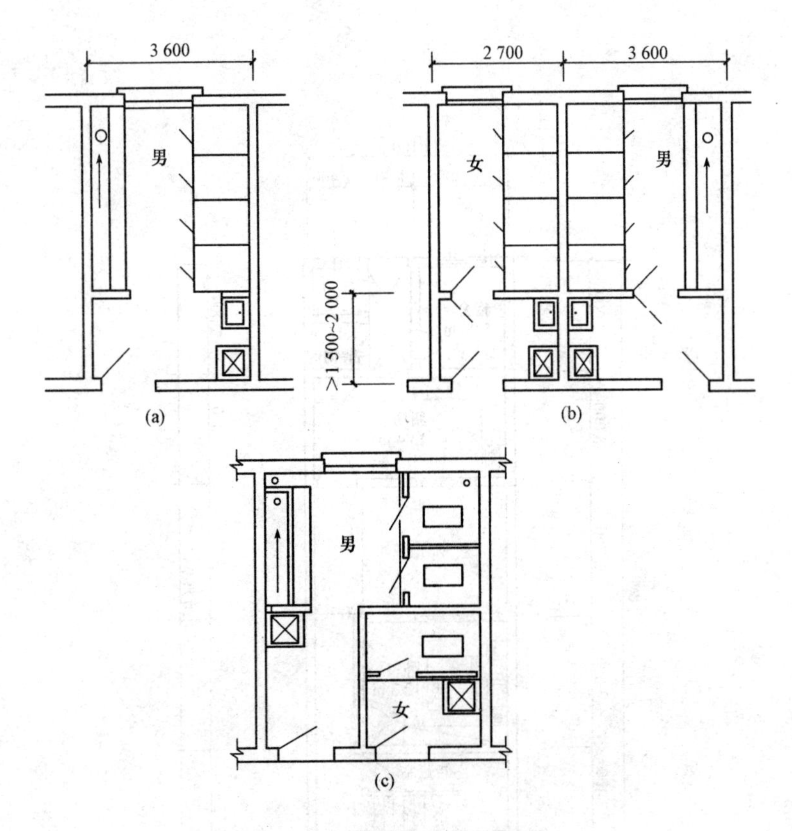

图 4-16　男女厕所布置形式示意图

1. 面宽与进深

在小城镇低层住宅的户型平面设计时，需科学地处理小城镇住宅面宽与进深的关系。小面宽、大进深具有明显的节地性。

(1)一开间的低层住宅。一开间的低层住宅是只有一个开间，为了满足建筑面积的要求，通过加大住宅进深的方法，但也会导致很多功能空间的采光、通风受到影响，通常也会采用一个或多个天井或内庭来解决问题，如图 4-17、图 4-18 所示。

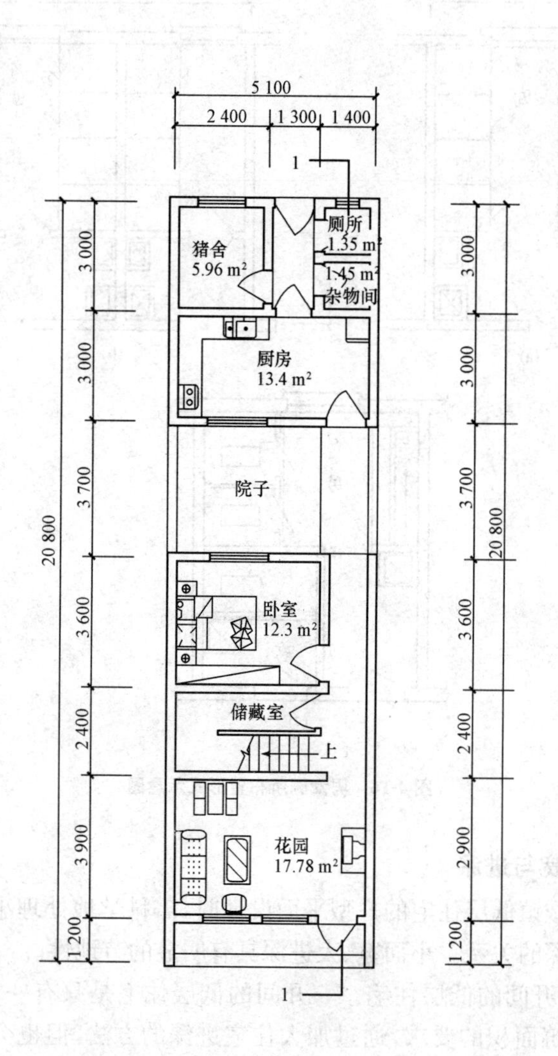

图 4-17　一开间的低层住宅一层平面图

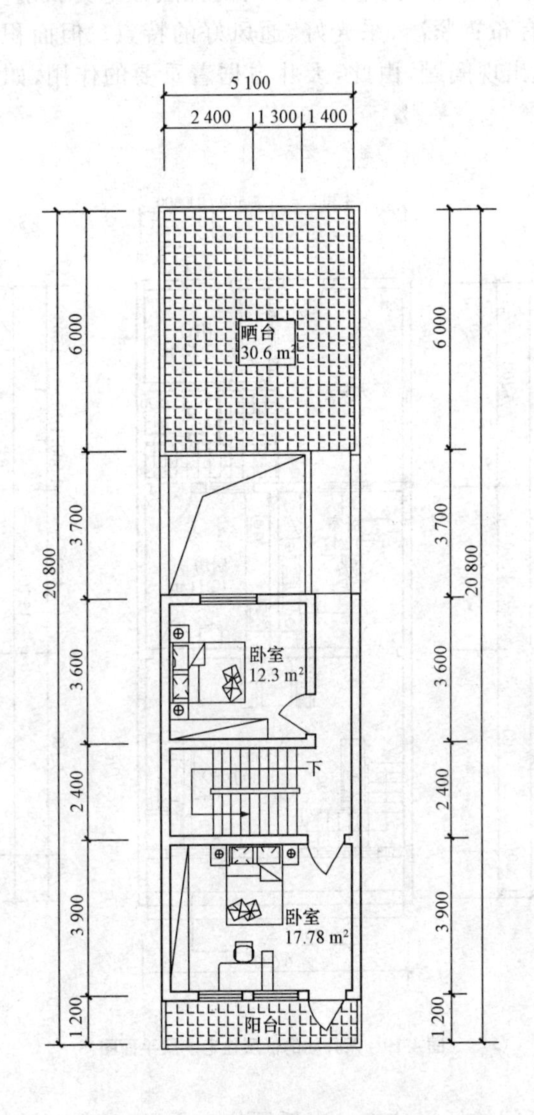

图 4-18　一开间的低层住宅二层平面图

(2)两开间的低层住宅。两开间的低层住宅为目前广泛采用的形式,其具有布置紧凑、采光好、通风好的特点。但面积较大时,采光和通风也出现问题,由此,天井占据着重要的作用,如图 4-19、图 4-20 所示。

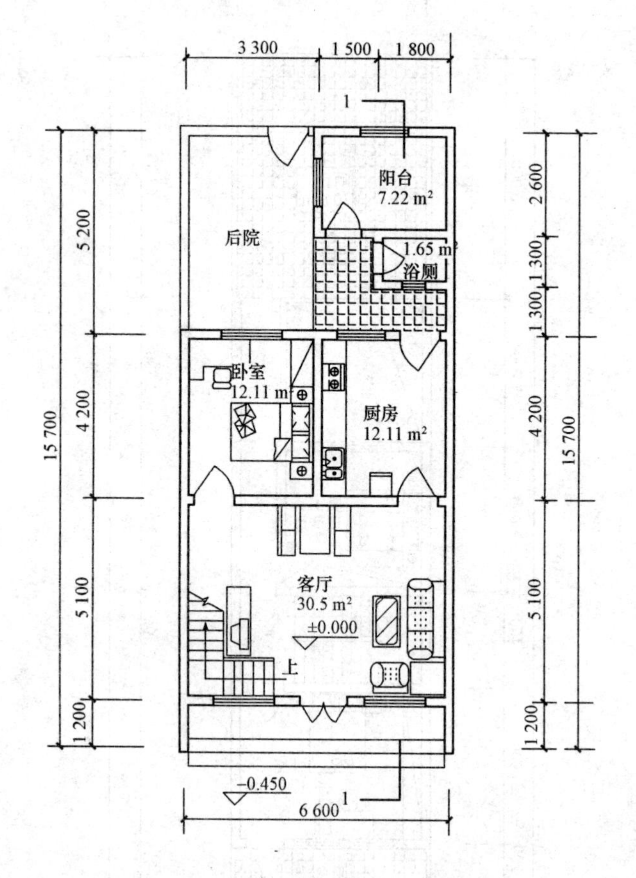

图 4-19　两开间的低层住宅一层平面图

(3)三开间的低层住宅。当低层住宅采用三开间的时候,其进深一般不需要太大,只需要布置两个功能空间,便能满足需要,平面布置紧凑,具有通风好、采光好的特点,如图 4-21、图 4-22 所示。

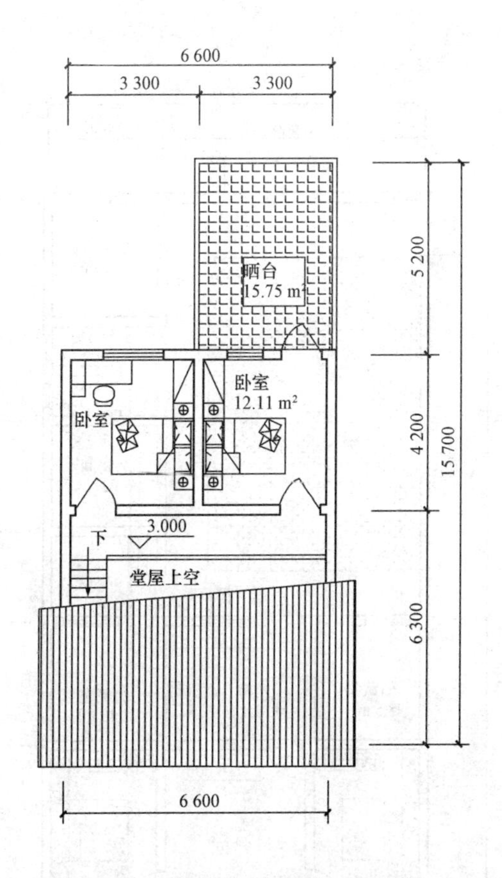

图 4-20　两开间的低层住宅二层平面图

（4）多开间的低层住宅。多开间由于占地多、住宅面宽的特点，一般只在单层的平房住宅中使用。

2. 走道

走道又称过道、走廊，凡走道一侧或两侧空旷者成为走廊。走道是用来联系同层内各大小房间用的，有时候也兼具其他的从属功能。走道的长度、宽度应根据建筑性质、耐火等级和防火规范来确定。走道的采光和通风主要是依靠天然采光和自然通风。

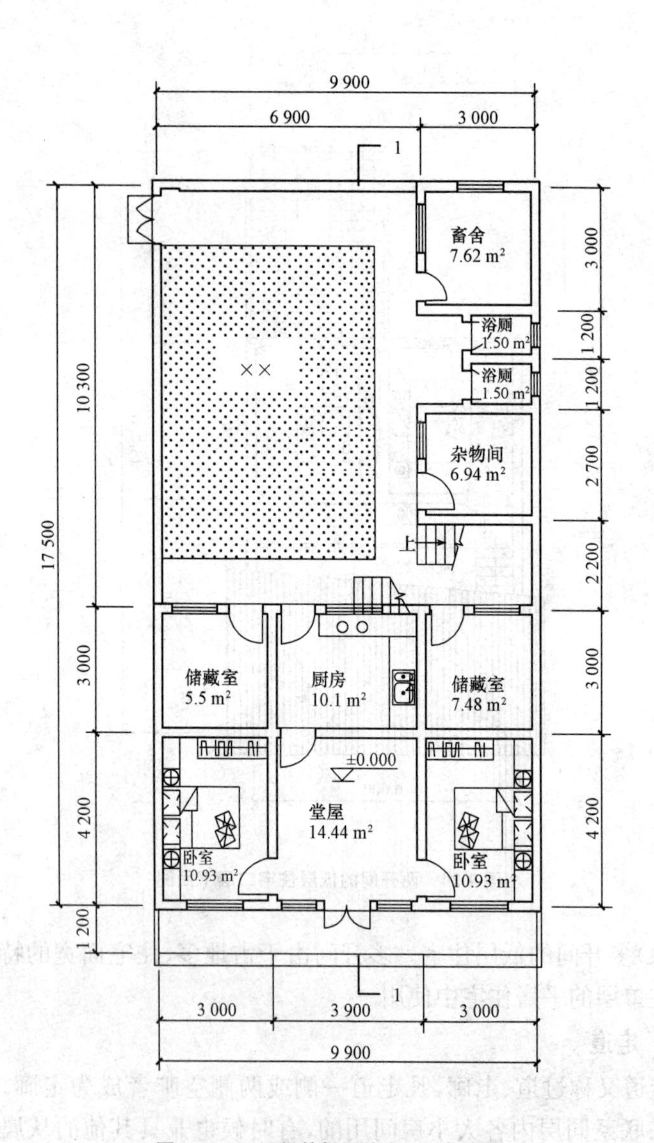

图 4-21 三开间的低层住宅一层平面图

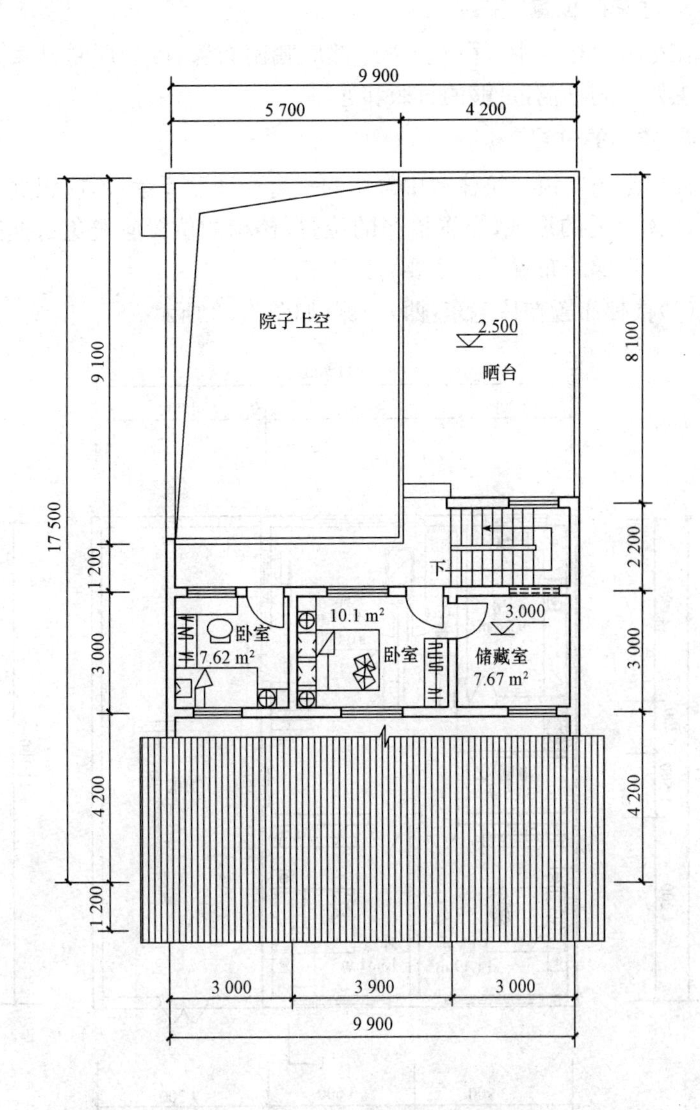

图 4-22　三开间的低层住宅二层平面图

3. 厅堂的位置

在小城镇住宅中，厅（堂）最好都应朝南布置，因为厅堂是家人活动的主要空间，应有足够的日照和通风。

4. 楼梯的位置

楼梯是小城镇建筑住宅中常用的垂直交通联系手段，应根据使用要求选择合适的形式，布置恰当的位置，楼梯的位置应避免占据南向的位置。楼梯的布置形式主要有以下三种。

(1)楼梯布置在住宅东（西）一侧，如图 4-23 所示。

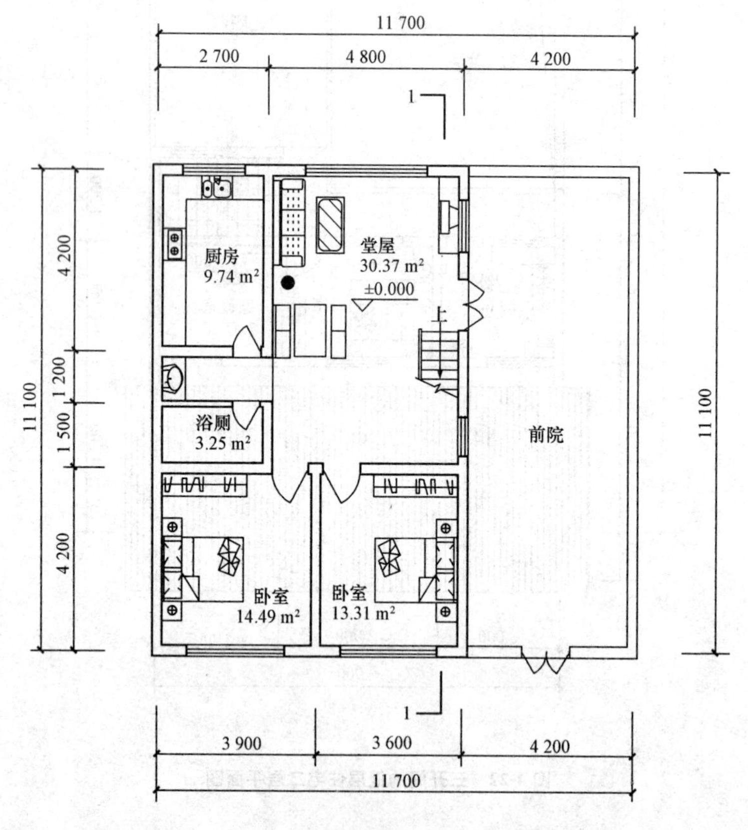

图 4-23　楼梯布置在住宅东(西)一侧

(2)楼梯布置在住宅后部(北),如图 4-24 所示。

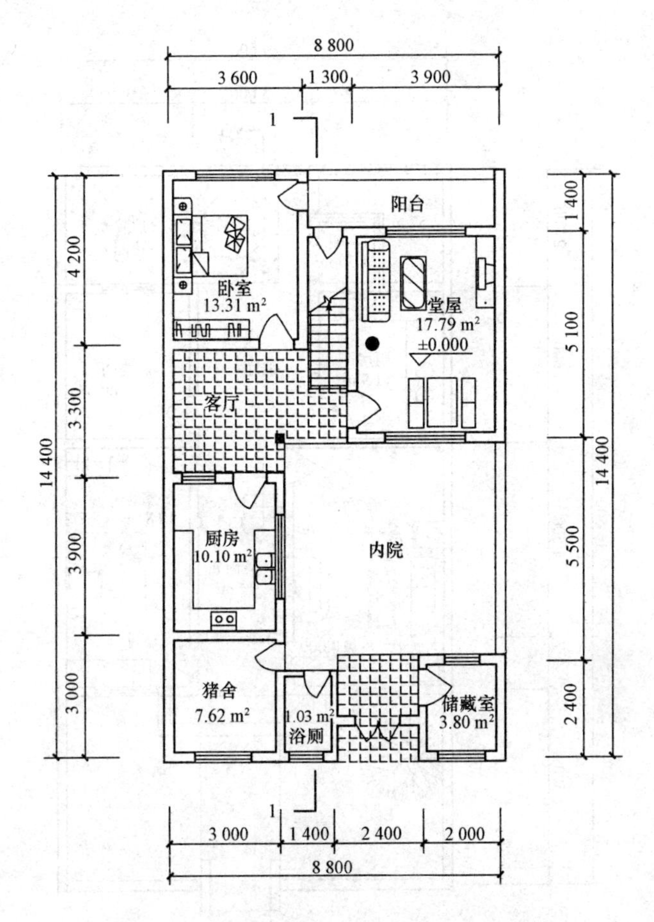

图 4-19 楼梯布置在住宅后部(北面)底层平面图

(3)楼梯布置在住宅中部,如图 4-25 所示。

5. 厨房与餐厅

在小城镇住宅中,厨房与餐厅应紧邻,厨房一般布置在住宅的北面,餐厅应紧邻厨房一起布置在北面,或面向天井内庭,也可与厅堂(堂屋)合并在一起。

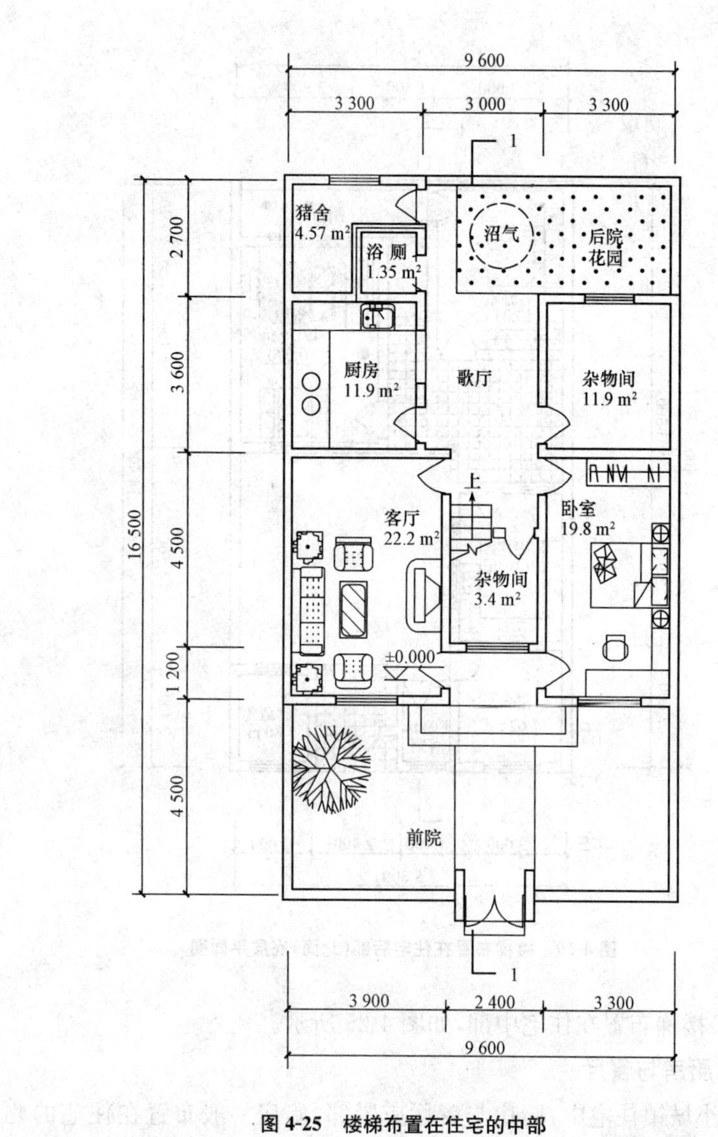

图 4-25　楼梯布置在住宅的中部

第二节 小城镇住宅立面设计

建筑立面设计是整个建筑设计的重要组成部分,其着重研究建筑物体形组合、立面及细部处理等。在满足使用功能和经济合理的前提下,运用不同的材料、结构形式、装饰细部、构图手法等创造出预想的意境。

小城镇住宅立面设计的目的是使得建筑物能与大自然及历史文化环境密切地配合,创造出自然、和谐与宁静的小城镇住区景观,其是小城镇生活范围内有关历史、文化、心理与社会等方面的具体表现。

一、小城镇住宅立面设计原则

1. 约束性美观原则

小城镇住宅的立面设计和风格取向,不能孤立地进行,应能与当地自然天际轮廓线及周围环境的景色相结合,有一定的约束性。

2. 整体性原则

小城镇住宅的立面设计应充分考虑住宅组群及住宅区的整体效果。

3. 个性化原则

随着人们生活质量的提高,越来越追求住所的个性化,住宅立面设计要避免千篇一律的刻板和单调。

二、小城镇住宅立面造型组成元素

小城镇住宅外观造型基本上是可以分析与设计的,虽然建筑造型具有很多的主观因素,但这些主观因素大多是受许多组成因素影响的,诸如建筑体形、建筑立面以及屋顶等。

1. 建筑体形

建筑体形主要包括建筑功能、外形、比例等。

2. 建筑立面

建筑立面包括立面的高度、宽度、比例关系,建筑外形特征的水平和垂直划分,轴线,开口部位,凸出物,细部设计,材料及材料质感等。

(3)屋顶。包括屋顶的形式、坡度、屋顶的开口(如天窗、阁楼等)、屋面材料、色彩及细部设计。在我国传统的民居中,主要以坡屋顶为主,坡屋顶排水及隔热效果较好,且能与自然景观密切配合。坡屋顶的组合在我国民居中变化极多,如悬山、硬山、歇山、单坡、双坡、四坡、披檐、重檐,顺接、插接、围合及穿插等,几乎没有任何一种平面、任何一种体形组合的高低错落可以"难倒"坡屋顶。因此,小城镇住宅的屋顶造型应尽可能以坡屋顶为主。

三、小城镇建筑立面设计处理方法

建筑立面是建筑各个墙面的外观形象。立面设计要结合建筑体形、内部空间、使用功能和技术经济条件综合考虑。墙面、外露构件、门窗、阳台、檐口、勒脚、台阶及装饰线等是建筑立面的主要组成部分。立面设计的任务就是合理地确定这些部件的形状、色彩、尺度、排列方式、比例和质感。通过形的变换、面的虚实对比、线的方向变化,获得外形的统一与变化,使得内部空间与外形协调统一。

建筑立面设计的处理方法主要有以下几种。

1. 比例与尺度

立面比例与尺度的处理与建筑功能、材料性能和结构类型是分不开的。由于使用性质、容纳人数、空间大小、层高等不同,故而形成了全然不同的比例和尺度关系。通常,抽象的几何形状以及若干几何形状之间的组合,处理得当就可获得良好的比例,从而易于为人们所接受。

在建筑物的外观上,矩形最为常见,建筑物的轮廓、门窗和开间等都形成不同的矩形,如果这些矩形的对角线有某种平行、垂直、重合的关系,将有助于形成和谐的比例关系。以对角线相互重合、垂直及平行的方法,使窗与窗、窗与墙之间保持相同的比例关系。

2. 虚实与凹凸

建筑立面中虚的部分是指窗、空廊、凹廊等,给人以轻巧、通透的感觉;实的部分主要是指墙、柱、屋面、栏板等,给人以厚重、封闭的感觉。巧妙地处理建筑外观的虚实关系,可以获得轻巧生动、坚实有力的外观形象。以虚为主、虚多实少的处理手法能获得轻巧、开朗的效果。以实为主、实多虚少的处理手法能产生稳定、庄严、雄伟的效果。虚实相当的处理容易给人以单调、呆板的感觉。在功能允许的条件下，可以适当将虚的部分和实的部分集中，使建筑物产生一定的变化。

由于功能和构造上的需要，建筑外立面上常有一些凹凸部分。凸的部分一般有阳台、雨篷、遮阳板、挑檐、凸柱、突出的楼梯间等；凹的部分有凹廊、门洞等。通过凹凸关系的处理可以加强光影变化，从而增强建筑物的体积感，丰富立面效果。

3. 线条处理

任何线条本身都具有一种特殊的表现力和多种造型的功能。从方向变化来看，垂直线条具有挺拔、高耸、向上的气氛；水平线条使人感到舒展与连续、宁静与亲切；斜线具有动态的感觉；网格线有丰富的图案效果，给人以生动、活泼而有秩序的感觉。从粗细、曲直变化来看，粗线条表现厚重、有力，细线条具有精致、柔和的效果；直线表现刚强、坚定；曲线则显得优雅、轻盈。

4. 色彩

建筑外形色彩设计包括大面积墙面基调色的选用和墙面上不同色彩的构图，设计中应注意色彩处理必须和谐统一且富有变化，在用色上可以大面积以基调色为主，局部运用其他色彩形成对比而突出重点。色彩的运用必须与建筑物性质相一致，与环境相呼应。基调色的选择应结合各地的气候特征：寒冷地区宜采用暖色调；炎热地区多偏于采用冷色调。

不同的色彩具有不同的表现力，给人以不同的感受。以浅色为基调的建筑给人以明快清新的感觉，深色显得稳重；橙、黄等暖色调令人感到热烈、兴奋；青、蓝、紫、绿等色使人感到宁静。在建筑立面设计中应力求和谐统一。

5. 质感

建筑立面由于材料的质感不同，也会给人以不同的感觉；如天然石材和砖的质地粗糙，具有厚重及坚固感；金属及光滑的表面感觉轻巧、细腻。建筑立面设计中常常利用质感的处理来增强建筑物的表现力。

四、小城镇住宅门窗立面布置

立面开窗应做到整齐、统一，上下左右对齐，且品种也不宜过多。当同一个立面上的窗户有高低区别时，一般应将窗洞上檐口取齐，以使得里面比较整齐，门窗的分格与开启方法也要十分注意，因为其不仅影响到住宅的通风和保暖，而且还影响着造型的组织与处理。

五、小城镇住宅立面造型设计风格

没有格调、没有品位，就没有质量，建筑的风格是非常重要的，其形成也是循序渐进、不断发展的。随着时代发展，人们对建筑造型设计形式与风格的取向也在逐渐变化。因此，在小城镇住宅立面造型设计中，应该努力吸取当地传统民居的文化、精神，加以提炼、改造并与现代条件相结合，充分利用建筑物的特点，对住宅建筑进行精心设计，丰富小城镇住宅的立面造型。

第三节　小城镇住宅剖面设计

一、建筑剖面设计的内容

建筑剖面设计与平面设计是从两个不同的方面来反映建筑物内部空间的关系。平面设计着重解决内部空间水平方向上的问题，而剖面设计则主要研究竖向空间的处理，两个方面都同时涉及建筑的使用功能、技术经济条件、周围环境等问题。

建筑剖面设计要根据房间的功能要求确定房间的剖面形状，同时，必须考虑剖面形状与在垂直方向房屋各部分的组合关系，具体的物质技术、经济条件和空间艺术效果等方面的影响，主要包括以下内容。

(1)确定房间的剖面形状。

(2)确定建筑的层数。

(3)确定建筑物各部分的高度。

(4)分析建筑空间的组合和利用。

(5)在建筑剖面中研究有关的结构、构造关系。

二、房间的剖面形状

房间的剖面形状分为矩形和非矩形两类,大多数民用建筑均采用矩形。这是因为矩形剖面简单、规整、便于竖向空间的组合,容易获得简洁而完整的体形,同时结构简单,施工方便。非矩形剖面常用于有特殊要求的房间。

房间的剖面形状主要是根据使用要求和特点来确定,同时也要结合具体的物质技术条件及特定的艺术构思来考虑,使之既满足使用要求,又能达到一定的艺术效果。在民用建筑中,绝大多数的建筑是属于一般功能要求的,小城镇住宅房间的剖面形状多采用矩形。

三、住宅层数划分

住宅层数与城镇规划、当地经济发展状况、施工技术条件等密切相关。《民用建筑设计通则》(GB 50352—2005)规定:"住宅层数划分为低层(一～三层)、多层(四～六层)、中高层(七～十一层)和高层(十二层以上)。"

在住宅设计和建造中,适当增加住宅层数,可提高建筑容积率,减少建筑用地。但随层数增加,由于住宅垂直,交通设施、结构类型、建筑材料、抗震、防火疏散等方面出现了更高的要求,如七层以上住宅需设置电梯,导致建筑造价和日常运行维护费用增加,层数太多还会给居住者带来心理方面的影响。

根据我国小城镇建设和经济的发展状况,小城镇的住宅应以多层住宅为主,在小城镇周边的农村即应以二、三层低层住宅为主。有条件的中心区可提倡建设中高层住宅。

在建筑面积一定的情况下,住宅层数越多,单位面积上房屋基地所占面积就越少,即建筑密度越小,因而用地越经济。就住宅本身而言,低层住宅一般比多层住宅造价低,而高层的造价更高,但低层住宅占地大,如一层住宅与五层相比大三倍。对于多层住宅,提高层数能降低造价。

四、住宅净高和层高

1. 室内净高

室内净高是指从楼、地面面层(完成面)至吊顶或楼盖、屋盖底面之间的有效使用空间的垂直距离。房间净高主要根据各种影响因素确定,且应符合专用建筑设计规范的规定。在《住宅设计规范》(GB 50096—2011)中规定,室内净高不得低于 2.40 m,而在《健康住宅建设技术要点》*(2004 年版)中提出居室净高不应低于 2.50 m。

2. 房间层高

房间层高是指建筑物各层之间的楼地面面层(完成面)计算的垂直距离,如图 4-26 所示,根据净高及结构形式等诸多因素综合确定,并符合专用建筑设计规范的要求。

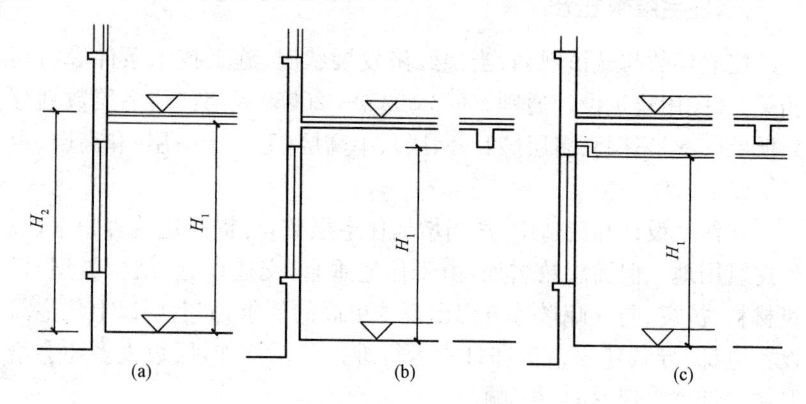

图 4-26 住宅净高与层高

(a)低层住宅;(b)坡屋顶;(c)附属用房

H_1—净高;H_2—层高

根据小城镇住宅的实际情况,由于建筑面积一般较大,因此小城镇住宅的层高应控制在 2.8~3 m。北方地区有利于防寒保温,层高大多选用 2.8 m。南方炎热地区则常用 3.0 m 左右。坡屋顶的顶层

* 《健康住宅建设技术要点》由国家住宅与居住环境工程中心组织修订,中国建筑工业出版社出版。

由于有一个屋顶结构空间的关系，层高可适当降至 2.6～2.8 m。附属用房（如浴厕、杂屋、畜舍和库房）层高可适当降至 2.0～2.8 m。低层住宅由于生活习惯问题可适当提高，但不宜超过 3.3 m。

五、住宅窗户高低位置

小城镇住宅在剖面的设计中，窗户开设的位置同室内采光通风和向外眺望等功能要求相关。根据采光的要求，居室窗户的大小可按下面的经验估算公式：

窗户透光面积/房间面积＝1/8～1/10

当窗户在平面设计中位置确定后，可按其面积得出窗户的高度和宽度，并确定在剖面中的高低位置。居室窗台的高度，一般高于室内地面 850～1 000 cm，窗台太高，会造成近窗处的照度不足，不便于布置书桌，同时会阻挡向外的视线。有些私密性要求较高的房间（如卫生间），为了避免室外行人窥视和其他干扰，常常把窗台提高到室外视线以上。

六、住宅室内外高差

为了保持室内外干燥和防止室外地面水侵入，小城镇住宅的室内外高差一般可用 20～45 cm，即室内地面比室外高出 1～3 个踏步，也可根据地形条件，在设计中确定。但应该注意室内外高差太高，将造成填土方量加大，增加工程量，从而提高建筑造价。

七、住宅空间组合和利用

目前的经济条件下，对于小城镇住宅，空间组合与利用显得尤为重要，通过空间组合与利用，可获得较大的储藏空间、改善居住环境。

1. 住宅的空间组合

住宅平面空间组合主要反映功能关系，而剖面的空间组合主要反映结构关系、空间艺术构思，一定程度上也反映出平面关系，对不同空间类型的建筑应采取不同的组合方式。

（1）高度相同或相近的房间组合。在进行建筑的空间组合时，应把剖面高度相同、使用功能相近的房间组合在一起。高度比较接近、使用功能相近、关系密切的房间，从结构、施工及经济的角度考虑，应尽量调整房间的层高，统一高度，使之有条件地组合在一起。有的建筑由于功能区分的要求，功能不同的房间在平面组合时就区分布置，而且房间剖面高度要求又不相同，可以通过在走廊设置踏步的办法解决两个功能区的高差问题。

(2)高度相差较大房间的组合。当建筑为单层时，可以采用不同高度的屋顶来解决空间组合的问题。当基地条件允许时，可以把剖面高度和平面尺度较大的房间布置在主体建筑的周边，形成裙房。

(3)门厅的空间组合问题。在许多建筑中，门厅是空间尺度较大的房间，而且需要设在建筑首层。为了使门厅的空间比例合适，就需要加大门厅的层高。如果建筑首层其他房间面积较小的话，就会使这些房间空间比例失调。为了解决这个问题，可以采取降低门厅地坪标高，使门厅净高增加的办法；也可以把门厅的高度扩展至二层，不过需要解决好二层的交通问题；也可把门厅贴建在主体建筑之外。

2. 建筑空间的利用

充分利用建筑物内部的空间，实际上是在建筑占地面积和平面布置基本不变的情况下，起到了扩大使用面积、节约投资的效果。同时，如果处理得当可以改善室内空间比例，丰富室内空间。建筑空间的利用要遵循因地制宜、灵活多变、积少成多、不破坏整体空间效果的原则。

(1)夹层空间的利用。某些建筑由于功能要求其主体空间与辅助空间在面积和层高要求方面相差较大，常采用在厅周围布置夹层空间的方式，来达到充分利用室内空间及丰富室内空间效果的目的，在小城镇住宅中很少采用，如图 4-27 所示。

(2)房间内的空间利用。在人们室内活动和家具设备布置等必需的空间范围以外，可以充分利用房间内其余部分的空间，如住宅建筑卧室中的搁板、吊柜，厨房中的储藏柜等，如图 4-27 所示。

(3)结构空间的利用。在建筑物中，墙体厚度增加所占用的室内空间也相应增加。通常，多利用墙体空间设置壁龛、窗台柜，如图 4-29 所示，利用角柱布置书架及工作台。在设计中还应将结构空间与使用功能要求的空间在大小、形状、高低上尽量统一，以达到最大限度地利

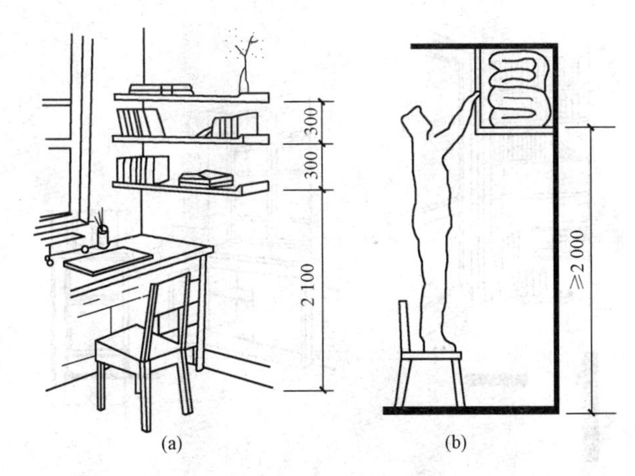

图 4-27 夹层空间的利用

(a)室内设置挑搁板;(b)室内上方设置储物柜

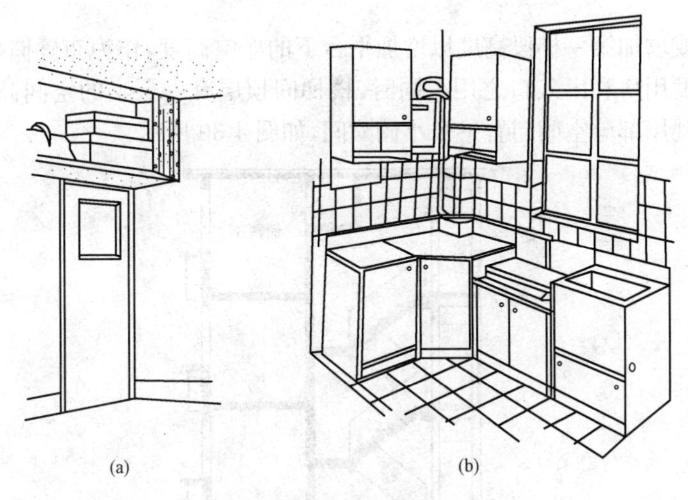

图 4-28 房间内的空间利用

(a)居室设吊柜;(b)厨房设吊柜

用空间。

(4)楼梯间及走道间的利用。一般民用建筑楼梯间底层休息平台下至少有半层高。为了充分利用这部分空间,可采取降低平台下地面

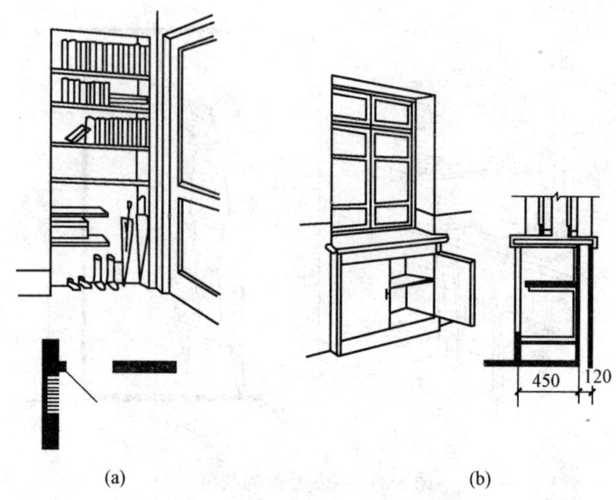

图 4-29　结构空间和利用

(a)壁龛;(b)窗台柜

标高或增加第一梯段高度以增加平台下的净空高度,作为布置储藏室及辅助用房和出入口之用。同时,楼梯间顶层有一层半的空间高度,可以利用部分空间布置一个小储藏间,如图 4-30 所示。

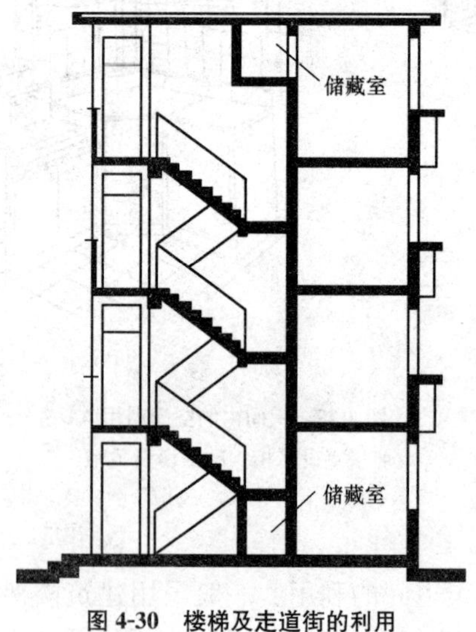

图 4-30　楼梯及走道街的利用

3. 坡屋顶的空间利用

对于坡屋顶住宅，可将坡屋顶下的空间处理成阁楼的形式，以作为居住和收藏之用，作为卧室使用时，在高度上应保证阁楼一半面积的净高在 2.1 m 以上，最低处的净高不宜小于 1.5 m，并应尽可能使得阁楼有直接的通风和采光。而作为交通联系的楼梯则可以相对陡一些，以减少交通面积，楼梯的坡度小于 60°，对于面积较小的阁楼，还可采用爬梯的形式，如图 4-31 所示。

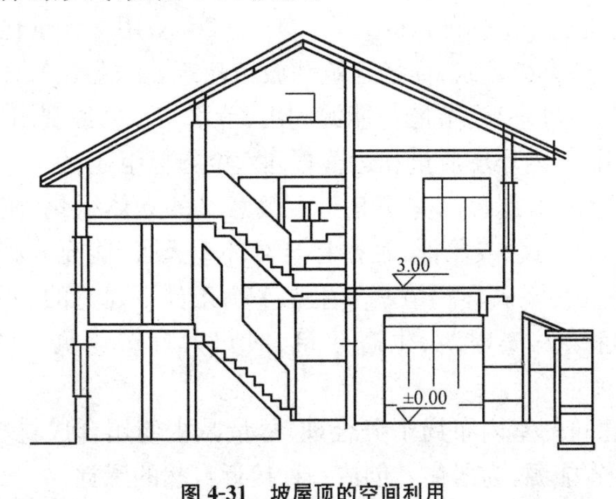

图 4-31　坡屋顶的空间利用

第四节　小城镇生态居住区建筑设计

21 世纪人类共同的主题是可持续发展，对于建筑来说，必须由传统的高消耗型发展模式转向高效生态发展模式。1999 年第 20 届世界建筑师大会通过的《北京宪章》提出了“建立人居环境体系，将新建筑与城镇住区的构思、设计纳入一个动态的、生生不息的循环体系之中，以不断提高环境质量”的设计准则。

一、小城镇生态住宅基本概念

在小城镇生态居住区建设过程中，采用高效生态型的住宅建筑类型是小城镇实现可持续发展的重要内容之一。对于高效生态型住宅建筑,有很多称谓产生,诸如绿色建筑、生态建筑、低碳建筑等。

1. 绿色建筑

我国住房和城乡建设部(原建设部)于2006年3月发布了《绿色建筑评价标准》(GB/T 50378—2006),该标准将绿色建筑定义为绿色建筑是指在建筑的全寿命周期内,最大限度地节约资源(节能、节地、节水、节材)、保护环境和减少污染,为人们提供健康、适用和高效的使用空间,与自然和谐共生的建筑。

《绿色建筑评价标准》(GB/T 50378—2006)用于评价住宅建筑和公共建筑中的办公建筑、商场建筑和旅馆建筑。绿色建筑评价指标体系由节地与室外环境、节能与能源利用、节水与水资源利用、节材与材料资源利用、室内环境质量和运营管理六类指标组成。

绿色建筑的“绿色”,并不是指一般意义的立体绿化、屋顶、花园,而是代表一种概念或象征,是指建筑对环境无害,能充分利用环境自然资源,并且在不破坏环境基本生态平衡条件下建造的一种建筑,又可称为可持续发展建筑、生态建筑、回归大自然建筑、节能环保建筑等。

绿色建筑的室内布局十分合理,尽量减少使用合成材料,充分利用阳光,节省能源,为居住者创造一种接近自然的感觉。

以人、建筑和自然环境的协调发展为目标,在利用天然条件和人工手段创造良好、健康的居住环境的同时,尽可能地控制和减少对自然环境的使用和破坏,充分体现了向大自然的索取和回报之间的平衡。

2. 生态建筑

生态建筑,是根据当地的自然生态环境,运用生态学、建筑技术科学的基本原理和现代科学技术手段等,合理安排并组织建筑与其他相关因素之间的关系,使建筑和环境之间成为一个有机的结合体,同时具有良好的室内气候条件和较强的生物气候调节能力,以满足人们居住生活的环境舒适,使人、建筑与自然生态环境之间形成一个良性循环系统。

生态建筑所包含的生态观、有机结合观、地域与本土观、回归自然观等，都是可持续发展建筑的理论建构部分，也是环境价值观的重要组成部分，因此，生态建筑其实也是绿色建筑，生态技术手段也属于绿色技术的范畴。

3. 低碳建筑

低碳建筑是指在建筑材料与设备制造、施工建造和建筑物使用的整个生命周期内，减少化石能源的使用，提高能效，降低 CO_2 排放量。目前低碳建筑已逐渐成为国际建筑界的主流趋势，在这种趋势下低碳建筑势必将成为我国建筑的主流之一，而我国也正在朝着这个方向前进。低碳建筑主要分为两方面，一方面是低碳材料；另一方面是低碳建筑技术。

二、小城镇住宅形式的选择

生态住宅设计是小城镇建设中十分重要的课题之一。小城镇住宅量多面广且接近自然，在生态化建设中有着得天独厚的优势，小城镇住宅生态化对改善全球生态环境具有不可估量的价值和意义。

生态住宅建设要合理确定居民数量、住宅布局范围和用地规模，尽可能使用原有宅基地，正确处理好新建和拆旧的关系，确保小城镇社会稳定。

(1)平面形状的选择。根据住宅中各种平面形状节能效果的量化研究，采用紧凑整齐的建筑外形每年可节约 8～15 kW·h/m 的能耗。当建筑体积(V)相同时，平面设计应注意使维护结构表面积(A)与建筑体积(V)之比尽可能小，以减少建筑物表面的散热量。

建筑平面形状与能耗关系见表 4-1。由此可以看出，小城镇生态住宅平面形状宜选择规整的矩形。

表 4-1　建筑平面形状与能耗关系

平面形状	正方形	矩形	细长方形	L形	回字形	U形
A/V	0.16	0.17	0.18	0.195	0.21	0.25
热损耗/%	100	106	114	124	136	163

1)住宅类型的选择。小城镇生态住宅建设应本着节约用地的原

则，积极引导农民建设富有特色的联排式住宅和双拼式住宅，有条件的地方可建设多层公寓式住宅，尽量不采用独立式的住宅，控制宅基地面积，从而提高用地的容积率、节约有限的土地资源。

2)朝向的选择。影响住宅朝向的因素很多，如地理纬度、地段环境、局部气候特征及建筑用地条件等。因此，“良好朝向”或“最佳朝向”的概念是一个具有区域条件限制的提法，是在考虑地理和气候条件下对朝向的研究结论，在实际应用中则需根据区域环境的具体条件加以修正。

影响朝向的两个主要因素是日照和通风，“最佳朝向”及“最佳朝向范围”的概念是对这两个主要影响因素观察、实测后整理出的成果。

①朝向与日照。无论是温带还是寒带，必要的日照条件是住宅里所不可缺少的，但是对不同地理环境和气候条件下的住宅，在日照时数和阳光照入室内深度上是不尽相同的。由于冬季和夏季太阳方位角的变化幅度较大，各个朝向墙面所获得的日照时间相差很大。因此，应对不同朝向墙面在不同季节的日照时数进行统计，求出日照时数日平均值，作为综合分析朝向时的依据。另外，还需对最冷月和最热月的日出、日落时间做出记录。在炎热地区，住宅的多数居室应避开最不利的日照方位。住宅室内的日照情况同墙面上的日照情况大体相似。对不同朝向和不同季节(例如冬至日和夏至日)的室内日照面积及日照时数进行统计和比较，选择最冷月有较长日照时间、较多日照面积，最热月有较少日照时间、最少日照面积的朝向。

②朝向与风向。主导风向直接影响冬季住宅室内的热损耗及夏季居室内的自然通风。因此，从冬季保暖和夏季降温的角度考虑，在选择住宅朝向时，当地的主导风向因素不容忽视。另外，从住宅群的气流流场可知，住宅长轴垂直主导风向时，由于各幢住宅之间产生涡流，会影响自然通风效果。因此，应避免住宅长轴垂直于夏季主导风向(即风向入射角为0)，以减少前排房屋对后排房屋通风的不利影响。

我国部分地区建议建筑朝向见表4-2。

表 4-2 我国部分地区建议建筑朝向表

地区	最佳朝向	适宜朝向	不宜朝向
北京地区	南偏东 30°以内 南偏西 30°以内	南偏东 45°范围以内 南偏西 45°范围以内	北偏西 30°～60°
上海地区	南至南偏东 15°	南偏东 30° 南偏西 15°	北，西北
哈尔滨地区	南偏东 15°～20°	南至南偏东 20° 南至南偏西 15°	西北，北
南京地区	南偏东 15°	南偏东 25° 南偏西 10°	西，北
杭州地区	南偏东 10°～15°	南、南偏东 30°	北，西
武汉地区	南偏西 15°	南偏东 15°	西，西北
广州地区	南偏东 15° 南偏西 5°	南偏东 22° 南偏西 5°至西	—
西安地区	南偏东 10°	南，南偏西	西，西北

③层高与面积的选择。要正确对待住宅层高的概念：层高过低，会减少室内的采光面积，阻挡室内通风，造成室内空气浑浊和空间的压抑感；层高过高，会浪费建造成本和日常使用的能源；一般以 2.8 m 为宜，不宜超过 3 m。底层层高可酌情提高，但不应超过 3.6 m。

④住宅面积和层数的选择，应与当地的经济发展水平和能源基础条件相适应。超越当地的经济社会条件，过分追求大面积的住宅，邻里之间互相攀比，均不应提倡，应提倡节约型住宅，合理地使用面积，是当前最有效的节能措施。可以节约建材和建造、使用、维护过程中的大量能源。

建筑面积和层数控制可以分为经济型和小康型两类。经济型：建筑面积 100～180 m^2，以 1～2 层为宜；小康型：建筑面积 120～250 m^2，以 2～3 层为宜。

⑤地域建筑风貌。通过规划设计创新活动，把本土建筑与传统民居的建筑元素和文化元素相融合，丰富建筑户型。

⑥建筑材料与技术的选用。根据当地的环境气候特点，积极采用

新型环保、节能材料；在经济效能和实用性上应努力降低建造费用。

(2)结构形式。住宅结构是指住宅的承重骨架(如房屋的梁柱、承重墙等)。住宅的建筑样式多种多样，相应的结构形式也大不同。小城镇生态住宅常用的结构形式主要以砖混结构、钢筋混凝土结构和轻钢结构三种形式为主。

1)砖混结构住宅。砖混结构是指建筑物中竖向承重结构的墙、柱等采用砖或者砌块砌筑，横向承重的梁、楼板、屋面板等采用钢筋混凝土结构，即砖混结构是以小部分钢筋混凝土及大部分砖墙承重的结构。砖混结构是最具有中国特色的结构形式，量大面广，其优点是就地取材、造价低廉；缺点是破坏环境资源，抗震性能差。

2)钢筋混凝土结构住宅。钢筋混凝土结构是指用配有钢筋增强的混凝土制成的结构。承重的主要构件是用钢筋混凝土建造的。钢筋承受拉力，混凝土承受压力，具有坚固、耐久、防火性能好、比钢结构节省钢材和成本低等优点。

钢筋混凝土结构在我国小城镇住宅中所占比例很小，其具有平面布局灵活、抗震性能好、经久耐用等优点，其最大的缺点是造价高。

3)轻钢结构住宅。钢结构是一种高强度、高性能、可循环使用的绿色环保材料。轻钢结构住宅的优点是有利于生产的工业化、标准化，施工速度快，施工噪声和环境污染少。

三、绿色建材的选择

在小城镇生态居住区建设中，应尽量选择绿色建材。与传统建材相比，绿色建材具有净化环境的功能，而且具有低消耗、无污染(产品生产中不使用有毒化合物和添加剂，产品应具有抗菌、防霉、防臭、隔热、阻燃、防火、调温、调湿、消磁、防射线、抗静电等多功能)、可循环再生利用三个基本特征。

我国住房和城乡建设部(原建设部)于 2001 年发布的《绿色生态住宅小区建设要点与技术导则》中对绿色建筑材料的要求如下。

1. 绿色建筑材料要求

小区建设采用的建筑材料中，3R 材料的使用量宜占所用材料的

30%，建筑物拆除时，材料的总回收率达40%。小区建设中不得使用对人体健康有害的建筑材料或产品。绿色建筑材料选择要求如下。

(1)应选用生产能耗低、技术含量高、可节约化生产的建筑材料或产品。

(2)应选用可循环使用的建筑材料和产品。

(3)应根据实际情况尽量选用可再生的建筑材料和产品。

(4)应选用可重复使用的建筑材料和产品。

(5)应选用无毒、无害、无放射性、无挥发性有机物、对环境污染小、有益于人体健康的建筑材料和产品。

(6)应采用已取得国家环境标志认可委员会批准，并被授予环境标志的建筑材料和产品。

2. 部分绿色建筑材料参考指标

(1)天然石材产品放射性指标应符合下列要求。

1)室外：镭当量浓度≤1 000 Bq/kg；

2)室内：镭当量浓度≤200 Bq/kg。

(2)水性涂料应符合下列要求。

1)产品中挥发有机物(VOC)含量应小于250 g/L；

2)产品生产过程中不得人为添加含有重金属的化合物，且总含量应小于500 mg/L(以铅计)；

3)产品生产过程中不得人为添加甲醛及其甲醛的混合物，且含量应小于500 mg/L。

(3)低铅陶瓷制品铅溶出量极限值应符合下列要求。

1)扁平制品：0.3 mg/L；

2)小空心制品：2.0 rag/L；

3)大空心制品：1.0 rag/L；

4)杯和大杯：0.5 mg/L。

(4)产品中不得含有石棉纤维。

(5)粘合剂应符合下列要求。

1)覆膜胶的生产过程中不得添加苯系物、卤代烃等有机溶剂；

2)采用的建筑用粘合剂，产品生产过程中不得添加甲醛、卤代烃或苯系物，产品中不得添加汞、铅、镉、铬的化合物；

3)采用的磷石膏建材，产品生产过程中使用的石膏原料应全部为磷石膏，产品浸出液各氟离子的浓度应≤0.5 mg/L。

(6)人造木质板材中，甲醛释放量应小于0.20 mg/L；木地板中，甲醛释放量应小于0.12 mg/L；木地板所用涂料应是紫外光固化涂料。

3. 小城镇生态居住区绿色建材系统的构建

小城镇生态居住区的绿色建材系统可从外部建造和内部装修两方面构建。

(1)外部建造所用绿色建材。

1)地基建材。建筑物的建造必须先打地基，小城镇住宅地基用材主要是砖石、钢筋和水泥。为体现资源再循环利用原则，钢筋尽可能采用断头焊接后达标的制品或建筑物拆除挑出的回炉钢筋；水泥尽可能采用节能环保型的高贝利特水泥，该产品的烧成温度为1 200～1 250℃，比普通水泥低200～250℃，既节约能源又大大减少CO_2、SO_2等有害气体的排放量。

2)砌筑建材。传统的墙体砌筑用材是实心黏土砖，不仅烧制过程耗能，有害气体排放量大，还大量毁坏耕地。为了提高资源利用率、改善环境，减少黏土砖的生产和使用以及生产黏土砖造成的资源浪费和环境污染，国家环保总局于2005年发布了《环境标志产品技术要求 建筑砌块》(HJ/T 207—2005)，提倡企业以工业废弃物如稻草、甘蔗渣、粉煤灰、煤矸石、硫石膏等生产建筑砌块(包括轻集料混凝土小型空心砌块、蒸压加气混凝土砌块、粉煤灰砌块、石膏砌块、烧结空心砌块)，以达到节约资源的目的(表4-3)。

表4-3　混凝土空心砌块与实心黏土砖性能对比

材料名称	产品规格		物理性能			
	模量/mm	容重/(kg·m³)	隔声性能/dB	热导率/[W/(m·K)]	吸水率/%	抗压强度/MPa
实心黏土砖	53×115×240	2 200	<20	0.8	18～20	15～30
混凝土空心砌块	390×190×(190～140)	800～1 000	48～68	0.3	<15	3.5～20

尽管新型墙体材料比实心黏土砖造价贵，但新型墙材重量轻，可以降低基础造价，扩大使用面积，节约工时，节省材料，还能享受国家墙改基金返退等政策，综合成本要比使用实心黏土砖便宜，见表4-4。

表4-4 $100m^3$ 混凝土空心隔条板住宅经济成本对比

项目	所需人数/人	所需工期/天	施工费用节约	新型墙体材料房比实心黏土砖房节省材料					增加使用面积
实心黏土砖建房	10	30	新型墙材节约50%	土方	水泥	钢筋	砂石	煤	新型墙材增加15%
新型墙体材料建房	5	15		$140m^2$	6.25t	0.375t	$18.75m^3$	1.875t	

我国气候复杂多变，温差变化较大，北方地区空气干燥，冬寒、风大、少雨，对房屋主要的要求是保温效果，而南方地区空气湿度大、多雾、多雨、寒冷天气较少、湿热天气较多，建筑保温应是以阻隔热空气为主要目的。因此，南、北方在住宅形式、材料的选用以及保温措施上应有所差异，见表4-5。

表4-5 南北方主要墙体材料及保温措施比较

朝向	墙体形式	墙体材料	保温材料
北方	三合土筑墙，土坯墙和砖实墙	非黏土多孔砖、普通混凝土空心砌块、非黏土空心砖、加气混凝土空心砌块、轻质复合墙板等	有机类保温材料[发泡聚苯板(EPS)、挤塑聚苯板(XPS)、喷涂聚氨酯(SUP)等]或高效复合型保温材料
南方	砖砌空斗墙、木板围墙	普通混凝土空心砌块、加气混凝土砌块、轻骨料混凝土砌块、混凝土多孔砖等	无机材料(中空玻化微珠、膨胀珍珠岩、闭孔珍珠岩、岩棉等)或高效复合型保温材料

第五章　小城镇墙体设计

在墙承重结构中，墙体主要起到承重、维护、分隔的作用，其是小城镇房屋不可缺少的重要组成部分，它和楼板层与屋顶共同被称为建筑的主体工程。墙体的重量占房屋总重量的40%～65%，墙体的造价占工程总造价的30%～40%，其耗材、造价、自重和施工周期在建筑的各个组成构件中往往占据着重要的位置。

第一节　墙体类型与设计要求

一、墙体的作用与类型

1. 墙体的作用

(1)承重作用。墙体承受自重，屋顶、楼板(梁)传给它的荷载以及风荷载。

(2)围护作用。外墙遮挡风、雨、雪的侵袭，防止太阳辐射、噪声干扰及室内热量的散失等，起保温、隔热、隔声、防水等作用。

(3)分隔作用。内墙把房屋内部空间划分成若干个使用空间。

2. 墙体的类型

(1)按墙体位置分类。

1)墙体按所处的位置不同可分为外墙和内墙。外墙是指房屋四周与室外接触的墙，内墙是位于房屋内部的墙。

2)墙体按布置方向不同可分为纵墙和横墙。沿建筑物长轴方向布置的墙称为纵墙，沿建筑物短轴方向布置的墙称为横墙，外横墙又称山墙。高出屋面以上部分的外墙称为女儿墙。如图5-1所示。

3)按墙体与门窗的位置不同可分为窗间墙和窗下墙。窗与窗、窗与门之间的墙称为窗间墙,窗台下部的墙称为窗下墙。

(2)按受力情况分类。根据墙体的受力情况不同可分为承重墙和非承重墙。直接承受楼板(梁)、屋顶等上部传来荷载的墙称为承重墙,不承受上部传来荷载的墙称为非承重墙。

非承重墙包括自承重墙、填充墙、隔墙和幕墙。不承受外来荷载,仅承受自身重力并将其传至基础的墙称为自承重墙,仅起分隔空间作用,自身重力由楼板或梁来承受的墙称为隔墙。在框架结构中,填充在柱与柱之间的墙称为填充墙。悬挂在建筑物外部的轻质墙称为幕墙。

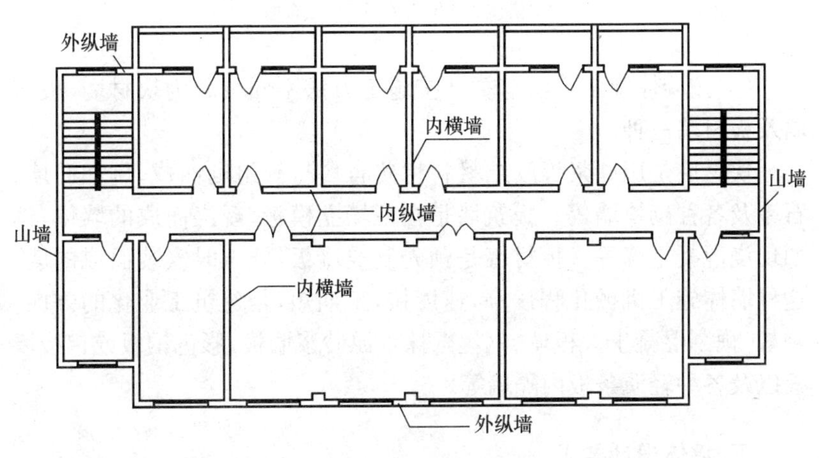

图 5-1　墙体

(3)按墙体材料分类。按墙体所用材料的不同可分为砖墙、石墙、土墙、混凝土墙以及利用各种材料制作的砌体墙、板材墙等,其中砖墙是我国传统的墙体材料,应用最为广泛。

(4)按墙体构造方式分类。按墙体构造方式不同可分为实体墙、空体墙、组合墙三种,如图 5-2 所示。实体墙是由一种材料所构成的墙体,例如普通砖墙、实心砌块墙等。空体墙也是由一种材料构成的墙体,但材料本身具有孔洞或由一种材料组成具有空腔的墙,如空斗墙。组合墙是由两种以及两种以上的材料组合而成的墙。

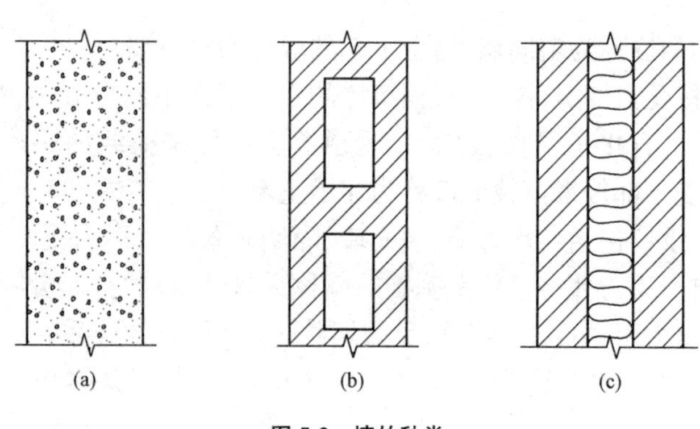

图 5-2 墙的种类

(a)实体墙;(b)空体墙;(c)组合墙

(5)按墙体施工方法分类。按施工方法不同可分为块材墙、板筑墙及板材墙三种。

块材墙是用砂浆等胶结材料将砖石块材等组砌而成,例如砖墙、石墙及各种砌块墙等。板筑墙是在现场立模板,现浇而成的墙体,例如现浇混凝土墙等。板材墙是预先制成墙板,施工时安装而成的墙,这种墙体施工机械化程度高,速度快,工期短,是建筑工业化的方向,例如,预制混凝土大板墙、钢丝网抹水泥砂浆墙板、彩色钢板或铝板墙板以及各种轻质条板内隔墙等。

二、墙体设计要求

(1)具有足够的强度和稳定性,确保结构安全。墙体的强度与所用材料、墙体尺寸以及构造和施工方式有关;墙体的稳定性则与墙的长度、高度、厚度相联系,一般是通过控制墙体的高厚比增设壁柱、利用圈梁、构造柱以及加强各部分之间的连接等措施以增强其稳定性。

(2)满足热工方面的要求,以保证房间内具有良好的气候条件和卫生条件。热工要求主要是指墙体的保温与隔热。对于墙体的保温通常是采取增加墙体的厚度、选择导热系数小的墙体材料以及防止空气渗透等措施加以解决;对于墙体的隔热,一般可采用浅色而平滑的墙体外饰面、窗口外设遮阳等措施以达到降低室内温度的目的。

(3)满足隔声方面的要求。为了防止室外及邻室的噪声影响，从而获得安静的工作和休息环境，墙体应具有一定的隔声能力。

(4)满足防火的要求。墙体采用的材料及厚度应符合《建筑设计防火规范》(GB 50016—2006)的有关规定。当建筑物的占地面积或长度较大时，应按规范要求设置防火墙，将建筑物分为若干段，以防止火灾蔓延，如耐火等级为一、二级的建筑，防火墙的间距不得超过 150 m，防火墙的耐火极限应不小于 4.0 h，高出屋面不得小于 400 mm。

(5)减轻自重。墙体所用的材料，在满足以上各项要求时，应力求采用轻质材料，这样不仅能够减轻墙体自重，还能节省运输费用，降低建筑造价。

(6)适应建筑工业化的要求。墙体要逐步改革以实心黏土砖为主的墙体材料，采用新型墙砖或预制装配式墙体材料和构造方案，为机械化施工创造条件，适应现代化建设、可持续发展及环境保护的需要。

此外，还应根据实际情况，考虑墙体的防潮、防水、放射线、防腐蚀以及经济等各方面的要求。

三、墙体结构布置方案

一般民用建筑可分为框架承重和墙体承重两种方式。墙体承重又可分为横墙承重、纵墙承重、纵横墙混合承重和部分框架承重四种方案，如图 5-3 所示。

(1)横墙承重方案。横墙承重方案是将楼板两端搁置在横墙上，荷载由横墙承受，纵墙只起围护和分隔作用。楼板的长度即横墙的间距，一般在 4 m 以内较为经济。此方案横墙数量多，因此，房屋的空间刚度大、整体性好。但建筑空间划分不够灵活，适用于使用功能较小房间的建筑，例如，住宅、宿舍、旅馆等民用建筑。

(2)纵墙承重方案。纵墙承重方案是将楼板搁置在内外纵墙上，荷载由纵墙承受，横墙为非承重墙，仅起分隔房间的作用。因为横墙少而房屋整体刚度差，一般应设置一定数量的横墙来拉接纵墙。此方案的建筑空间划分灵活，适用于需要较大房间的建筑，例如教学楼、办公楼等。

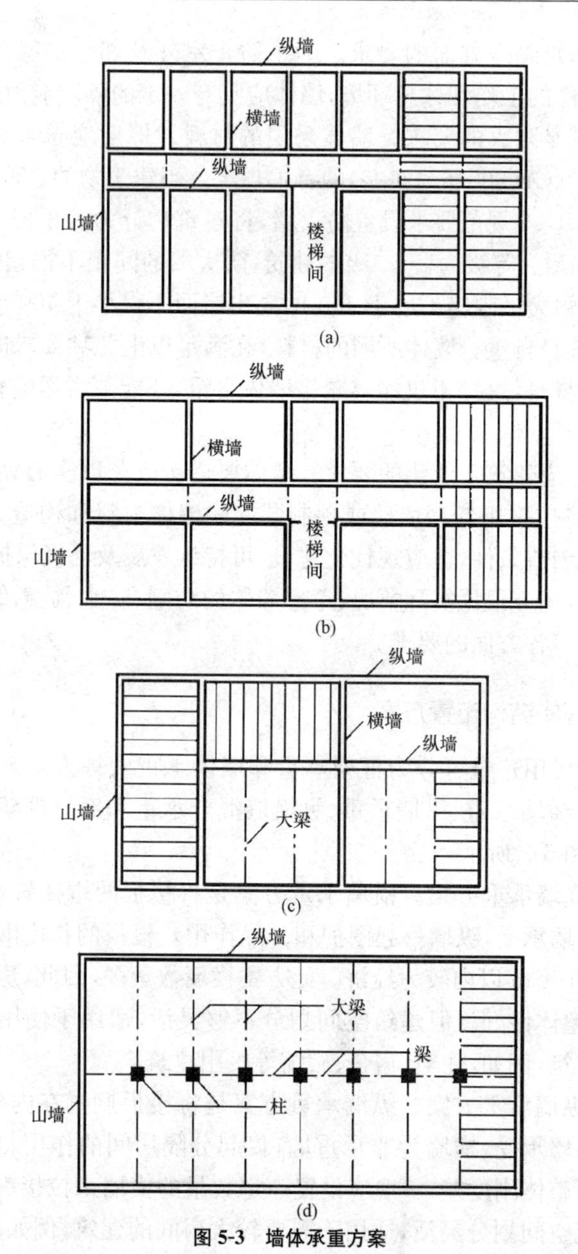

图 5-3 墙体承重方案

(a)横墙承重;(b)纵墙承重;(c)纵横墙承重;(d)墙与内柱承重

(3)纵横墙混合承重方案。由于建筑空间变化较多,结构方案可根据需要布置,房屋中一部分用横墙承重;另一部分用纵墙承重,形成纵横墙混合承重方案。此种方式建筑物的刚度不如横墙承重方案,板的类型增多,施工较麻烦,但建筑空间组合灵活,适用于开间、进深变化较多的建筑,例如,医院、教学楼等。

(4)部分框架承重方案。当建筑需要大空间时,采用内部框架承重,四周为承重墙。板的荷载传给梁、柱或墙。房屋的整体刚度主要由内框架保证,因此水泥及钢材用量比较大,适用于内部需要大空间的建筑,例如,食堂、仓库、底层设商店的综合楼等。

第二节 砖墙构造

一、砖墙的材料

砖墙是用砂浆将砖按一定技术要求砌筑而成的砌体,其主要材料是砖与砂浆。

1. 砖

砌墙用的砖类型很多,按材料分为黏土砖、炉渣砖、灰砂砖、粉煤灰砖等,按形状分为实心砖、空心砖和多孔砖等。

普通砖以黏土为主要原料,经成型、干燥、焙烧而成。因施工方法的不同,有青砖和红砖之分。而免烧黏土砖系列采用山地黏土,配以适量的水泥、化学添加剂等,经过半干压制成型后养护而成。

2. 砂浆

砂浆是将砌体内的砖块连接成一整体,用砂浆抹平砖表面,使砌体在压力下应力分布较均匀,此外,砂浆填满砌体缝隙,减少了砌体的空气渗透,提高了砌体的保温、隔热和抗冻能力。

砂浆按其成分分为水泥砂浆、石灰砂浆和混合砂浆等。水泥砂浆由水泥、砂加水拌和而成,属于水硬性材料,强度高,适合砌筑处于潮湿环境下的砌体。石灰砂浆由石灰膏、砂加水制成,属于气硬性材料,强度不高,多用于砌筑次要的建筑地面以上的砌体。混合砂浆则由水泥、石灰膏、砂和水拌和而成。这种砂浆强度较高、和易性和保水性较好，适于砌筑一般建筑地面以上的砌体。

砂浆强度分为六个等级，即 M2.5、M5、M7.5、M10、M15、M20。

二、砖墙尺寸

1. 砖的尺寸

普通砖的尺寸是 240 mm×115 mm×53 mm，砖的长、宽、高各加上灰缝宽，构成了三个方位的比例关系：(240＋10)∶(115＋10)∶(53＋10)＝4∶2∶1，如图 5-4 所示。1 m^3 需用 512 块砖。

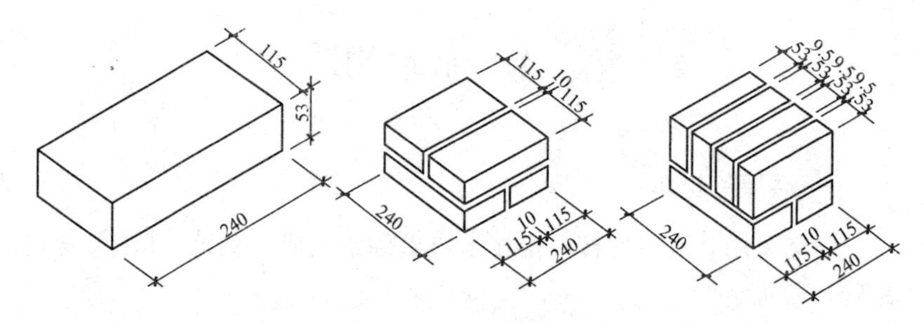

图 5-4　普通砖的尺寸关系

2. 砖墙的厚度

砖墙的厚度是根据多方面因素决定的，就是要同时满足承载能力、稳定性、保温、隔热、隔声和防火等要求，并且还要符合砌墙砖的规格尺寸。砖墙厚度的尺寸见表 5-1。

表 5-1　砖墙厚度的尺寸

习惯称谓	半砖墙	3/4 砖墙	一墙	一砖半墙	两砖墙
工程称谓	一二墙	一八墙	二四墙	三七墙	四九墙
构造尺寸/mm	115	178	240	365	490
标志尺寸/mm	120	180	240	370	490

从表 5-1 中可知，砖墙厚度的递增均以砖宽加灰缝(115＋10)为进位基数，砖宽数目 n 的多少，就决定了砖墙的不同厚度。因此，砖墙

厚度 $b=(115+10)n-10$ 求得。

3. 墙段尺寸

我国现行的《建筑模数协调标准》(GB/T 50002—2013)中规定，建筑物的开间或柱距，进深或跨度、梁、板、隔墙和门窗口宽度等分部件的截面尺寸宜采用水平基本模数和水平扩大模数数列，且水平扩大模数数列宜采用 $2n$M、$3n$M(n 为自然数)。建筑物的高度、层高和门窗洞口高度等宜采用竖向基本模数和竖向扩大模数数列，且竖向扩大模数列宜采用 nM。构造节点和分部件的拉口尺寸等宜采用分模数数列，且分模数数列宜采用 M/10、M/5、M/2。这样一幢房屋内有两种模数，在设计中出现了不协调的现象。在具体工程中，可通过调整灰缝的大小来解决，当墙段长度小于 1 m 时，因调整灰缝的范围小，应使墙段长度符合砖模数；当墙段长度超过 1m 时，可不再考虑砖模数。

三、砖墙组砌方式

砖墙是由砖和砂浆按一定的规律和组砌方式砌筑而成的砌体。组砌是指砌块在砌体中的排列。为了保证墙体的强度、稳定性、保温、隔热、隔声等要求，砌筑时应遵循灰浆饱满、内外搭接、上下错缝的原则，错缝距离一般应不小于 60mm。错缝和搭接可以保证墙体不出现连续的垂直通缝，从而可提高墙的强度和稳定性。

在砖墙的组砌中，长边平行于墙面砌筑的砖称为顺砖，垂直于墙面砌筑的砖称为丁砖。侧面平行于墙面砌筑的砖称为斗砖。

1. 实体砖墙

实体砖墙的组砌方式通常有以下几种：

(1)一顺一丁式。又称全顺全丁式、满丁满条式。顺砖和丁砖隔层砌筑，使上、下皮的灰缝错开 60 mm。该方法的砌筑特点：操作简便，整体稳定性好，应用广泛，见图 5-5(a)。

(2)多顺一丁式。多层顺砖和一层丁砖相间砌成。目前多采用三顺一丁式，见图 5-5(b)。

(3)十字式。又称丁顺相间式、梅花丁式。顺砖和丁砖逐块间隔砌筑。该方法的砌筑特点：墙面美观，整体稳定性好，操作复杂，通常应用于清水墙，见图 5-5(c)。

(4)全顺式。又称 120 砖墙。每皮均为顺砖叠砌，砖的条面外露，上、下皮错缝 120 mm，通常应用于隔墙、围墙，见图 5-5(d)。

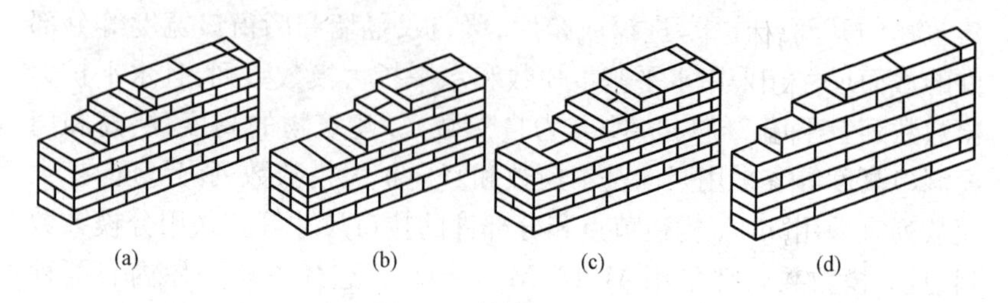

图 5-5　砖墙的组砌方式

(a)一顺一丁式；(b)多顺一丁式；(c)十字式；(d)全顺式

2. 空斗墙

空斗墙即用实心黏土砖侧砌或侧砌与平砌结合砌筑，内部形成空心的墙体。一般把侧砌的砖叫斗砖，平砌的砖叫眠砖。砌筑方式常用一眠一斗、一眠二斗或一眠多斗(图 5-6)。

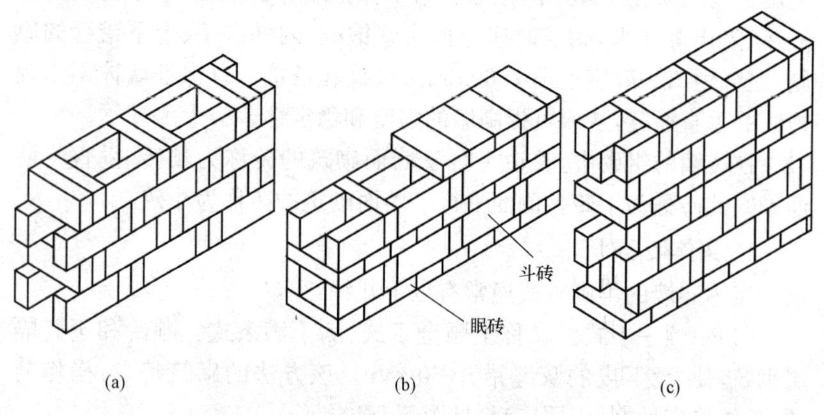

图 5-6　空斗墙的组砌方式

(a)无眠穿斗式；(b)一眠一斗式；(c)一眠三斗式

空斗墙与实体砖墙相比，用料省，自重轻，保温隔热好，适用于炎热、非震区的低层民用建筑。

3. 组合墙

组合墙即用砖和其他保温材料组合形成的墙。这种墙可改善普通墙的热工性能，常用在我国北方寒冷地区。组合墙体的做法有三种类型：一是在墙体的一侧附加保温材料；二是在砖墙中间填充保温材料；三是在墙体中间留置空气间层(图 5-7)。

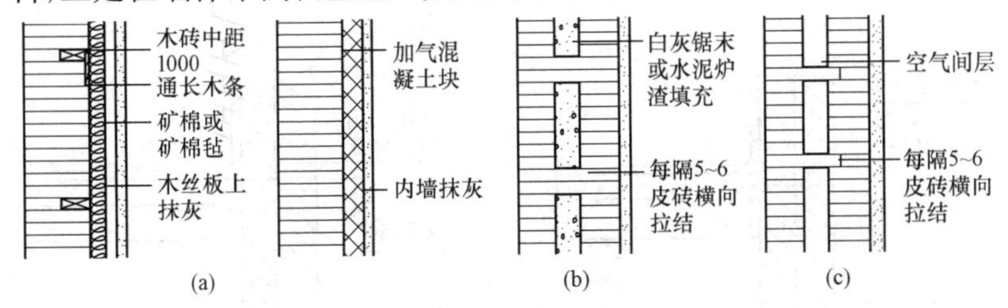

图 5-7　复合墙的构造

(a)单面敷设保温材料；(b)中间填充保温材料；(c)墙中留空气间层

四、砖墙细部构造

砖墙细部构造包括墙身防潮、勒脚、散水与明沟、窗台、门窗过梁、圈梁、构造柱等。

1. 墙身防潮

(1)防潮层的目的。防止土壤中的潮气和水分由于毛细管作用沿墙面上升，以提高墙身的坚固性与耐久性，保持室内干燥、卫生。

(2)防潮层的位置。当室内地面垫层为混凝土等密实材料时，防潮层设在低于室内地坪 60 mm 处，并要求高于室外地面 150 mm 及以上。当室内地面垫层材料为透水材料时，其位置可与室内地面平齐或高出 60 mm。当内墙两侧地面出现高差时，应在墙身内设高低两道水平防潮层，并在土壤一侧设垂直防潮层。

(3)防潮层的做法。防潮层做法有防水砂浆防潮层、油毡防潮层、细石混凝土防潮带三种，其构造如图 5-8 所示。当墙脚采用石材砌筑或混凝土等不透水材料时，不必设防潮层。

2. 勒脚

墙身接近室外地面的部分。一般情况下，其高度不应低于 500 mm，

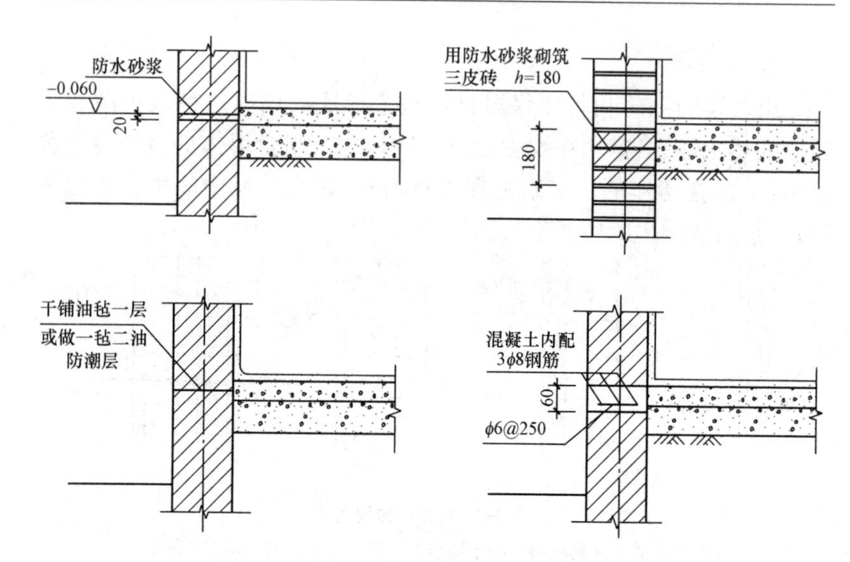

图 5-8 墙身防潮构造做法

常用 600～800 mm，考虑建筑立面造型处理，也有的将勒脚高度提高到底层窗台，起着保护墙身和增加建筑物立面美观的作用。但由于它容易受到外界的碰撞和雨、雪的侵蚀遭到破坏，以至于影响到建筑物的耐久性和美观。同时，地表水和地下水的毛细作用所形成的地潮也会造成对勒脚部位的侵蚀。不仅如此，地潮还会沿墙身不断上升，致使室内抹灰粉化、脱落，抹灰表面生霉，影响人体健康；冬季也易形成冻融破坏，所以，在构造上须采取相应的防护措施。

(1)石砌勒脚。对勒脚容易遭到破坏的部分采用坚固的材料，如石块进行砌筑，或以石板作贴面进行保护，如图 5-9(a)、(b)所示。

(2)为防止室外雨水对勒脚部位的侵蚀，常对勒脚的外表面作水泥砂浆抹面[图 5-9(c)]或其他有效的抹面处理，这种做法造价经济，施工简单，应用也较广。

为防止抹灰起壳脱落，除严格施工操作外，常用增加抹灰的“咬口”进行加强[图 5-9(d)]。

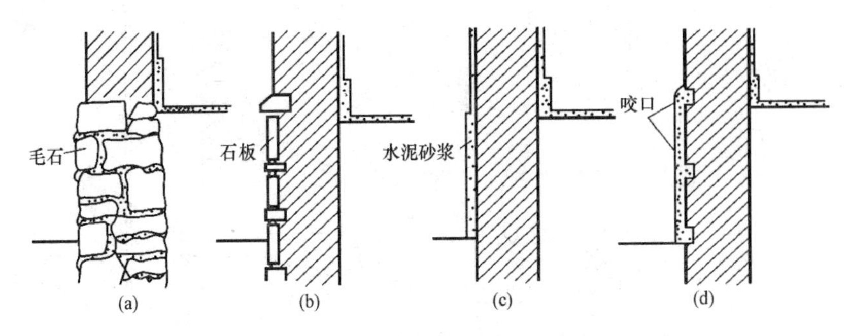

图 5-9 勒脚加固构造示意图

(a)毛石勒脚;(b)石板贴面;(c)抹灰勒脚;(d)带“咬口”抹灰勒脚

3. 散水与明沟

为了防止雨水和室外地面水沿建筑物渗入而损害基础,因而需在建筑物四周勒脚与室外地面相接处设置明沟或散水,将勒脚附近的地面水排走。

散水宽度一般为 600～1 000 mm,并要求比采用无组织排水的屋顶檐口宽出 200 mm 左右,坡度通常为 3%～5%,外边缘比室外地面高出 20～30 mm 为宜。散水所用材料有混凝土、三合土、砖以及石材等,构造做法如图 5-10 所示。

明沟宽度通常不小于 200 mm,并使沟的中心与无组织排水时的檐口边缘线重合,沟底纵坡一般为 0.5%～1%。明沟构造做法可用混凝土浇筑或用砖石砌筑并抹水泥砂浆,如图 5-11 所示。

4. 窗台

凡位于窗洞口下部的墙体构造称为窗台。根据窗框的安装位置可形成内窗台和外窗台。

内窗台的主要作用是保护墙面并可放置物品,外窗台的主要作用是排泄雨水。

外窗台按其与墙面的关系可分为悬挑窗台和不悬挑窗台。当墙面不做装修或用砂浆抹面时宜用悬挑窗台,当墙面装修材料抗污染能力较强时可做不悬挑窗台。

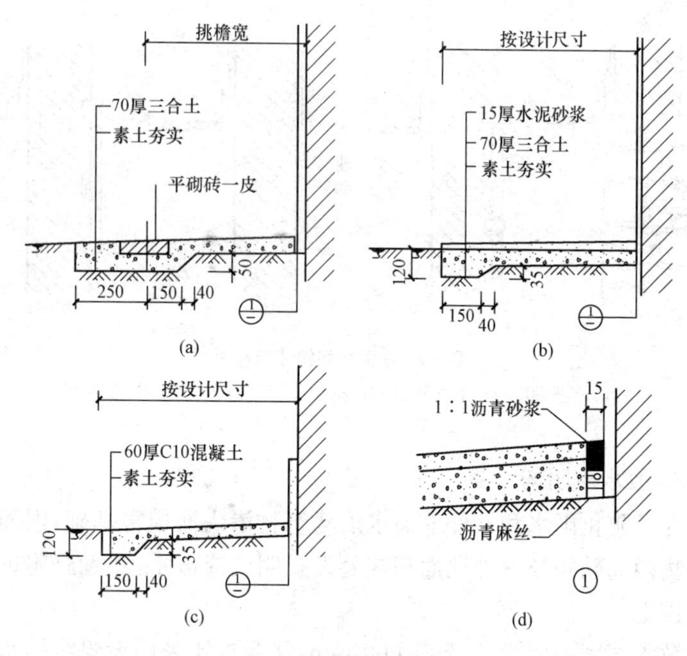

图 5-10 散水构造做法

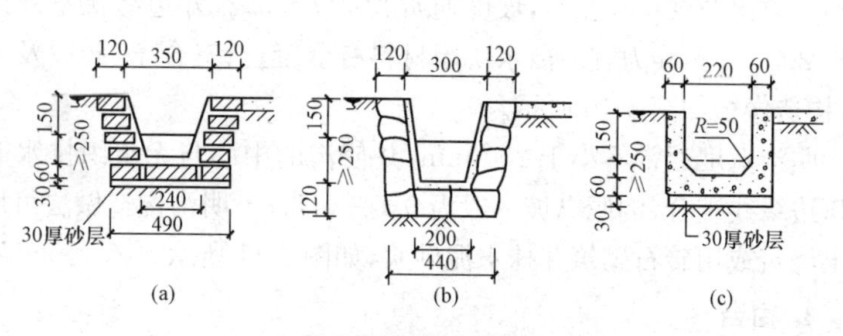

图 5-11 明沟构造做法

(a)砖砌明沟;(b)石砌明沟;(c)混凝土明沟

窗台的构造要求:悬挑窗台挑出墙面不小于 60 mm,窗台下做滴水,无论是悬挑还是不悬挑窗台表面都应形成一定的排水坡度并做好密封处理。内窗台可用水泥砂浆抹面或预制水磨石板以及木窗台板等做法。窗台构造做法如图 5-12 所示。

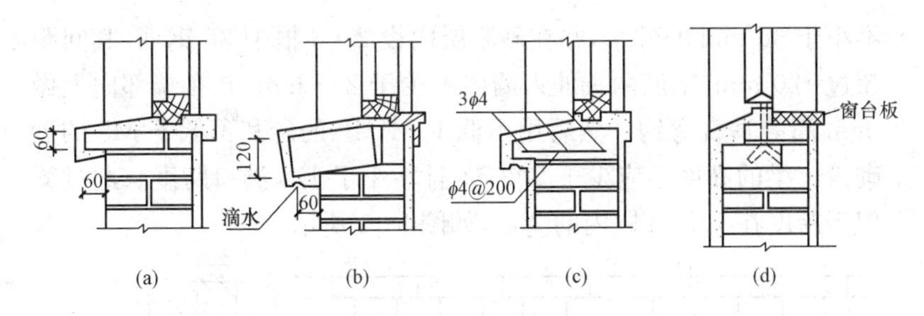

图 5-12　窗台构造做法

(a)平砖砌窗台;(b)侧砖砌窗台;(c)混凝土窗台;(d)不悬挑窗台

5. 门窗过梁

(1)砖拱过梁。砖拱过梁分为平拱和弧拱,如图 5-13 所示。砖拱过梁由砖竖砌或立砌且高度不小于一砖,并将竖向灰缝做成上宽下窄来形成拱。

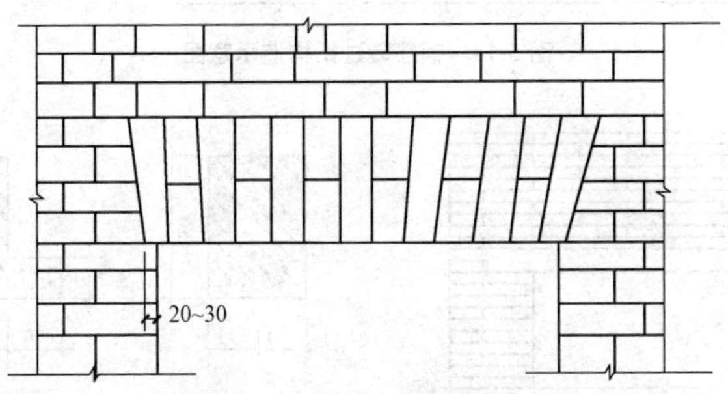

图 5-13　砖拱过梁示意图

砖不低于 MU10,砂浆不低于 M5,灰缝上宽不大于 15 mm,下宽不小于 5 mm。同时,要求拱脚下面应伸入墙内不小于 20 mm。该过梁用于非承重墙上的门窗洞口上,且洞口宽度不应超过 1.2 m。有集中荷载、较大震动荷载、半砖墙或可能产生不均匀沉降时,均不宜使用此过梁。

(2)钢筋砖过梁。钢筋砖过梁是在门窗洞口上部砂浆层内配制钢筋的平砌砖过梁,如图 5-14 所示,其做法是在支好的模板上先铺一层厚不小于 30 mm 的砂浆，并在砂浆层内设 2～3 根中 ϕ6 钢筋，其间距不超过 120 mm，钢筋两端伸入墙内不少于 240 mm，并在端部向上做 60 mm 高的垂直弯钩。然后用不低于 MU10 的砖和不低于 M5 的砂浆砌筑。梁的高度不应少于 5 皮砖，且不小于 1/4 洞口跨度。此过梁多用于跨度在 1.5 m 以内的清水，如图 5-15 所示。

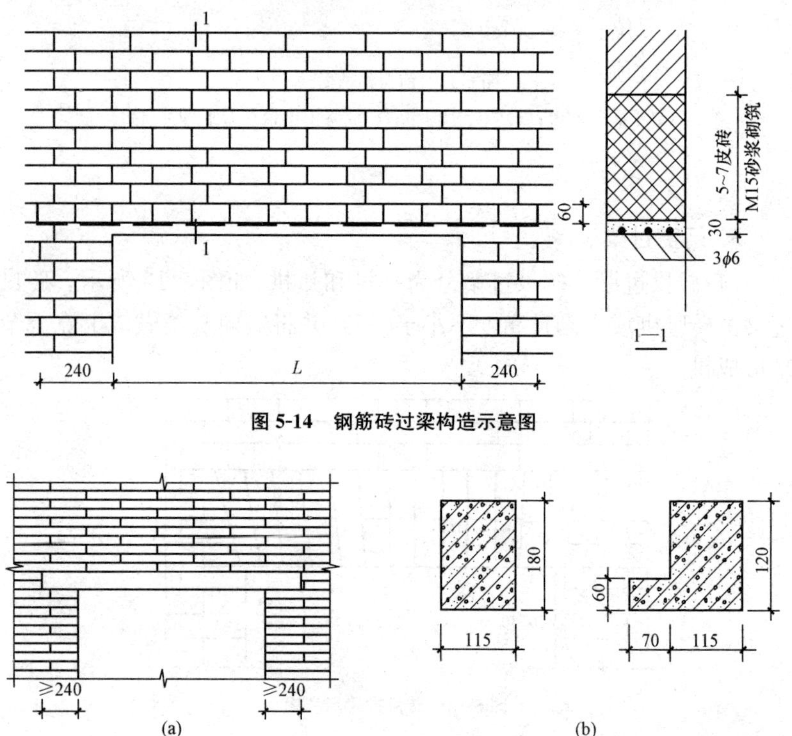

图 5-14　钢筋砖过梁构造示意图

图 5-15　钢筋混凝土过梁示意图

(a)过梁立面；(b)过梁的截面形状和尺寸

6. 圈梁

圈梁又称腰箍，是沿建筑物外墙、内纵墙和部分横墙设置的连续封闭的梁，其作用是加强房屋的空间刚度和整体性，防止由于基础不均匀沉降、振动荷载等引起的墙体开裂。在抗震设防地区，设置圈梁是减轻震害的重要构造措施。

圈梁的数量与建筑物的高度、层数、地基状况和地震烈度有关；圈梁设置的位置与其数量也有一定关系，当只设一道圈梁时，应通过屋盖处，增设时，应通过相应的楼盖处或门洞口上方。

圈梁一般位于屋（楼）盖结构层的下面[图 5-16(a)]，对于空间较大的房间和地震烈度 8 度以上地区的建筑，须将外墙圈梁外侧加高，以防楼板水平位移[图 5-16(b)]。当门窗过梁与屋盖、楼盖靠近时，圈梁可通过洞口顶部，兼作过梁。

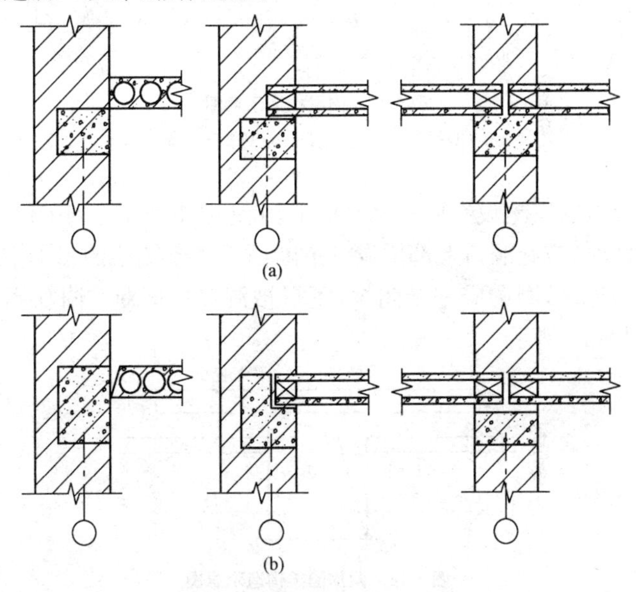

图 5-16　圈梁在墙中的位置示意图

圈梁有钢筋混凝土圈梁和钢筋砖圈梁两种，如图 5-17 所示。钢筋混凝土圈梁的宽度宜与墙厚相同，当墙厚大于 240 mm 时，允许其宽度减小，但不宜小于墙厚的 2/3。圈梁高度应大于 120 mm，并在其中设置纵向钢筋和箍筋，如为 8 度抗震设防时，纵筋为 4ϕ10，箍筋为 6ϕ200。钢筋砖圈梁应采用不低于 M5 的砂浆砌筑，高度为 4～6 皮砖。纵向钢筋不宜少于 6ϕ6，水平间距不宜大于 120 mm，分上、下两层设在圈梁顶部和底部的灰缝内。

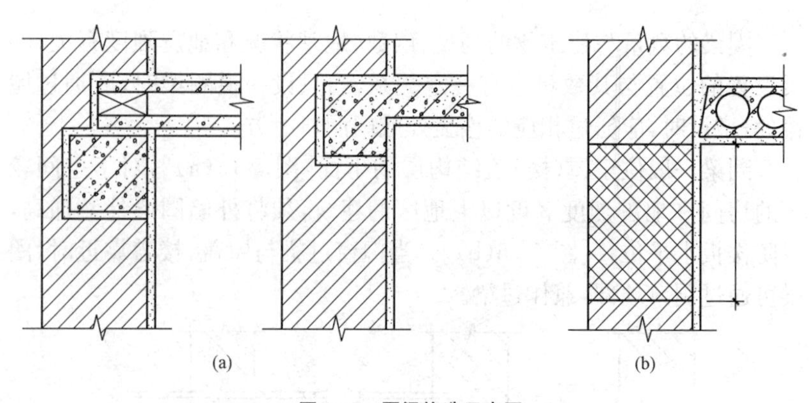

图 5-17　圈梁构造示意图

(a)钢筋混凝土圈梁;(b)钢筋砖圈梁

圈梁应连续地设在同一水平面上,并形成封闭状。当圈梁被门窗洞口截断时,应在洞口上部增设一道断面不小于圈梁的附加圈梁。但抗震设防地区,圈梁应完全闭合,不得被洞口所截断。附加圈梁的构造,如图 5-18 所示。

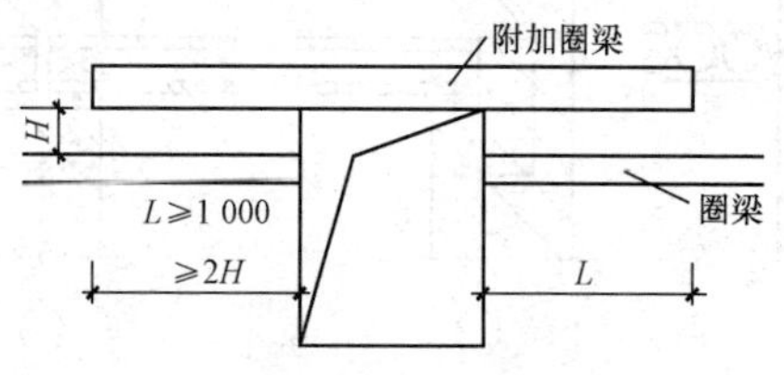

图 5-18　附加圈梁构造示意图

7. 构造柱

构造柱是在多层砌体房屋中,设置在墙体转角或某些墙体中部的钢筋混凝土柱,它是从构造的角度考虑而设置的,与承重柱的作用完全不同,构造柱的作用是从竖向加强墙体的连接,与圈梁形成空间骨架以加强砌体结构的整体刚度,提高墙体抵抗变形的能力,减缓墙体在地震力作用下酥碎现象的产生,是防止房屋在地震作用下突然倒塌的一种有效措施,如图 5-19、图 5-20 所示。构造柱的设置部位,一般情况下应符合表 5-2 的要求。

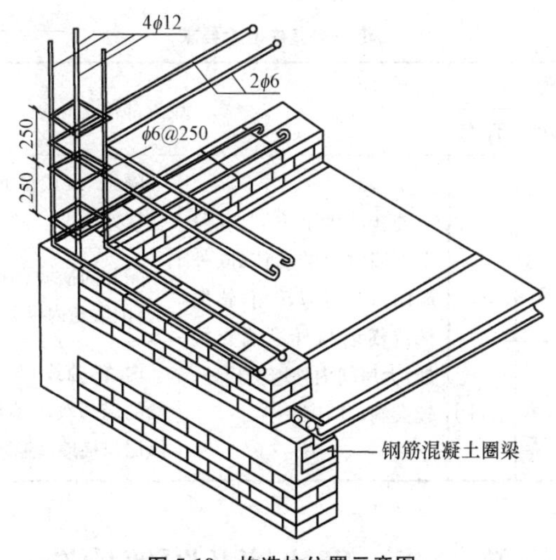

图 5-19　构造柱位置示意图

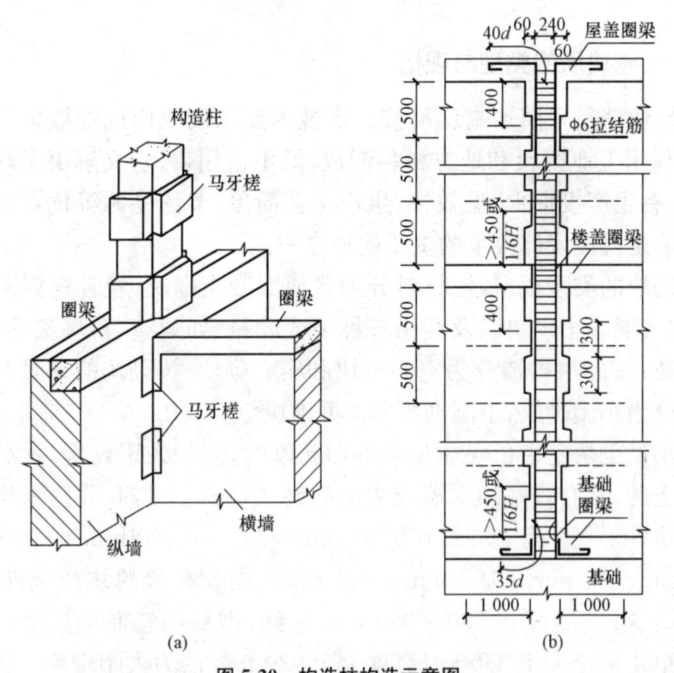

图 5-20　构造柱构造示意图

(a)构造柱马牙槎透视图；(b)立面示意图

表 5-2　砖房构造柱设置要求

<table>
<tr><th colspan="4">房屋层数</th><th colspan="2" rowspan="2">设置部位</th></tr>
<tr><th>Ⅵ度</th><th>Ⅶ度</th><th>Ⅷ度</th><th>Ⅸ度</th></tr>
<tr><td>四、五</td><td>三、四</td><td>二、三</td><td>一</td><td rowspan="3">楼、电梯间四角,楼梯段上下端对应的墙体处、外墙四角和对应转角,错层部位横墙与外纵墙交接处,大房间内外墙交接处,较大洞口两侧</td><td>隔 15 m 或单元横墙与外纵墙交接处</td></tr>
<tr><td>六、七</td><td>五</td><td>四</td><td>二</td><td>隔开间横墙(轴线)与外墙交接处,山墙与内纵墙交接处</td></tr>
<tr><td>八</td><td>六、七</td><td>五、六</td><td>三、四</td><td>内墙(轴线)与外墙交接处,内墙的局部较小墙垛处,Ⅸ度时内纵墙与横墙(轴线)交接处</td></tr>
</table>

第三节　砌块墙及隔墙构造

一、砌块墙的类型与规格

砌块墙是采用预制块材按一定技术要求砌筑而成的墙体。预制砌块利用工业废料和地方材料制成,既不占用耕地,又解决了环境污染,具有生产投资少、见效快、生产工艺简单、节约能源等优点。采用砌块墙是我国墙体改革的主要途径之一。

砌块的类型很多,按材料分为普通混凝土砌块、轻骨料混凝土砌块、加气混凝土砌块以及利用各种工业废料(如炉渣、粉煤灰等)制成的砌块;按砌块构造分为空心砌块和实心砌块;按砌块的质量和尺寸大小分为小型砌块、中型砌块和大型砌块。

小型砌块是指单块质量在 20 kg 以内,便于人工砌筑,承载力接近黏土砖,具有较好的保温能力的叠砌式块材。目前,我国采用的小型砌块外形尺寸有 190 mm×190 mm×390 mm、90 mm×190 mm×190 mm、190 mm×190 mm×190 mm。中型砌块单块质量在 20～350 kg 之间,高度在 380～980 mm 之间,需要用轻便机具搬运和砌筑。单块质量大于 350 kg,高度大于 980 mm 的为大型砌块。我国目前采用的砌块以中、小型砌块为主。

二、砌块墙的排列设计

用砌块设计砌筑墙体时，必须将砌块彼此交错搭接进行砌筑，以保证建筑物有一定的整体性。为满足砌筑的需要，必须在多种规格间进行砌块的排列设计，即设计砌块墙时需要在建筑平面图和立面图上进行砌块的排列，并注明每一砌块的型号，以便施工时按排列图进料和砌筑。这里以蒸压加气混凝土砌块为例，介绍砌块墙的排列。

砌块平面排块设计：砌块长度规格为 600 mm，由于其可自由切锯，所以 600 mm 长砌块可加工成 300 mm＋300 mm、200 mm＋400 mm、150 mm＋450 mm、250 mm＋350 mm 等规格，给平面排块带来了很大的灵活性，但在平面长度设计中规格不宜太多。在平面长度设计中，一定要遵循“规格多样，数量平衡”原则，做到合理设计，经济用材。砌块上、下皮应错缝设计，搭接长度不宜小于块长的 1/3。在混合结构中，当外墙有构造柱时，平面排块设计应根据构造柱中间的尺寸排块，先排窗下墙，后排窗间墙。窗间墙之间如不契合，在不影响使用功能的前提下，可调整窗户位置。构造柱如外加低密度加气混凝土保温块，则其尺寸宜符合制品规格长度模数尺寸，并排成马牙槎。

砌块立剖面排块设计：砌块高度有 200 mm、250 mm、300 mm 三种类型。一般高度方向不宜切锯，可以将砌块的厚度方形作为高度方向来调整。立剖面排块的原则是根据轴线尺寸先排窗坎墙至窗台部位，然后排窗间墙至圈梁部位。

三、隔墙构造

隔墙是分隔建筑物内部空间的非承重构件，其本身重量由楼板或梁来承担。因此，要求隔墙具有自重轻、厚度薄、隔声、便于安装和拆卸的特点。常用的隔墙有块材隔墙、轻骨架隔墙和板材隔墙三大类。

(1)块材隔墙。块材隔墙是用普通砖、空心砖、加气混凝土块等块材砌筑而成的，常采用的有普通砖隔墙和砌块隔墙两种。

1)普通砖隔墙。普通砖隔墙常用一二隔墙。采用普通砖全顺式砌筑而成。砌筑砂浆强度不低于 M5,砌筑较大面积墙体时,长度超过 6 m 时应设砖壁柱,高度超过 5 m 时应在门过梁处设通长钢筋混凝土带。为了保证砖隔墙不承重,在砖隔墙砌到楼板底或梁底时,将立砖斜砌一皮,或将空隙塞木楔打紧,然后用砂浆填缝。一二隔墙坚固耐久,防水、防火、隔声效果好,但自重大,湿作业多,拆迁不便。普通砖隔墙构造如图 5-21 所示。

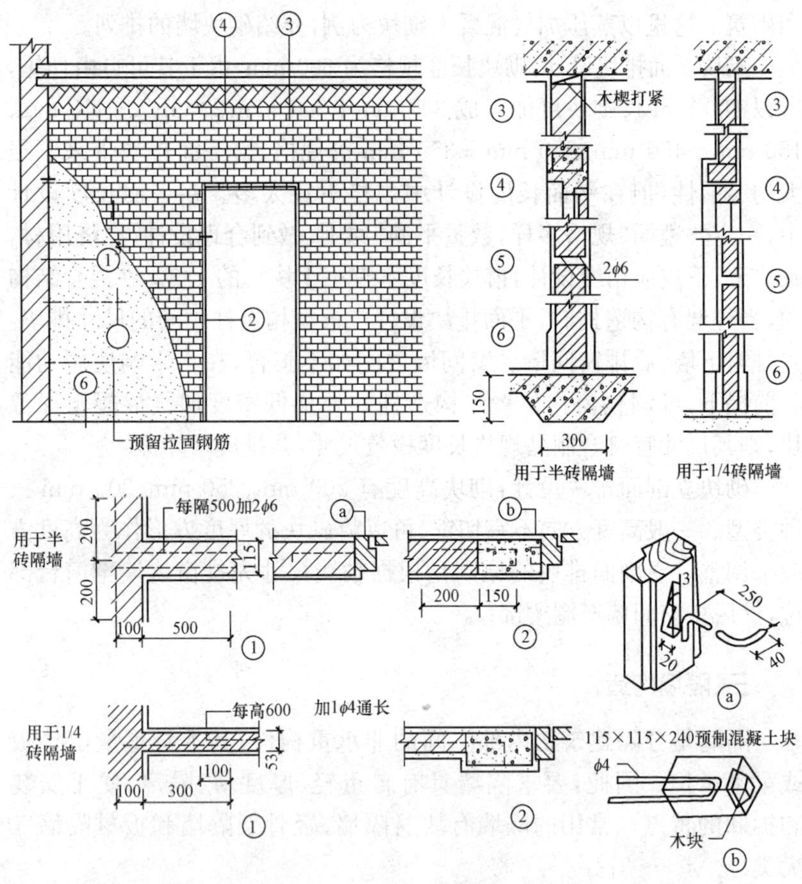

图 5-21　普通砖隔墙构造示意图

2)砌块隔墙。为减轻隔墙自重,可采用轻质砌块,例如,加气混凝土砌块、粉煤灰砌块、水泥炉渣空心砌块等。墙厚由砌块尺寸决定,一般为 90～120 mm。加固措施同一二隔墙的做法。砌块不够整块时宜用普通黏土砖填补。砌块砖具有轻质、孔隙率大、隔热性能好等优点，但易吸水，故在砌筑时先在墙下部砌 2～3 皮普通黏土砖再砌砌块砖。砌块隔墙示意图，如图 5-22 所示。

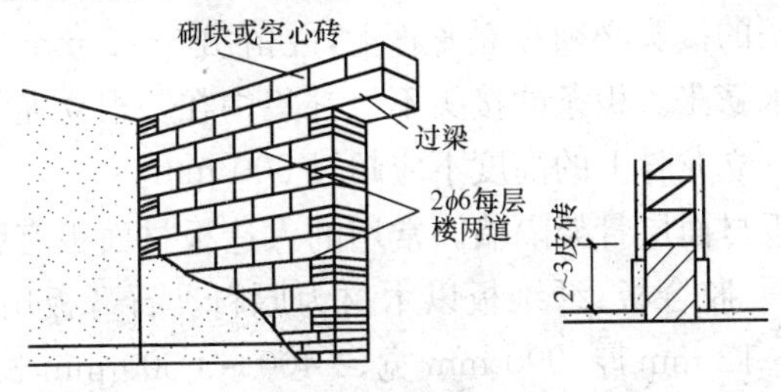

图 5-22 砌块隔墙示意图

(2)轻骨架隔墙。轻骨架隔墙又称为立筋式隔墙，是由骨架(墙筋)和面层两部分组成的。骨架有木骨架和金属骨架之分，面层有板条抹灰、钢丝网板条抹灰、胶合板、纤维板、石膏板等。图 5-23 为轻钢龙骨骨架隔墙骨架构造。在本节中主要介绍板条抹灰隔墙、人造板材面层骨架隔墙。

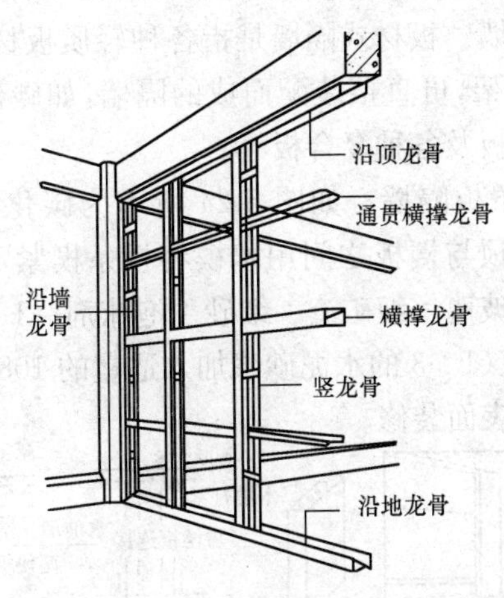

图 5-23 轻钢龙骨隔墙骨架构造示意图

1)板条抹灰隔墙。板条抹灰隔墙用木质上槛、下槛、立龙骨、斜撑等杆件组成骨架，方木截面尺寸为 50 mm×(70～100) mm，立龙骨间距 500 mm 左右，斜撑间距 150 mm 左右。灰板条的宽度为 30～45 mm，厚度为 6～9 mm，长度为 800～2 000 mm。灰板条钉在立柱两侧，板条之间需留出 6～10 mm 的缝隙，以便使得灰浆挤入缝内抓住板条。板条的接头必须在立龙骨上，并留出 3～5 mm 空隙，以便抹灰时板条吸水膨胀。板条的接头不得都集中在一根立龙骨上，相邻板条接头在同一立龙骨上的高度不应超过 500 mm。

2)人造板材面层骨架隔墙。常用的人造板材面板有胶合板、纤维板、石膏板等。胶合板、纤维板以木材为原料。石膏板用石膏掺入纤维质制成，9～12 mm 厚，900 mm 宽，2 400～3 500 mm 长，具有轻质、耐火、可锯刨钉黏结等性能。其做法是：

①先在楼板垫层上浇筑混凝土墙垫，安装上槛、下槛、龙骨、斜撑；

②龙骨间距为 450 mm，用对楔挤牢；

③用黏合剂安装石膏板，板缝处用 50 mm 宽玻璃纤维接缝带封贴；

④根据需要做面层，如涂刷涂料、粘贴壁纸等。

(3)板材式隔墙。板材式隔墙是指各种轻质板材的高度相当于房间净高，不依赖骨架，可直接装配而成的隔墙，如碳化石灰板、空心石膏条板、水泥刨花板及各种复合板等。

1)碳化石灰条板隔墙。如图 5-24 所示为碳化石灰条板隔墙构造。安装时，在板顶与楼板之间用木楔将板条楔紧，条板间的缝隙用水玻璃黏结剂(水玻璃∶细矿渣∶细砂∶泡沫剂＝1∶1∶1.5∶0.01)或 108 胶水泥砂浆(1∶3 的水泥砂浆加入适量的 108 胶)进行黏结，待安装完成后，进行表面装修。

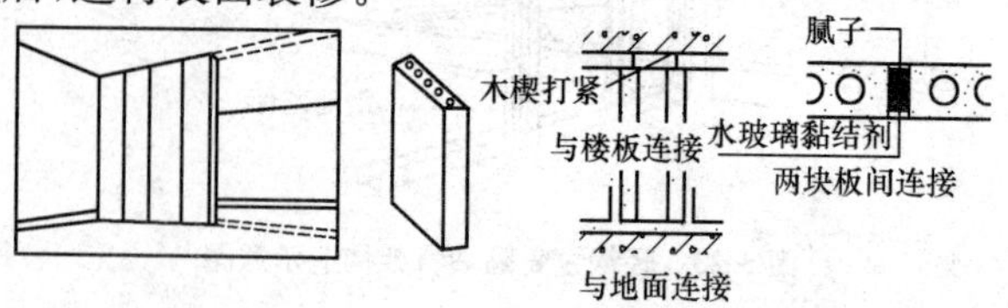

图 5-24　碳化石灰条板隔墙构造示意图

由于板材隔墙采用的是轻质大型板材，施工中直接拼装而不依赖骨架，因此，它具有自重轻、安装方便、施工速度快，工业化程度高的特点。

2)空心石膏条板隔墙。空心石膏条板是一种密度小、空洞率较高、保温性能和耐火性能均较好的轻型墙体板材，其断面形状类似于预制混凝土空心板。

空心石膏条板隔墙的安装不需要设置龙骨。一般隔墙多采用刚性连接的下楔法固定，如图 5-25 所示。墙板与天棚之间、墙板与墙板之间等部位均用 107 胶水泥砂浆黏结。条板上部端面也可以用 791 石膏胶泥与楼板(或梁)下部直接黏结，如图 5-26、图 5-27 所示。在条板底部与地面相接处，通常需做踢脚板处理。采用水磨石、大理石等湿作业踢脚板时，隔墙下部应做混凝土或砖砌墙基。

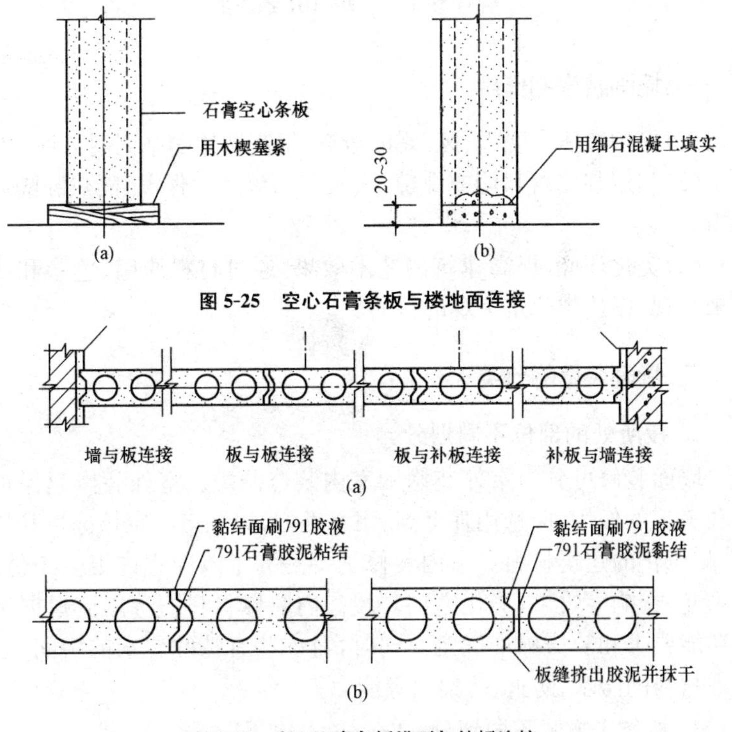

图 5-25 空心石膏条板与楼地面连接

图 5-26 空心石膏条板排列与补板连接

(a)空心石膏条板排列平面；(b)板与补板连接细部

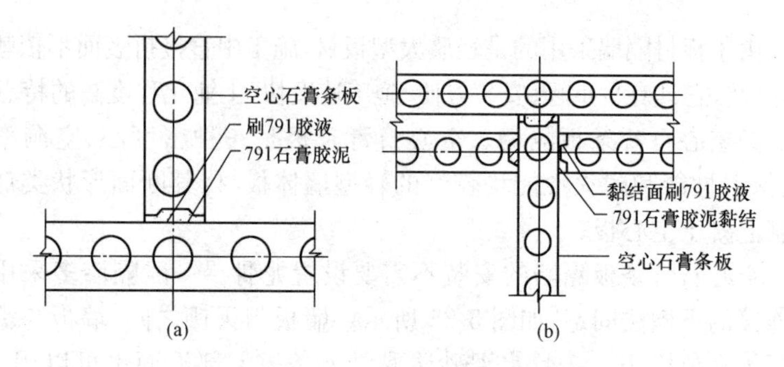

图 5-27　空心石膏条板排列平面图

(a)单层板丁字连接;(b)单层板与双层板的丁字连接

第四节　墙面装修

一、墙面装修的作用

(1)保护墙体不受雪、风、霜的侵袭,提高墙体的坚固耐久性。

(2)利用装修材料堵塞孔隙,大大提高墙体的保温、隔热和隔声的能力。

(3)美化环境,提高建筑的艺术效果,通过材料质感、色彩和线形等来表现,以达到建筑美观的目的。

二、墙面装修的分类

1. 按所处的部位不同划分

墙面装修可分为室外装修和室内装修两类。室外装修起保护墙体和美观的作用,应选用强度高、耐水性好,以及有一定抗冻性和抗腐蚀、耐风化的建筑材料。室内装修主要是为了改善室内卫生条件,提高采光、音响等效果,美化室内环境。内装修材料的选用应根据房间的功能要求和装修标准确定。同时,对一些有特殊要求的房间,还要考虑材料的防水、防火、防辐射等能力。

2. 按施工方式不同划分

墙面装修按施工方式不同可分为抹灰类墙面装修、贴面类墙面装修、涂刷类墙面装修、裱糊类墙面装修、镶钉类墙面装修、幕墙装修等。

(1)抹灰类墙面装修。墙面抹灰装修是以水泥、石灰或石膏等为胶结材料，加入砂或石渣，用水拌和成砂浆或石渣浆作为墙体的饰面层，其主要优点是材料来源广泛、施工操作简便、造价低廉，但目前多是手工湿作业，工效较低，劳动强度较大。

1)墙面抹灰的组成。为保证抹灰层牢固、平整、防止开裂及脱落，抹灰前应先将基层表面清除干净，洒水湿润后，分层进行抹灰。抹灰装修层由底层、中层和面层三个层次组成。

①底层抹灰。底层抹灰主要起黏结和初步找平的作用，厚度为10～15 mm，底层灰浆用料视基层材料而异：普通砖墙常采用石灰砂浆和混合砂浆；对于混凝土墙应采用混合基层底层中间层面层砂浆和水泥砂浆；对木板条墙，由于与灰浆黏结力差，抹灰容易开裂、脱落，应在石灰砂浆或混合砂浆中掺入适量的纸筋、麻刀或玻璃纤维等。

②中层抹灰。中层抹灰主要起进一步找平的作用，其所用材料与底层基本相同，厚度为5～12 mm。

③面层抹灰。面层抹灰也称罩面，主要作用是使表面平整、光洁、色彩均匀、无裂痕，可以做成光滑、粗糙等不同质感，以达到装修效果，厚度为3～5 mm。

2)墙面抹灰的分类。

抹灰类墙面的质量等级分为普通抹灰、中级抹灰和高级抹灰三级。

①普通抹灰。一层底层抹灰、一层面层抹灰。

②中级抹灰。一层底层抹灰、一层中间抹灰、一层面层抹灰。

③高级抹灰。一层底层抹灰、多层中间抹灰、一层面层抹灰。

3)墙面抹灰的构造。常见抹灰装修构造见表5-3。

表5-3　常见抹灰装修构造

抹灰名称	做法说明	适用范围
纸筋灰或仿瓷涂料墙面	①14 mm厚1∶3石灰膏砂浆打底； ②2 mm厚纸筋(麻刀)灰或仿瓷涂料抹面； ③刷(喷)内墙涂料	砖基层的内墙面

续表

抹灰名称		做法说明	适用范围
混合砂浆墙面		①15 mm 厚 1∶1∶6 水泥石灰膏砂浆找平； ②5 mm 厚 1∶0.3∶3 水泥石灰膏砂浆面层； ③喷内墙涂料	砖基层的内墙面
水泥砂浆墙面	做法(1)	①10 mm 厚 1∶3 水泥砂浆打底扫毛或划出纹道； ②9 mm 厚 1∶3 水泥砂浆刮平扫毛； ③6 mm 厚 1∶2.5 水泥砂浆罩面	砖基层的外墙面或有防水要求的内墙面
	做法(2)	①刷(喷)一道 108 胶水溶液； ②6 mm 厚 2∶1∶8 水泥石灰膏砂浆打底扫毛或划出纹道； ③6 mm 厚 1∶1.6 水泥石灰膏砂浆刮平扫毛； ④6 mm 厚 1∶2.5 水泥砂浆罩面	加气混凝土等轻型基层外墙面
水刷石墙面	做法(1)	①12 mm 厚 1∶3 水泥砂浆打底扫毛或划出纹道； ②刷素水泥浆一道； ③8 mm 厚 1∶1.5 水泥石子(小八厘)罩面，水刷露出石子	砖基层外墙面
水刷石墙面	做法(2)	①刷加气混凝土界面处理剂一道； ②6 mm 厚 1∶0.5∶4 水泥石灰膏砂浆打底扫毛； ③6 mm 厚 1∶1.6 水泥石灰膏砂浆抹平扫毛； ④刷素水泥浆一道； ⑤8 mm 厚 1∶1.5 水泥石子(小八厘)罩面，水刷露出石子	加气混凝土等轻型基层外墙面
斩假石(剁斧石)墙面		①12 mm 厚 1∶3 水泥砂浆打底扫毛或划出纹道； ②刷素水泥浆一道； ③10 mm 厚 1∶2.5 水泥石子(米粒石内掺 30%石屑)罩面赶光压实； ④剁斧斩毛两遍成活	外墙面

(2)贴面类墙面装修。贴面类装修是指利用各种天然的或人造的板、块对墙面进行的装修处理。这类装修具有耐久性强、施工方便、质

量高、装饰效果好等特点。常见的贴面材料包括陶瓷锦砖、面砖、玻璃锦砖和预制水刷石、水磨石板以及花岗岩、大理石等天然石板。其中质感细腻的瓷砖、大理石板多用作室内装修；而质感粗放、耐候性好的陶瓷锦砖、面砖、墙砖、花岗岩板等多用作室外装修。

1)面砖、瓷砖饰面装修。面砖以陶土为原料，经压制成型煅烧而成的饰面块，分为挂釉和不挂釉、平滑和有一定纹理质感等不同类型，色彩和规格多种多样。面砖具有质地坚硬、防冻、耐腐蚀、色彩丰富等优点，常用规格有 113 mm×77 mm×17 mm、145 mm×113 mm×17 mm、233 mm×13 mm×17 mm、265 mm×113 mm×17 mm 等。瓷砖具有表面光滑、容易擦洗、美观耐用、吸水率低等特点，常用规格有 151 mm×151 mm×5 mm、110 mm×110 mm×5 mm 等，并配有各种边角制品。

外墙面砖的安装是先在墙体基层上以 15 mm 厚 1∶3 水泥砂浆打底，再以 5 mm 厚 1∶1 水泥砂浆粘贴面砖，如图 5-28(a)所示。粘贴时常于面砖之间留出宽约 10 mm 的缝隙，让墙面有一定的透气性，有利于湿气的排除，也增加了墙面的美观。瓷砖安装亦采用 15 mm 厚 1∶3 水泥砂浆打底，用 8～10 mm 厚 1∶0.3∶3 水泥石灰砂浆或 3 mm 厚内掺 6%～10%108 胶的白水泥浆作黏结层，外贴瓷砖面层，如图 5-28(b)所示。

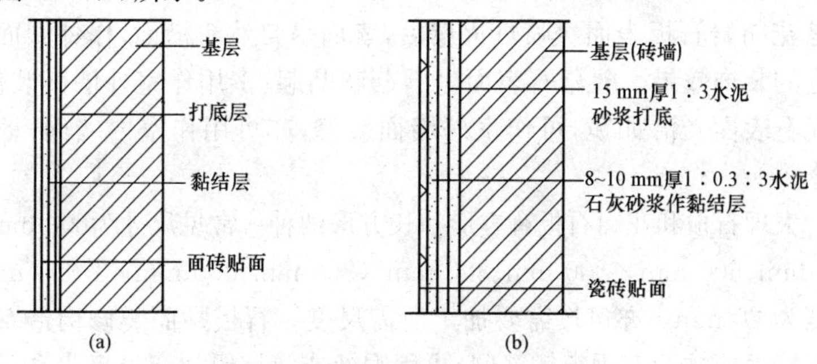

图 5-28　面砖、瓷砖粘贴构造示意图

(a)外墙面砖贴面；(b)瓷砖贴面

2)锦砖饰面装修。锦砖可分为有陶瓷锦砖和玻璃锦砖。陶瓷锦砖以优质陶土烧制成的小块瓷砖；玻璃锦砖是以玻璃为主要原料，加入外加剂，经高温熔化、压块、烧结、退火而成。由于锦砖尺寸较小，为了便于粘贴，出厂前已按各种图案反贴在牛皮纸上。锦砖饰面具有质地坚硬、色调柔和典雅、性能稳定、不褪色和自重轻等特点。

锦砖饰面构造与粘贴面砖相似，所不同的是在粘贴前先在牛皮纸背面每块瓷片间的缝隙中抹以白水泥浆（加 108 胶），然后将纸面朝外粘贴于 1∶1 水泥砂浆上，用木板压平，待砂浆结硬后，洗去牛皮纸即可。若发现个别瓷片不正的，可进行局部调整。

3）天然石板、人造石板贴面。用于墙面装修的天然石板有大理石板和花岗岩板，属于高级装修饰面。大理石主要用于室内，花岗岩主要用于室外。

大理石又称云石，表面经磨光后纹理雅致，色泽鲜艳，美丽如画。全国各地都有十分艳丽的产品，如杭州出产的杭灰、苏州生产的苏黑、宜兴生产的宜兴咖啡、东北绿、南京红以及北京房山的白色大理石（汉白玉）等。

花岗岩质地坚硬、不易风化、能适应各种气候变化，故多用作室外装修，它也有多种颜色，有黑、灰、红、粉红色等。根据对石板表面加工方式的不同可分为剁斧石、火爆石、蘑菇石和磨光石四种，剁斧石外表纹理可细可粗，多用作室外台阶踏步铺面，也可用作台基或墙面，火爆石是花岗岩石板表面经喷灯火爆后，表面呈自然粗糙面，作外凹面有特定的装饰效果。蘑菇石表面呈蘑菇状凸起、多用作室外墙面装修。磨光石表面光滑如镜，可作室外墙面装修，亦可用作室内墙面、地面装修。

大理石板和花岗石板有方形和长方形两种。常见尺寸为600 mm×600 mm、600 mm×800 mm、800 mm×800 mm、800 mm×1 000 mm，厚度为 20 mm。亦可按需要加工所需尺度。石板贴面装修构造系预先在墙面或柱面上固定钢筋网，再用铜丝或镀锌铅丝穿过事先在石板上钻好的孔眼，将石板绑扎在钢筋网上。因此，固定石板的水平钢筋（或钢箍）的间距应与石板高度尺寸一致。当石板就位、校正、绑扎牢固后，在石板与墙或柱之间，浇筑 1∶3 水泥砂浆，厚 30 mm 左右，如图 5-29(a)所示。近来常用专用的卡具借射钉或螺钉钉在墙上；或用膨胀螺栓打入墙上的角钢上或预立的铝合金立筋上，只要外部用硅胶嵌缝而不需内部再浇注砂浆。这种墙轻盈方便，故亦称花岗石幕墙，如图 5-29(b)所示。人造石板常见的有人造大理石、水磨石板等，其构造与天然石板相同，只是不必在预制板上钻孔，而凭借预制板背面在生产时就露出的钢筋，将板用铅丝绑牢在水平钢筋(或钢箍)上即可。

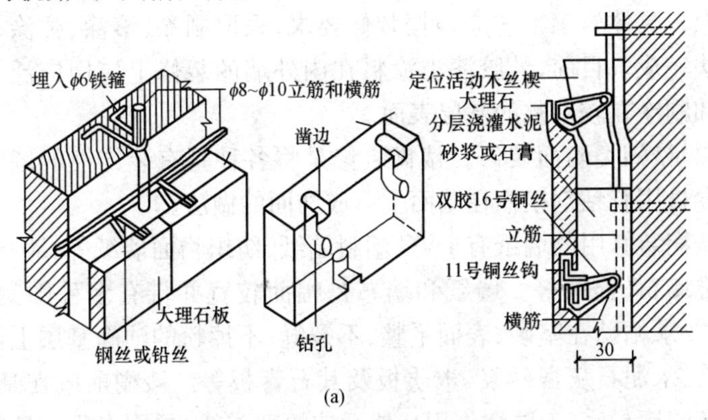

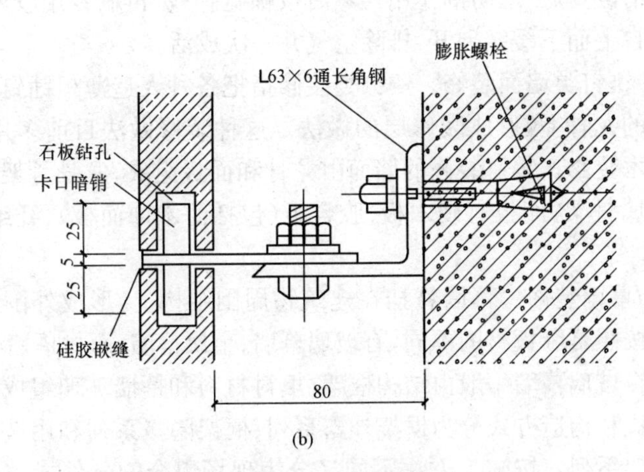

图 5-29　石板贴面构造示意图

(a)固定钢筋；(b)用卡具及螺栓定位

(3)涂刷类墙面装修。涂刷类装修是指将各种涂料涂刷在基层表面而形成牢固的膜层，达到保护和装修墙面的目的，它具有省工、省料、工期短、工效高、自重轻、更新方便、造价低廉的优点，是一种最有发展前途的装修做法。

涂刷装修采用的材料有无机涂料（例如石灰浆、大白浆、水泥浆等）和有机涂料（例如过氯乙烯涂料、乳胶漆、聚乙烯醇类涂料、油漆等），装修时多以抹灰层为基层，也可以直接涂刷在砖、混凝土、木材等基层上。具体施工工艺应根据装修要求，采取刷涂、滚涂、弹涂、喷涂等方法完成。目前，乳胶漆类涂料在内外墙的装修上应用广泛，可以喷涂和刷涂在较平整的基层表面。

（4）裱糊类墙面装修。裱糊装修是将各种具有装饰性的墙纸、墙布等卷材用胶粘剂裱糊在墙面上形成饰面的做法。

裱糊装修用的墙纸有PVC塑料墙纸、纺织物面墙纸等，墙布有玻璃纤维墙布、锦缎等。墙纸和墙布是幅面较宽并带有多种图案的卷材，它要求粘贴在坚硬、表面平整、不裂缝、不掉粉的洁净基层上，如水泥砂浆、水泥石灰膏砂浆、木质板及其石膏板等。裱糊前应在基层上刷一道清漆封底（起防潮作用），然后按幅宽弹线，再刷专用胶液粘贴。粘贴应自上而下缓缓展开，排除空气并一次成活。

（5）镶钉类墙面装修。镶钉类装修指把各种人造薄板铺钉或胶粘在墙体的龙骨上，形成装修层的做法。这种装修做法目前多用于墙、柱面的木装修。镶钉装修的墙面由龙骨和面板组成，龙骨骨架有木骨架和金属骨架，面板有硬木板、胶合板（包括薄木饰面板）、纤维板、石膏板等。

（6）幕墙装修。幕墙悬挂在建筑物周围结构上，形成外围护墙的立面。按照幕墙板材的不同，有玻璃幕墙、金属幕墙、石材幕墙等。

现在玻璃幕墙一般由结构框架、填衬材料和幕墙玻璃组成。按其缀合形式和构造方式分为框架外露系列、框架隐藏系列和用玻璃做肋的无框架系列。按施工方法不同又分为现场组合的分件式玻璃幕墙和工厂预制后再到现场安装的板块式玻璃幕墙两种。

1）分件式玻璃幕墙。分件式玻璃幕墙一般以竖梃作为龙骨柱，横档作为梁组合成幕墙的框架，然后将窗框、玻璃、衬墙等按顺序安装（图5-30）。竖梃用连接件和楼板固定：横档与竖梃通过角形铝合金件进行连接。上下两根竖梃的连接必须设在楼板连接件位置附近，且须在接头处插入一截断面小于竖梃内孔的铸铝内衬套管作为加强措施。上下竖梃在接头端应留出 15～20 mm 的伸缩缝，伸缩缝须用密封胶堵严，以防止雨水进入。

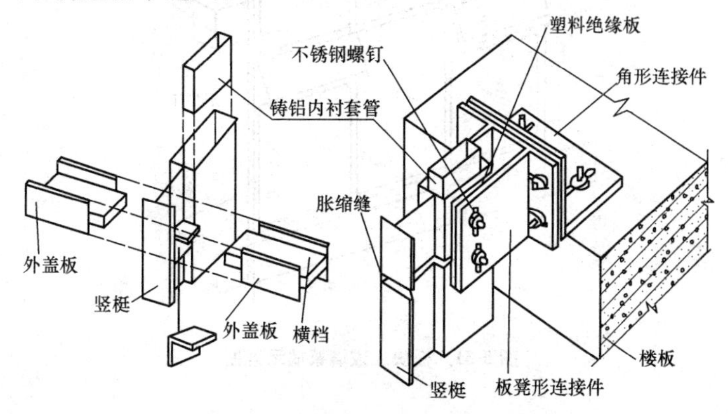

图 5-30　分件式玻璃幕墙构造示意图

2)板块式玻璃幕墙。板块式玻璃幕墙的幕墙板块须设计成定型单元，在工厂预制，每一单元一般由 3～8 块玻璃组成，每块玻璃尺寸不宜超过 1 500 mm×3 500 mm，且大部分由 3～8 块玻璃组成。为了便于室内通风，在每一个单元上可设计成上悬窗式的通风扇，通风扇的大小和位置根据室内布置要求来确定。

同时，预制板块还应与建筑结构的尺寸相配合。当幕墙预制板悬挂在楼板上时，板的高度尺寸同层高；当幕墙预制板以柱子为连接点时，板的长度尺寸则与柱距尺寸相同。为了便于幕墙预制板的固定和板缝密封操作，上、下预制板的横向接缝应高于楼面标高 200～300 mm，左、右两块板的竖向接缝宜与框架柱错开(图 5-31)。

玻璃幕墙的特点是，装饰效果好、质量轻、安装速度快，是外墙轻质化、装配化较理想的形式。但在阳光照射下易产生眩光，造成光污染。所以在建筑密度高、居民人数多的地区的高层建筑中，应慎重选用。

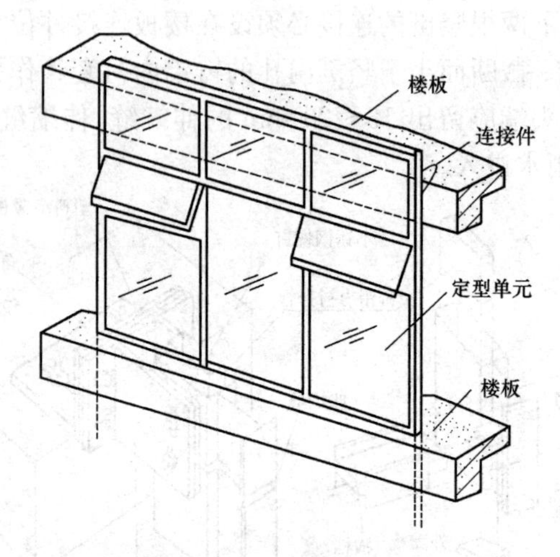

图 5-31 板块式玻璃幕墙示意图

第六章　小城镇住宅屋顶设计

第一节　概　述

坡屋顶是小城镇住宅的一个重要组成部分，既能美化环境、丰富建筑立面，又能抗渗防漏、隔热保温，改善顶层居住环境，提高空间利用率，适应日益增长的住宅建设市场的需求，在我国小城镇新建住宅中得到了大量运用。然而在不少建筑实例中，设计者对于屋顶风格的片面追求而使之破坏了住宅空间的功能，或忽视屋顶性格的塑造而使建筑的形象流于平庸。因此，如何做好坡屋顶的设计，是一个值得深入思考的问题。

一、坡屋顶的组成

坡屋顶一般由承重结构与屋面面层两部分组成，根据需要还有天棚和保温、隔热层，如图 6-1 所示。

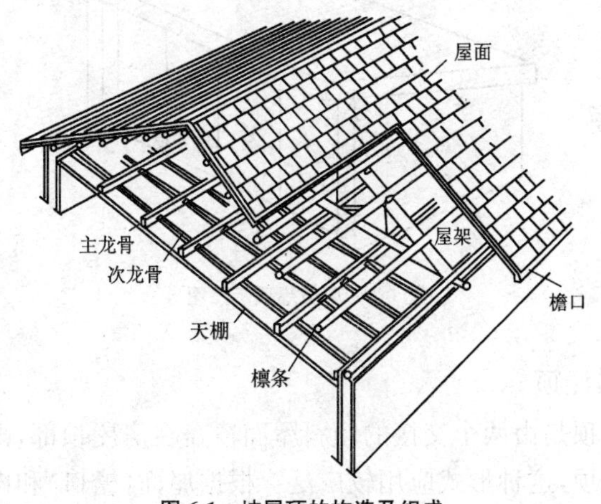

图 6-1　坡屋顶的构造及组成

(1)承重结构。主要承受屋面各种荷载并传到墙或柱上,一般有木结构、钢筋混凝土结构、钢结构等。

(2)屋面面层。面层是屋顶上的覆盖层,包括屋面盖料和基层。屋面材料有平瓦、油毡瓦、波形水泥石棉瓦、彩色钢板波形瓦、玻璃板、PC 板等。

(3)天棚。屋顶下面的遮盖部分,起遮蔽上部结构构件,使室内平整,改变空间形状及其保温隔热和装饰作用。

(4)保温、隔热层。起保温隔热作用,可设在屋面层或天棚层。

二、坡屋顶的形式

坡屋顶是一种沿用较久的屋面形式,种类繁多,多采用块状防水材料覆盖屋面,故屋面坡度较大,根据材料的不同坡度可取 10%～50%,坡屋顶形式主要有单坡顶、双坡顶、四坡顶、攒尖顶、回顶、屯顶等。目前,最为常用的是双坡顶和四坡顶。

1. 单坡屋顶

单坡屋顶是一面坡屋顶。一般用于民居或辅助性建筑上,雨水仅向一侧排下,如图 6-2 所示。

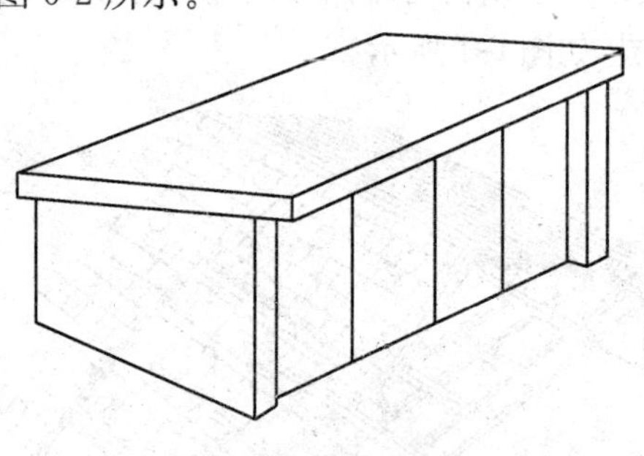

图 6-2　单坡屋顶示意图

2. 双坡屋顶

双坡屋顶是由两个交接的倾斜屋面覆盖在房屋顶部,雨水向两侧排下的坡屋顶,这种形式应用较广泛。根据屋面(檐口)和山墙的处理方式不同可分为悬山屋顶、硬山屋顶两种。

(1)悬山屋顶。两端屋面伸出山墙外的一种屋顶形式,又称不厦两头,如图 6-3(a)所示。挑檐可保护墙身、有利排水等作用,是民用住宅的主要屋顶形式之一。

(2)硬山屋顶。两端屋面不伸出山墙且山墙高出屋面的一种屋顶形式,如图 6-3(b)所示,是民居建筑的主要屋顶形式之一。

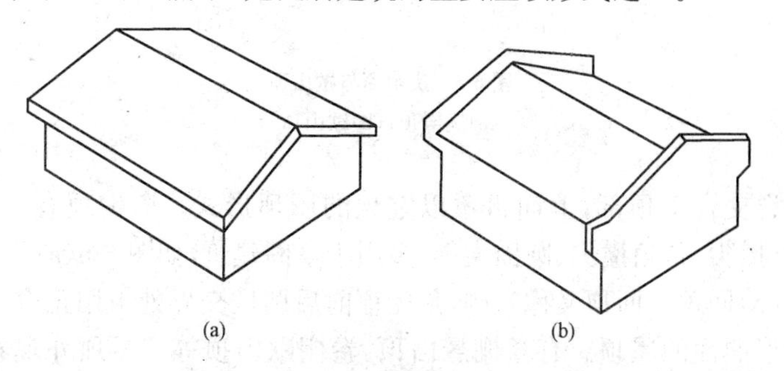

图 6-3　双坡屋顶

(a)双坡悬山屋顶;(b)双坡硬山屋顶

3. 四坡屋顶

四坡屋顶是由四个坡面交接组成的,雨水向四个方向排下的坡屋顶。构造上较双坡屋顶复杂,如庑殿顶,歇山顶等,如图 6-4 所示。

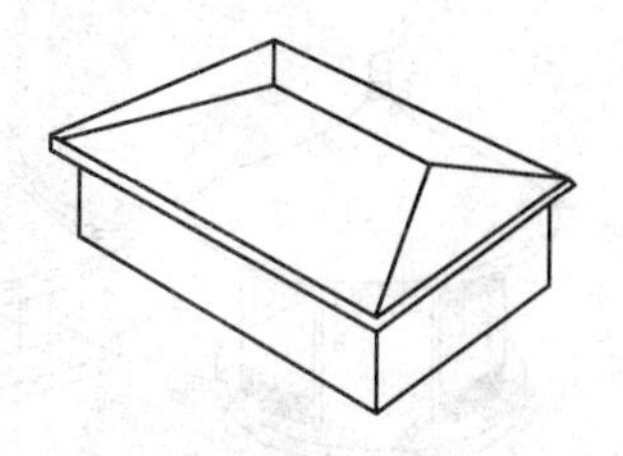

图 6-4　四坡顶基本形式

(1)庑殿顶。又称四阿、五脊殿,是一条正脊与四条垂脊组成的四面坡式屋顶。庑殿顶是古建筑形式中最高等级,为宫殿、寺庙等大型建筑群中主要殿阁所采用。对一些大型殿宇常采用重檐做法,称重檐庑殿。如图 6-5(a)所示。

(2)歇山顶。屋顶上半部为两坡顶,下半部为四坡顶,共有九条脊,故又称九脊殿。屋顶等级仅次于庑殿顶,常用于宫殿、寺庙等大型建筑群中,大型殿宇常采用重檐做法,称重檐歇山顶,如图 6-5(b)所示。

4. 攒尖顶、回顶、屯顶

(1)攒尖顶。攒尖顶又称斗尖,是屋顶向上呈尖锥状,无正脊,数

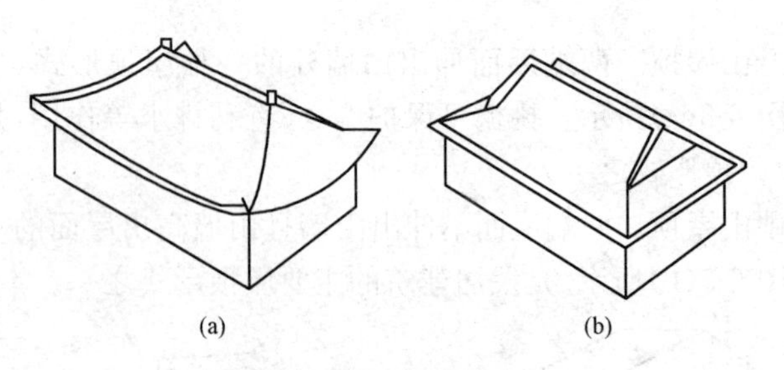

图 6-5　庑殿顶与歇山顶

(a)庑殿顶;(b)歇山顶

条垂脊交合于顶部,上面再覆以宝顶的屋顶形式。攒尖顶有三角攒尖、方攒尖、多角攒尖、圆攒尖等,多用于亭阁建筑,如图 6-6(a)所示。

(2)回顶。回顶又称卷棚,是屋顶前后两坡交界处不用正脊,而做成弧形曲面的屋顶。有卷棚悬山顶、卷棚歇山顶等。屋顶外观卷曲,舒展轻巧,多用于园林建筑,如图 6-6(b)所示。

(3)屯顶。呈微曲面形式的一种屋顶。华北、东北民居常见,如图 6-6(c)所示。

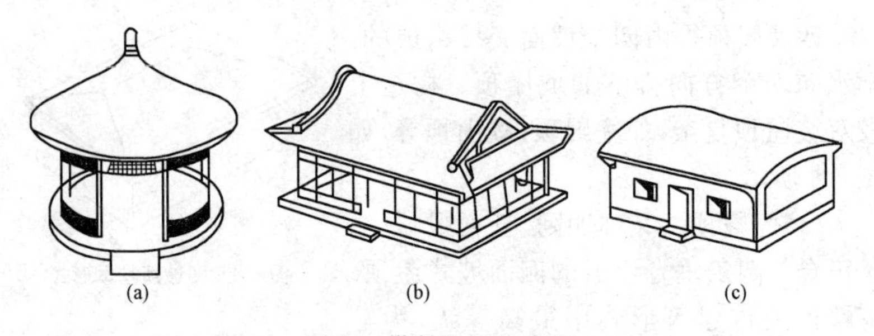

图 6-6　攒尖顶、回顶、屯顶

(a)攒尖顶;(b)回顶;(c)屯顶

三、坡屋顶的承重结构

1. 坡屋顶承重结构构件

坡屋面的承重结构构件主要有屋架和檩条两种。

(1)屋架。屋架形式常为三角形,由上弦、下弦及腹杆组成,所用材料有木材、钢材及钢筋混凝土等(图 6-7)。木屋架一般用于跨度不超过 12 m 的建筑。将木屋架中受拉力的下弦及直腹杆件用钢筋或型钢代替,这种屋架称为钢木屋架。钢木组合屋架一般用于跨度不超过 18 m 的建筑。当跨度更大时需采用预应力钢筋混凝土屋架或钢屋架。

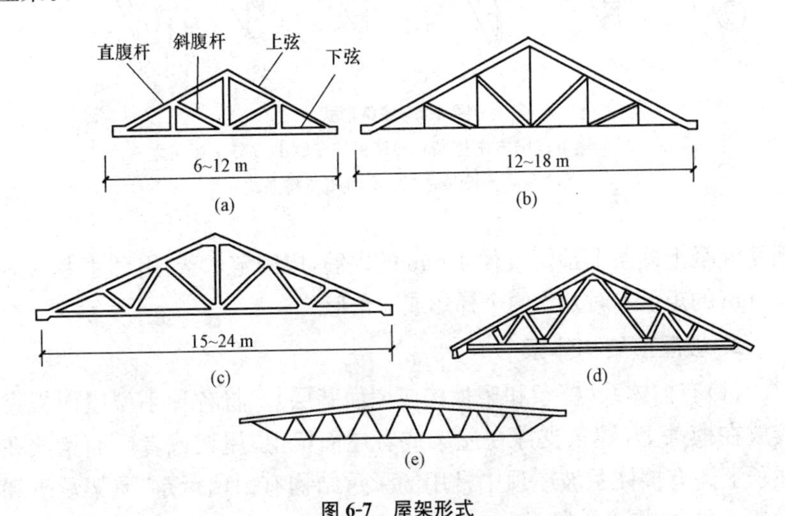

图 6-7 屋架形式

(a)木屋架;(b)钢木屋架;(c)预应力钢筋混凝土屋架
(d)芬式钢屋架;(e)梭形轻钢屋架

(2)檩条。檩条所用材料可为木材、钢材及钢筋混凝土,檩条材料的选用一般与屋架所用材料相同,使两者的耐久性接近。檩条的断面形式如图 6-8 所示。

木檩条有矩形和圆形(即原木)两种;钢筋混凝土檩条有矩形、L 形和 T 形等;钢檩条有型钢或轻型钢檩条。檩条的断面大小由结构计算确定,方木檩条般为(75～100) mm×(100～180) mm;原木檩条的梢径一般为 100 mm 左右。檩条的跨度:当采用木檩条时,一般在 4 m 以内;钢筋混凝土檩条可达 6 m。檩条的间距根据屋面防水材料及基层构造处理而定,一般在 700～1 500 mm 内。山墙承檩时,应在山墙上预置混凝土垫块。为便于在檩条上固定瓦屋面的木基层,可在

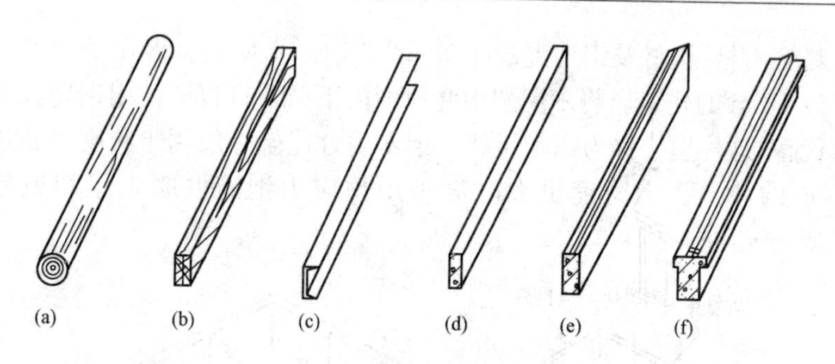

图 6-8　檩条形式

(a)圆木檩条;(b)方木檩条;(c)槽钢檩条;(d)混凝土檩条之一
(e)混凝土檩条之二;(f)混凝土檩条之三

钢筋混凝土檩条上预留直径 4 mm 的钢筋,以固定木条,用尺寸为 40～50 mm 的矩形木对开为两个梯形或三角形。

2. 坡屋顶结构体系

(1)有檩体系(檩条和望板构成屋面基层)。将各种小型屋面板直接放在檩条上,檩条支撑在屋架或者屋面梁上,屋架或者屋面梁放在柱子上。有檩体系坡屋顶中常用的承重结构有山墙承重、屋架承重和梁架承重,如图 6-9 所示。

1)山墙承重。山墙承重是指按屋顶所要求的坡度,将横墙上部砌成三角形,在墙上直接搁置檩条来承受屋面重量的一种结构方式,这种承重方式,又称横墙承重或硬山搁檩。山墙承重构造简单,施工方便、节约木材,有利于屋顶的防火和隔音,适用于开间为 4.5 m 以内,尺寸较小的房间等。

2)屋架承重。屋架承重是指由一组杆件在同一平面内互相结合成整体屋架,在其上搁置檩条来承受屋面重量的一种结构方式,屋架承重可以形成较大的内部空间,多用于要求有较大空间的建筑等。

3)梁架承重。梁架承重是我国的传统结构形式,用柱与梁形成的梁架支承檩条,并利用檩条及联系梁,使整个房间形成一个整体的骨架,墙只是起围护和分隔作用,民间传统建筑中多采用木柱、木梁、木枋构成的梁架结构。

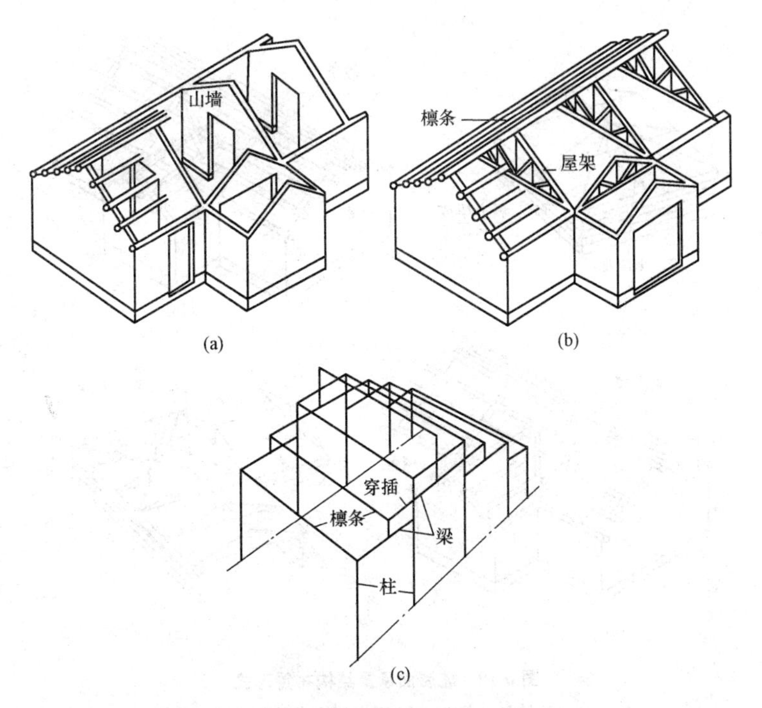

图 6-9　坡屋面的承重结构示意图

(a)横墙承重;(b)屋架承重;(c)梁架承檩式屋架

(2)无檩体系。将大型屋面板直接放在山墙,屋架(屋面梁)上,屋架(屋面梁)放在柱子(或者墙)上,构成装配式坡屋顶结构。

3. 承重结构布置

坡屋面承重结构布置主要是指屋架和檩条的布置,其布置方式视屋面形式而定。双坡屋面结构布置按开间尺寸等间距布置即可;四坡屋面的结构布置,屋面尽端的三个斜面呈 45°相交,采用半屋架一端支承在外墙上,另一端支承在尽端全屋架上,如图 6-10(a)所示;屋面垂直相交处的结构布置有两种做法:一种是把插入屋面的檩条搁在与其垂直的屋面檩条上,如图 6-10(b)所示;另一种是用斜梁或半屋架,斜梁或半屋架一端支承在转角的墙上,另一端支承在屋架上,如图 6-10(c)所示;屋面转角处,利用半屋架支承在对角屋架上,如图 6-10(d)所示。

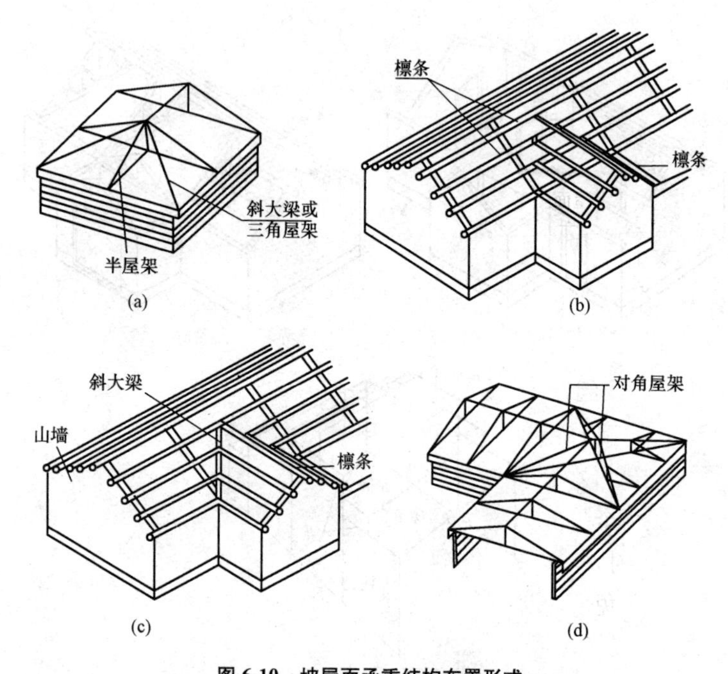

图 6-10　坡屋面承重结构布置形式

(a)四坡顶的屋架;(b)丁字形交接处屋面之一

(c)丁字形交接处屋面之二;(d)转角屋面

四、坡屋顶坡度与组合

1. 坡屋顶坡度

屋面坡度用斜面在垂直面上的投影高度(矢高 H)和水平面上的投影长度(半个跨度 $L/2$)之比来表示;也可用高跨比(矢高 H 和跨度 L 之比)来表示;或以斜面和水平面的夹角来表示。屋面坡度选取是否合理,影响屋顶的防水效果。坡度大小主要根据所选用的屋面防水层材料的性能和构造决定。如果选用防水性能好、单块面积大、接缝少的材料如卷材、构件自防水、金属薄板等,坡度可以小些;如果选用瓦块铺设屋面,块小、接缝多,坡度应大些。在寒冷地区为防止屋面大量积雪,坡度宜较陡;带有阁楼的屋顶,常采用陡坡屋面或采用两个不同坡度结合的折腰式屋面。各种瓦材由于搭接长度不同,对坡屋顶的坡度要求也有差别,各种瓦屋顶的最小坡度见表 6-1。

表 6-1 各种瓦屋顶的最小坡度

屋面瓦材名称	最小坡度	屋面瓦材名称	最小坡度
水泥瓦(黏土瓦)屋面	1∶2.5	石板瓦屋面	1∶2
波形瓦屋面	1∶3	青灰屋面	1∶10
小青瓦屋面	1∶1.8	构件消防水屋面	1∶4

2. 坡屋顶组合

两个坡屋顶平行相交构成水平屋脊。两个坡屋顶成角相交,在阳角处形成斜脊,在阴角处形成斜天沟,斜脊和斜天沟在平面交角的分角线上,如两个平面为垂直相交,则斜脊和斜天沟皆与平面成 45°在屋顶平面组合时,应按一定的规则相互交接,以使屋顶构造合理、排水通畅,应尽量避免两个坡屋顶平行交接时出现的水平天沟。常用坡屋顶的交接形式见图 6-11。

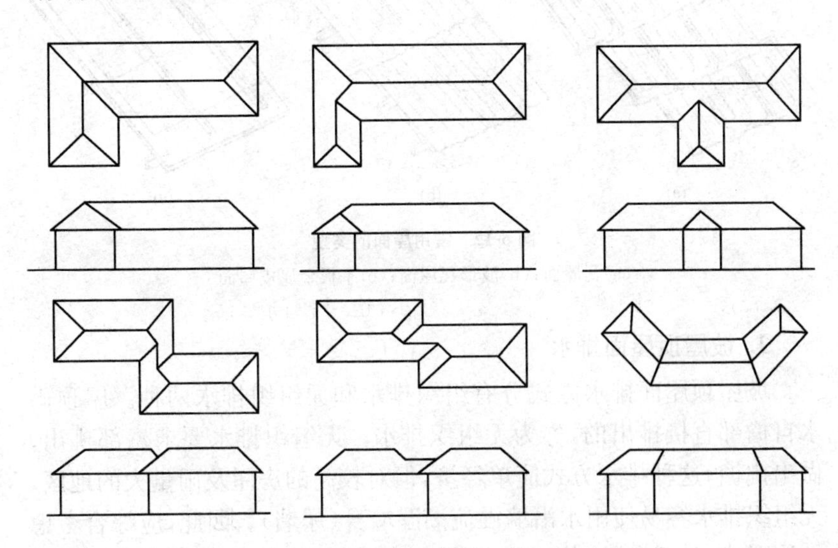

图 6-11 坡屋顶面交接形式

五、坡屋顶材料与排水

1. 坡屋顶材料

坡屋顶的屋面材料大多是各种瓦材。由于屋面材料种类较多，现按照屋面类型进行划分，如图 6-12 所示。

(1)瓦屋面。瓦屋面常用的有平瓦、小青瓦、筒板瓦、鸳鸯瓦、平板瓦、石片瓦等。这些瓦大多数是由黏土烧制而成，也有天然石板制成。一般平面尺寸不大，常在 200～500 mm 左右。

(2)波形瓦屋面。波形瓦屋面有纤维水泥波瓦、镀锌铁皮波瓦、铝合金波瓦、玻璃钢波瓦、木质纤维波瓦、菱苦土波瓦及压型薄钢板波瓦等。一般宽度为 600～1 000 mm，长度为 1 800～2 800 mm，厚度较薄。

(3)平板金属皮屋面，有镀锌铁皮、涂膜薄钢板、铝合金皮和不锈钢皮等，它们的接缝常采用折叠结合。

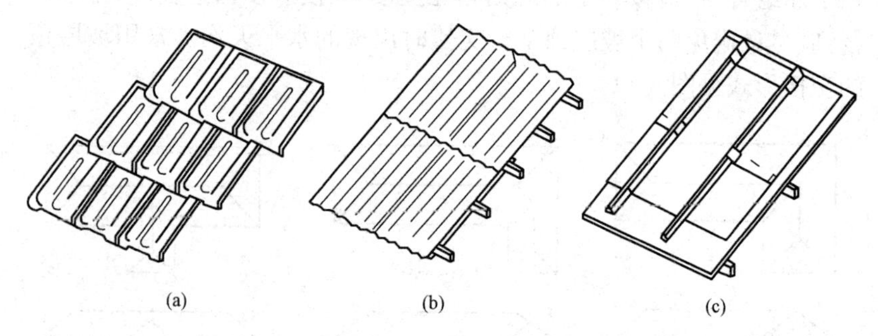

图 6-12 常用屋面的类型

(a)瓦屋面；(b)波形瓦屋面；(c)平板金属皮屋面

2. 坡屋顶屋面排水

坡屋顶屋面排水方式分有组织排水和无组织排水两种。屋顶雨水自檐部直接排出的，称为无组织排水。无组织排水要求檐部挑出，做出挑檐，这种排水方式简单经济，但对较高的房屋及雨量大的地区，无组织排水容易使雨水沿墙漫流潮湿墙身(尿墙)。因此，应综合考虑结构形式、气候条件、使用特点等因素来决定排水方式，并优先考虑采用外排水。表 6-2 所列为需采用组织排水的屋面。

表 6-2　需采用组织排水的屋面

地区	檐口高度/m	相邻屋面
年降雨量≤900mm	8～10	高差≥4m 的高处檐口
年降雨量>900mm	5～8	高差≥3m 的高处檐口

第二节　坡屋顶屋面构造处理

一、一般规定

(1)瓦屋面适用于防水等级为Ⅰ级、Ⅱ级的屋面防水。其防水做法分别是:Ⅰ级防水,瓦+防水层;Ⅱ级防水,瓦+防水垫层。

(2)瓦屋面应根据瓦的类型和基层种类采取相应的构造做法。

(3)平瓦与山墙及突出屋面结构的交接处,均应做不小于 250 mm 高泛水处理。

(4)在大风或地震设防地区或坡度大于 100%时,瓦片应采取固定加强措施。

(5)瓦屋面严禁在雨天或雪天施工,5 级风及其以上时不得施工。严寒及寒冷地区瓦屋面,檐口部位应采取防止冰雪融化下坠和冰块形成等措施。

(6)瓦屋面完工后,应避免屋面受物体冲击。严禁随意上人或堆放物件。

二、平瓦屋面构造

坡屋顶中,平瓦应用最为广泛。平瓦屋面根据使用要求和用材不同可分为冷摊瓦屋面、木望板瓦屋面、钢筋混凝土瓦屋面三种。

1. 冷摊瓦屋面

冷摊瓦屋面是在檩条上钉固椽条,然后在椽条上钉挂瓦条并直接挂瓦,如图 6-13(a)所示。这种做法构造简单,但雨雪易从瓦缝中飘入室内,通常用于我国南方地区质量要求不高的建筑。木檩条断面尺寸一般为 40 mm×60 mm 或 50 mm×50 mm,其间距为 400 mm 左右。

挂瓦条断面尺寸一般为 30 mm×30 mm，中距 330 mm。

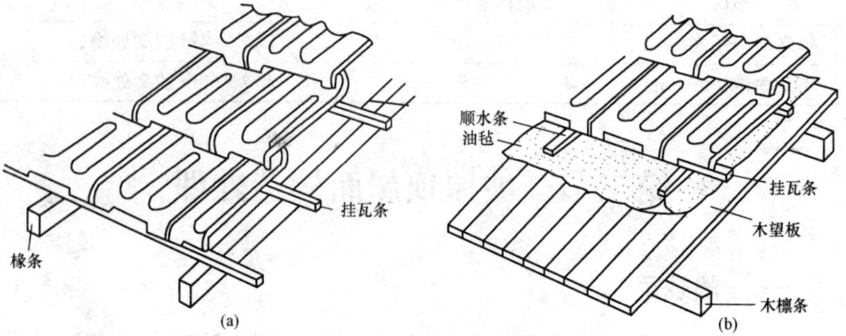

图 6-13　木基屋平瓦屋面

(a)冷摊瓦屋面；(b)木望板瓦屋面

2. 木望板瓦屋面

木望板瓦屋面是在檩条上铺钉 15～20 mm 厚的木望板(亦称屋面板)，望板可采取密铺法(不留缝)或稀铺法(望板间留 20 mm 左右宽的缝)，在望板上平行于屋脊方向干铺一层油毡，在油毡上顺着屋面水流方向钉 10 mm×30 mm、中距 500 mm 的顺水条，然后在顺水条上面平行于屋脊方向钉挂瓦条并挂瓦，挂瓦条的断面和间距与冷摊瓦屋面相同，如图 6-13(b)所示。这种做法比冷摊瓦屋面的防水、保温隔热效果要好，但耗用木材多、造价高，多用于质量要求较高的建筑物中。为节约木材，一般情况下，不宜采用木望板作为屋面基层。

3. 钢筋混凝土板瓦屋面

当基层为钢筋混凝土板时，平瓦与基层的连接方法有砂浆卧瓦、钢挂条挂瓦、木挂条挂瓦三种。根据屋面是否需要保温隔热和屋面防水等级不同，其构造做法也不同。图 6-14 为钢筋混凝土基层平瓦屋面构造示例。

水泥砂浆找平层一般设置在卷材防水和涂膜防水层之下，内掺纤维素，并设分格缝，间距不大于 6 m；细石混凝土找平层一般设置在瓦材之下，用于钉铺块瓦挂瓦条和钉粘油毡瓦，内设直径 6@500 mm×500 mm 钢筋网，可不设分格缝。卷材防水层可采用合成高分子防水

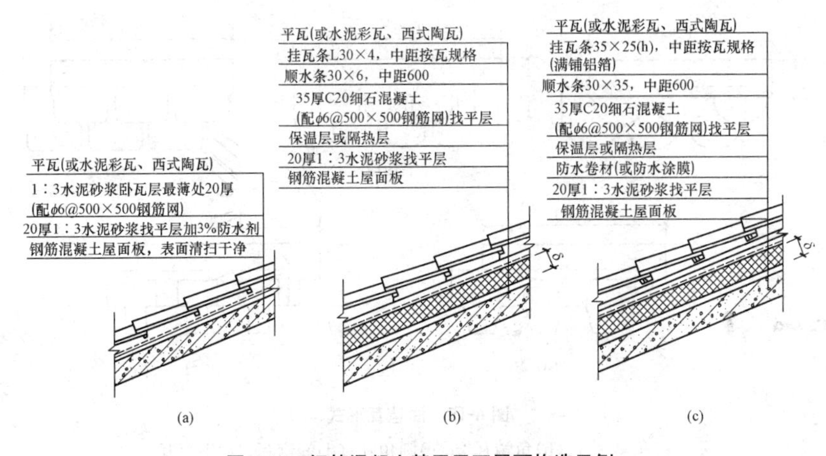

图 6-14　钢筋混凝土基层平瓦屋面构造示例

(a)砂浆卧瓦；(b)钢挂条挂瓦；(c)木挂条挂瓦

卷材，厚度不小于 1.2 mm；或采用高聚物改性沥青防水卷材，厚度不小于 3 mm，如采用合成高分子防水涂料，厚度不小于 1.5 mm；高聚物改性涂料厚度不小于 3 mm。在木基层上铺设卷材时，应自下而上平行屋脊铺贴，搭接顺水流方向。

保温层设在防水层上方，一般采用板状保温材料和整体现浇保温层。在地震、大风区及屋面坡度大于 50％时，应对全部瓦材进行固定加强措施。具体办法是采用双股 18 号铜丝将瓦和挂瓦条绑扎在一起，砂浆卧瓦时，将瓦和砂浆内的钢筋网绑扎在一起。

挂瓦条的间距应根据瓦的规格和屋面坡长确定，挂瓦条应铺钉平整、牢固，上棱成一直线。平瓦应铺成整齐的行列，彼此紧密搭接，并应瓦榫落槽、瓦脚挂牢、瓦头排齐，檐口成一直线。

三、油毡瓦屋面构造

油毡瓦是以玻纤毡为胎基的彩色块瓦状的防水片材，又称沥青瓦，如图 6-15 所示。由于色彩丰富、形状多样，近年来已得到广泛应用。

油毡瓦屋面的基层可为木基层或钢筋混凝土板。当采用木基层时，应在基层上先铺一层卷材垫毡，从檐口往上用油毡钉钉牢，钉帽应

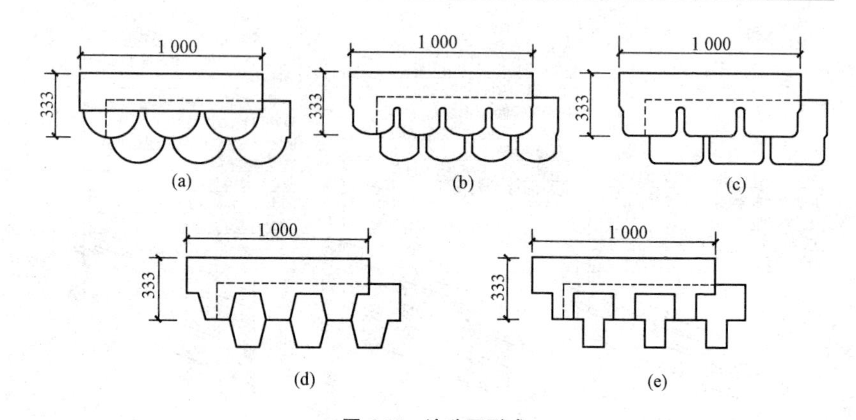

图 6-15 油毡瓦形式

(a)鱼鳞瓦 1;(b)鱼鳞瓦 2;(c)圆角瓦;(d)蜂窝瓦;(e)T 字瓦

盖在垫毡下面,垫毡搭接宽度不小于 50 mm,垫毡可采用 350 号石油沥青油毡。当在混凝土基层上铺设油毡瓦时,应在基层表面抹 20 mm 厚 1∶3 水泥砂浆找平层,其上涂抹基层处理剂,进行卷材防水或涂膜防水施工,然后在防水层上面做细石混凝土找平层。如果有保温隔热层,则做在防水层之上,再做细石混凝土找平层。

铺设油毡瓦时,先铺设一层卷材垫毡。油毡瓦自檐口向上铺设,第一层瓦与檐口平行,切槽向上指向屋脊,第二层瓦与第一层瓦重叠,切槽向下指向檐口。第三层瓦应压在第二层瓦上,并露出切槽,相邻两层瓦的拼缝及瓦槽应均匀错开。每片油毡瓦不应少于 4 个油毡钉,油毡钉应垂直钉入,钉帽不得外露。当屋面坡度大于 150%时,应增加油毡钉或采用沥青胶粘贴。图 6-16 为油毡瓦屋面构造。

四、金属板材屋面构造

金属瓦屋面是用铝合金或镀锌钢板压型板、波纹板做屋面防水层,由檩条、木望板做基层的一种屋面,其特点是自重轻,防水性能好,耐久性好,施工简便,并具优良的装饰性,近年来广泛用于宾馆、饭店、大型商场、游艺场馆、体育场馆、车站、飞机场等建筑的屋面。

金属瓦材较薄,厚度为 1 mm 左右,铺设时在檩条上铺木望板,木望

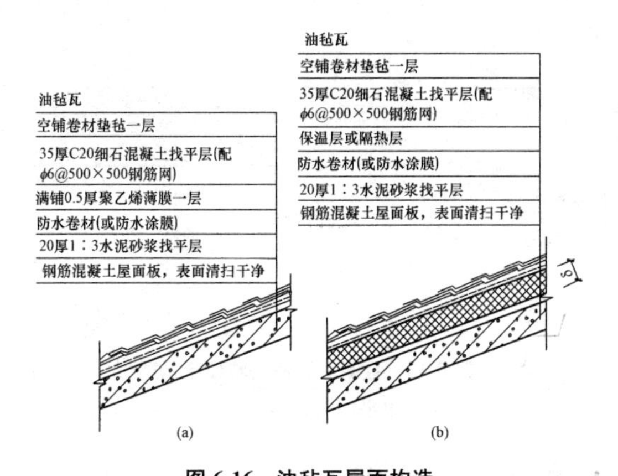

图 6-16　油毡瓦屋面构造

(a)Ⅱ级防水，无保温隔热；(b)Ⅱ级防水，有保温隔热

板上干铺一层油毡作为第二道防水层，再用钉子将金属板固定在木望板上。金属瓦间的拼缝通常采取相互交搭卷折成咬口缝，以避免雨水渗漏。咬口缝可分为两种：竖缝咬口缝（平行于屋面水流方向）、横缝平咬口缝（垂直于屋面水流方向），如图 6-17 所示。平咬口缝又分单平咬口缝（屋面坡度大于 30%），双平咬口缝（屋面坡度小于 30%），如图 6-18 所示。在木望板上钉铁支脚，然后将金属瓦的边折卷固定在铁支脚上，使竖缝咬口缝能竖直起来，支脚和螺钉宜采用同一材料为佳。所有金属瓦必须相互连通导电，并与避雷针或避雷带连接，以防雷击。

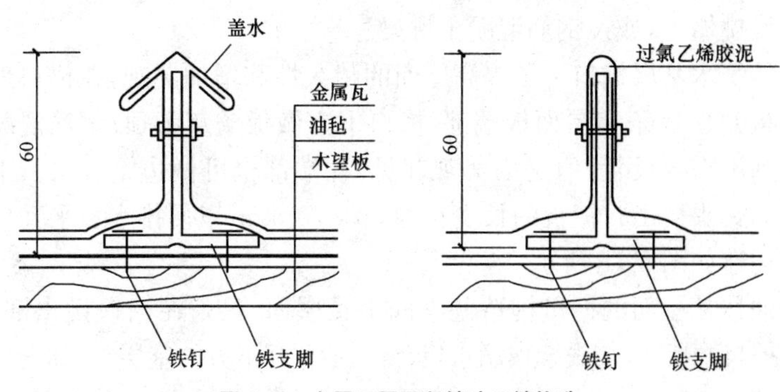

图 6-17　金属瓦屋面竖缝咬口缝构造

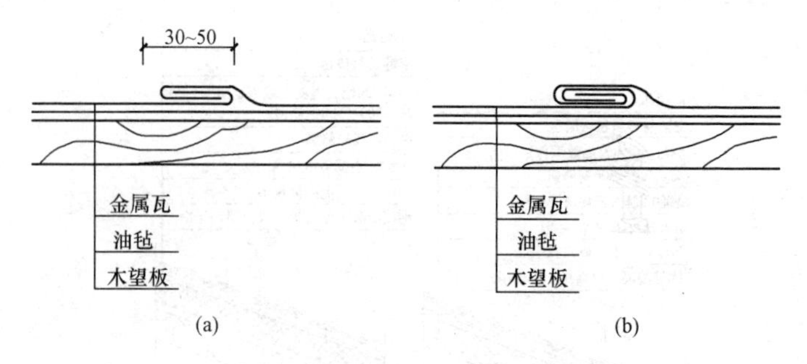

图 6-18　金属瓦屋面平咬口缝构造

(a)单平咬口;(b)双平咬口

五、瓦屋面细部构造

瓦屋面应做好檐口、天沟、屋脊等部位的细部处理。

1. 檐口构造

檐口分为纵墙檐口和山墙檐口。

(1)纵墙檐口。瓦屋面一般伸出外墙一段距离,以保护外墙免遭雨淋,挑出部分就称为挑檐,也叫檐口。挑檐按所处位置不同分为纵墙挑檐和山墙挑檐。

纵墙檐口设在纵墙挑出一侧,当屋面为四坡排水时,横墙挑檐口构造同纵墙。挑檐挑出长度根据设计要求而定。当出挑长度不大时,可直接将木基层或钢筋混凝土板挑出;当出挑长度较大时,可在屋架下方设挑檐木,或设钢筋混凝土挑梁。

传统木基层檐口为了提高屋面的耐久性和增加美观,在檐口处设封檐板封住椽条和屋面板端部,檐口下方做板条灰吊顶;钢筋混凝土檐口则不需要设置,但是为美观起见,在端部也可做边梁收头。平瓦屋面的瓦头挑出封檐板的长度宜为 50～70 mm,以便排水。平瓦屋面檐口构造如图 6-19 所示。

油毡瓦屋面的檐口构造基本同平瓦屋面,只是在檐口挑出部分,为保护封檐板,应加设金属滴水板,钉入油毡瓦下方的基层上,如图 6-20 所示。

(2)山墙檐口。山墙挑檐按屋面形式分为悬山、硬山、出山三种。

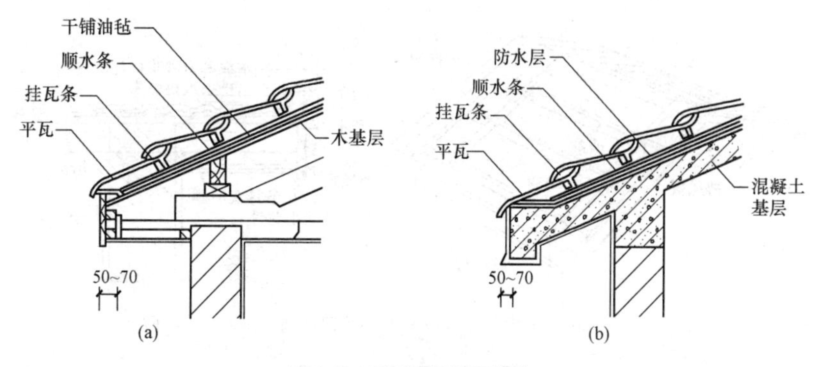

图 6-19　平瓦屋面檐口构造

(a)木基层檐口构造示例;(b)钢筋混凝土基层檐口构造示例

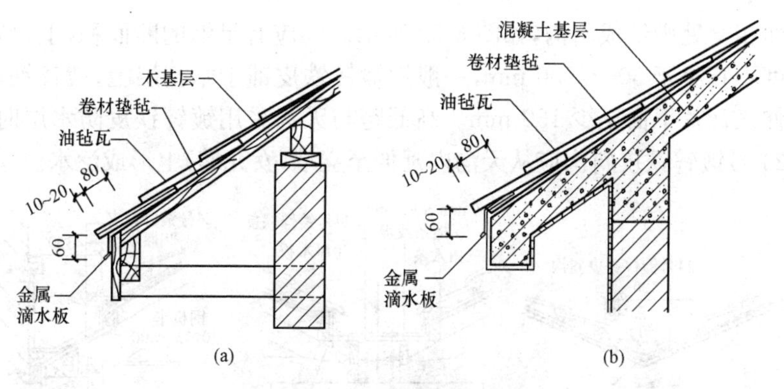

图 6-20　油毡瓦屋面檐口构造

(a)木基层檐口构造示例;(b)钢筋混凝土基层檐口构造示例

悬山屋顶是将屋面檩条向外悬挑一部分,故称悬山。挑檐上面覆瓦,下面做吊顶,端部做封檐板,也叫博风板,如图 6-21 所示。

硬山屋顶是将山墙升至屋顶包住屋面瓦材,山墙高度与屋面基本持平,当山墙高度超过屋面许多,就形成了出山屋顶。徽派建筑的封火墙其实就是出山屋顶,这种屋顶形式可以有效地隔断火源,在我国南方地区运用较多。

2. 天沟构造

在等高跨或高低跨相交处,常常出现天沟,而两个相互垂直的屋

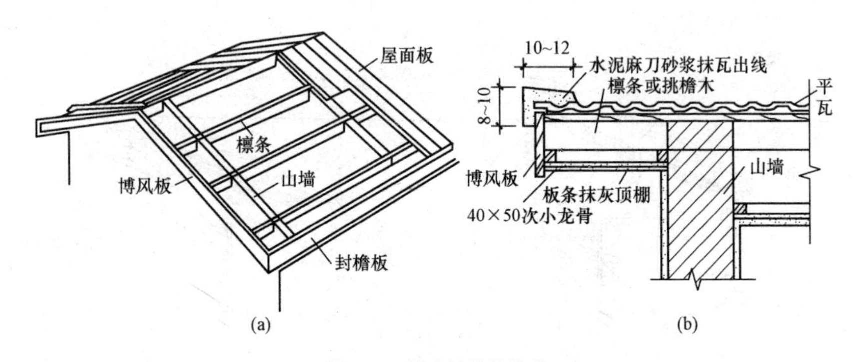

图 6-21　悬山墙挑檐构造

(a)檩条挑檐构造;(b)山墙挑檐构造

面相交处则形成斜沟,如图 6-22 所示。沟应有足够的断面积,上口宽度不宜小于 300～500 mm,一般用镀锌铁皮铺于木基层上,镀锌铁皮伸入瓦片下面至少 150 mm。高低跨与天沟采用镀锌铁皮防水层时,24 号镀锌铁皮斜沟应从天沟内延伸至立墙(女儿墙)上形成泛水。

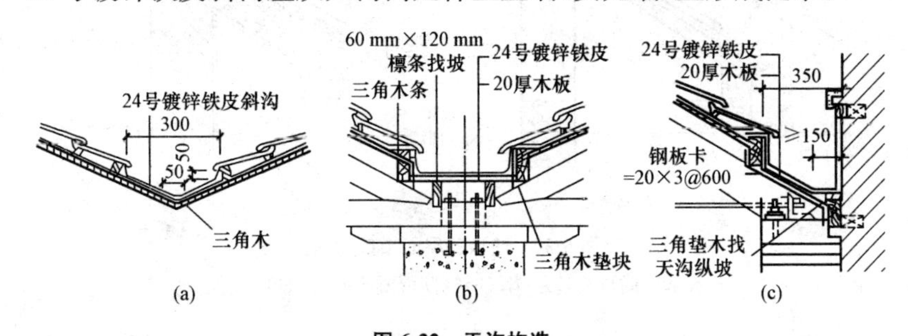

图 6-22　天沟构造

(a)三角天沟;(b)矩形天沟;(c)高低跨屋面天沟

第三节　坡屋顶保温与隔热

一、坡屋顶保温

在寒冷地区坡屋顶需设保温层。坡屋顶的保温一般有两种情况:一种是屋面层保温;另一种是天棚保温。

1. 屋面层保温

在屋面层中设保温层或用屋面兼作保温层，如草屋面、麦秸青灰顶屋面等，还可将保温层放在檩条之间，或在檩条下钉保温板材，但要注意屋面的隔气问题，如图 6-23 所示。

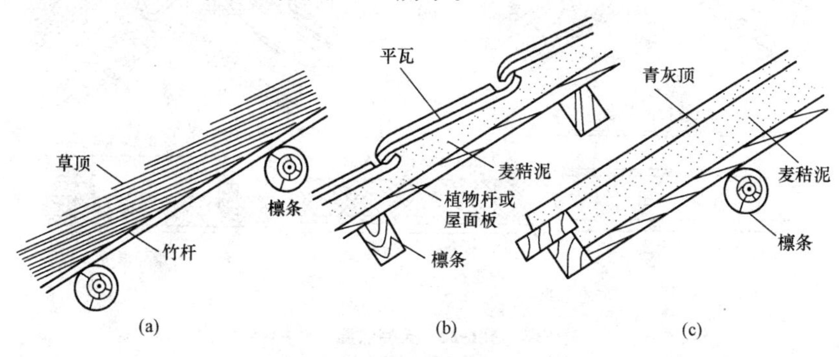

图 6-23 坡屋顶的屋面保温层构造

(a)草屋顶；(b)平瓦屋顶；(c)青灰顶

2. 天棚保温

对有天棚的屋顶，可将保温设在吊顶上，保温材料可选无机散状材料（如矿渣，膨胀珍珠岩、膨胀蛭石等），也选用当地材料（如糠皮、海带草、锯末等有机材料），如图 6-24 所示。

二、坡屋顶隔热通风

坡屋顶的隔热通风主要有通风隔热和材料隔热两种方式。

1. 通风隔热

坡屋顶通风隔热（图 6-25）主要有以下三种方式。

（1）在结构层下做吊顶，并在山墙、檐口或屋脊等部位设通风口。

（2）可在屋面上设老虎窗。

（3）利用吊顶上部的大空间组织穿堂风。

2. 材料隔热

通过改变屋面材料的物理性能实现隔热，如提高金属屋面板的反射效率，采用低辐射镀膜玻璃、热反射玻璃等。

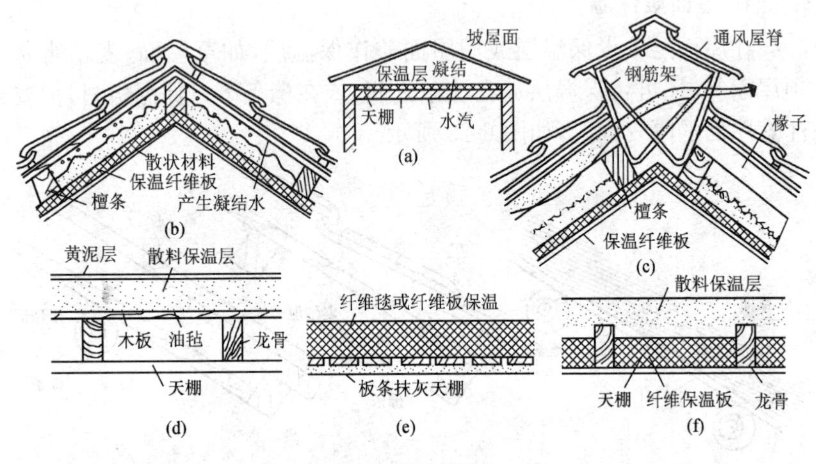

图 6-24　天棚保温

(a)冷屋面保温体系;(b)非通风屋顶的水汽凝结;(c)屋顶层通风
(d)散料保温天棚;(e)纤维保温天棚;(f)散料与纤维保温天棚

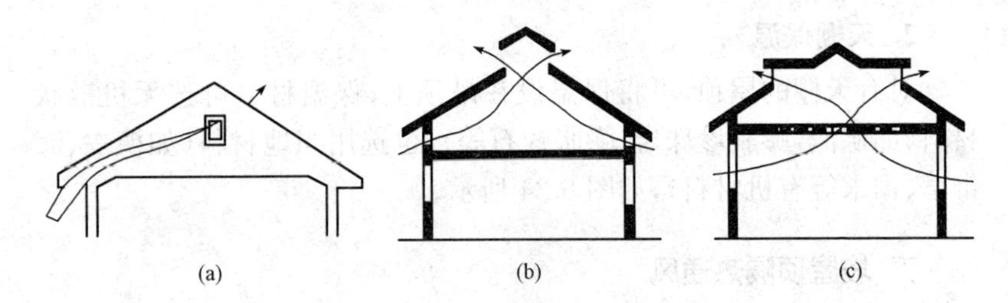

图 6-25　坡屋顶的隔热通风方式

(a)檐口及山墙通风口;(b)天棚及天窗通风口;(c)外墙及天窗通风口

第七章 小城镇园林景观设计

第一节 概 述

一、小城镇园林景观设计指导思想

(1)维护自然。小城镇园林景观要充分认识到维护自然是利用自然和改造自然的基本前提。在小城镇园林景观设计中,必须对整体山水格局的连续性进行维护和强化,尽可能减少对自然的影响和破坏,以保证自然景观体系的健康发展,要尽可能利用原有的地形地貌以及独特的气候变化等自然元素造景,以保证小城镇园林尽量与乡村景观相协调。

(2)以人为本。创造舒适宜人的可人环境,体现人为生态。“人”是景观的使用者。因此,首先考虑使用者的要求、做好总体布局,要有利于全厂工作环境,减少建设中的种种矛盾,提高环境质量等方面的功能要求。

(3)营造特色。要体现出小城镇园林景观特色就需要对环境有敏感和独特的构思,在充分分析利用当地的地理条件、经济条件、社会文化特征以及生活方式等多方面因素的基础上,反映出地方传统和空间,营造出其独一无二的特色。

二、小城镇园林景观设计原则

(1)“以绿为主”,最大限度提高绿视率,体现自然生态。设计中主要采用以植物造景为主,绿地中配置高大乔木,茂密的灌木,营造出令人心旷神怡的环境。

(2)“因地制宜”是植物造景的根本。在景观设计中,“因地制宜”应是“适地适树”、“适景适树”最重要的立地条件。选择适生树种和乡土树种，要做到宜树则树，宜花则花，宜草则草，充分反映出地方特色，只有这样才能做到最经济、最节约，也才能使植物发挥出最大的生态效益，起到事半功倍的效果。

(3)“崇尚自然”寻求人与自然的和谐。纵观古今中外的庭院环境设计，都以“接近自然，回归自然”作为设计法则，贯穿于整个设计与建造中。只有在有限的生活空间利用自然、师法自然，寻求人与建筑小品、山水、植物之间的和谐共处，才能使环境有融于自然之感，达到人与自然的和谐。

第二节　小城镇园林景观设计模式

一、小城镇园林景观形式与设计

在小城镇园林景观空间设计时应按规定标准划定绿化用地面积，力求公共绿地分层次合理布局；要根据当地情况，分别采取点、线、面、环、网等多种布局形式，切实提高城镇绿化水平。

1. 点——景观点

点是景观中已经被标定的可见点，可以说，点就是一个视线汇聚的地方，也就是在整个景观轴线上比较突出的景观点。比如大型广场的中心雕塑就是景观节点，其作用就是能吸引周边的视线，从而突出该点的景观效果。景观节点往往在整个景观设计中起画龙点睛的作用。一般大型的项目都会有多个节点，突出各个部分的特色，同时也把全局串联在一起，更好地体现出设计者的意图。图 7-1、图 7-2 分别为某公园跌水成为景观节点及某公园景观节点效果图。

2. 线——景观带

线有长短粗细之分，其是点不断延伸组合而成的。线有直线、曲线、折线、自由线等各种不同的形式。如直线给人的感觉是静止、安定、上升、下落；斜线给人的感觉是不稳定、飞跃、反秩序；曲线给人的感觉是跳跃、节奏、速度、流畅；折线给人的感觉是转折、变幻的导向感；自由线给人的感觉则是焦虑、不安、波动、柔软。在景观设计过程

图 7-1　某公园跌水成为景观节点

图 7-2　某公园景观节点效果图

中，需要根据不同的需要加以选择。

3. 面——景观面

面的形式有许多种，不同的组合可以形成规则和不规则的几何形体。规则的几何形体，具有不同的性格特征。平面能给人空旷、延伸、平和的感受；曲面在景观的地面铺装及墙面的造型、台阶、路灯、设施的排列等广泛运用。平面图形从几何分布上有多种形式，景观造型中最常见的有以下几种形式：

(1)矩形模式。在园林景观环境中，方形和矩形是较常见的组织形式。这种模式最易与中轴对称搭配，经常被用在要表现正统思想的基础性设计中。矩形的形式尽管简单，它也能设计出一些不寻常的有趣空间，如图 7-3 所示。

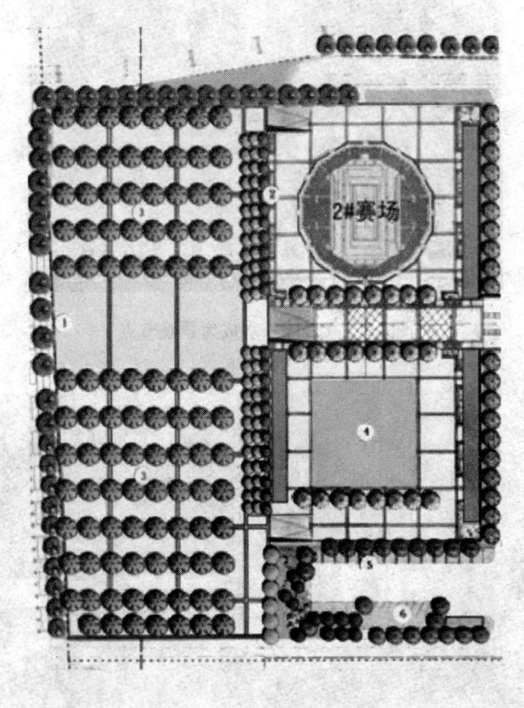

图 7-3　矩形方案实例

(2)三角形模式。三角形模式带有运动的趋势，能给空间带来某处动感，随着水平方向的变化和三角形垂直元素的加入，这种动感也会愈加强烈，如图 7-4 所示。

(4)圆形模式。圆是一种几何图形。圆的魅力在于其简洁性、整体感，如图 7-5 所示。

(5)螺旋线模式。数学中有各式各样富含诗意的曲线，螺旋线就是其中比较特别的一类。螺旋线这个名词来源于希腊文，它的原意是“旋卷”或“缠卷”。例如，平面螺旋便是以一个固定点开始向外逐圈旋绕而形成的曲线。在 2 000 多年以前，古希腊数学家阿基米德就对螺

图 7-4　百日菊盆栽拼成的三角形花境

图 7-5　圆形组合效果

旋线进行了研究。著名数学家笛卡尔于 1683 年首先描述了对数螺旋线,并且列出了螺旋线的解析式。更有趣的是瑞士数学家雅谷·伯努利,在逝世前请人在他的墓碑上刻了一条蜗牛壳形——对数螺旋线,并幽默地写上"我将按着原来的样子变化后复活"的墓志铭。在园林设计中被广泛采用的还是螺旋线,即自由螺旋线。

4. 体——景观造型

体属于三维空间,直接需要表现出其一定的体量感,并由此给人产生不同的感受，如严肃、厚重、庄重等。另外体还常与点、线、面组合构成形态空间，对于景观点、线、面上有形景观的尺度、造型、竖向、标高等进行组织和设计。

二、小城镇园林景观设计要素

1. 硬质环境设计

(1)硬质铺地部分。

1)小区硬质环境铺地的作用。

①具有分割空间，并将各个绿地空间联系成一个整体的作用。

②具有组织小区道路交通流线和引导景观视点的作用。

③为小区居民提供一个良好的休息、娱乐、运动的场地空间。

④小区的铺地可以直接创造优美的地面景观。

2)小区硬质铺地的常见类型。

①现浇混凝土地面(图 7-6)。

图 7-6　现浇混凝土地面

②沥青混凝土地面(图 7-7)。

③砖铺地(图 7-8)。

④天然石材铺地(图 7-9)。

⑤木料铺地(图 7-10)。

⑥其他硬质铺地。

(2)树池。

图 7-7　沥青混凝土地面

图 7-8　砖铺地

图 7-9　天然石材铺地

图 7-10　木料铺地

1)树池铺设的作用。

①能明确划分出一个保护区,防止主根部位的土壤被压实。

②护树面层所填充的铺面材料可以是疏松的砾石、疏松的方石、多孔的砌块以及美丽的鹅卵石等,它们都有利于树木的生长和树根的扩散。

2)树池的种类

①平树池(图 7-11)。

②高树池(图 7-12)。

③可坐人树池(图 7-13)。

(3)阶梯。

1)阶梯的作用。

①阶梯是建筑与周边环境的主要联系物。

②阶梯使景观两点间的距离缩短,而免迂回之苦。

图 7-11　平树池

图 7-12　高树池

图 7-13　可坐人树池

③阶梯可令人有步步高升的感觉，虽费力较多，但其乐趣足以补偿。

④阶梯可以使环境景观产生立体感，有利于环境景观的布置美观，并使环境有宽广的感觉。

⑤由于阶梯产生规律性运动的意味和阴影的效果，从而使环境景观呈现出音乐与色彩的韵律。

2)阶梯的设计要点。

①如果某段台阶特别长，最好每隔 10～20 个踏面设置一个休息平台，以便登梯者在体力和精神上有一个休息。

②台阶的踏面不应少于 350 mm，踏高不小于 120 mm。

③每一个踏步的踏面都应该有 1%的向外倾斜坡度的高差，以避免不在踏面形成积水。

④如果设计施工的台阶主要是为老年人或残疾人服务的，或者如果台阶踏面一侧的垂直高度超过 60°时，应设计扶手。在条件允许的情况下，最好在小区的阶梯处考虑为残疾人设计无障碍通道和扶手。

(4)山石造景。

1)山石造景的常见材料。

①天然的山石材料。

②以水泥混合砂浆、钢丝网或玻璃纤维水泥(GRC)作材料。

2)我国目前经常使用的天然石材种类。

①湖石。

②黄石。

③石英。

④斧劈石。

⑤石笋石。

⑥千层石。

2. 软质环境设计

(1)水体。

1)水体在环境景观中的作用。

①营造环境景观的作用。

②组景的作用。

③改善环境、调节环境中小气候的作用。

④提供体育娱乐活动的场所。

⑤提供观赏性水生植物和动物所需的生长条件，为生物多样性创造必需的环境。

⑥水还可以提供交通运输并汇集、排泄天然雨水以及防灾用水的作用。

2）水体的基本表现形式。

①静态的水：规则式水景池、自然式水景池、小区环境景观游泳池。

②动态的水：流水、落水、喷泉。

（2）植物。

1）植物在环境景观中的作用。

①空间塑造上的作用。

②改善环境的作用。

③美化环境的作用。

④生态的作用。

2）植物造景的艺术原则。

①色彩相宜的原则。

②季节相宜的原则。

③因景制宜的原则。

④位置相宜的原则。

第三节　小城镇道路园林景观设计

小城镇的道路景观是指在小城镇道路中由地形、植物、构筑物、铺装、小品等组成的各种景观形态。它是一个城镇风貌的体现，也是联系城镇景观区域的纽带。不仅如此，还能起到改善城镇生态环境的作用。

一、小城镇道路景观的构成要素

小城镇道路景观的构成要素主要有道路主体、景观主体、活动主体三种。

1. 道路主体

小城镇道路的主体是指承载车辆或行人的铺装主体,不同的道路功能对应不同的尺度,道路的宽度由道路红线所限定。小城镇道路的宽度通常小于城市道路,车行道以两车道、四车道为主,常常会有大量的单行车道或人行道、胡同等,它们是道路景观存在的基础和依托。

2. 景观主体

小城镇道路景观主体包括道路两侧的建筑物(商业、办公楼、住宅等),广告牌、路灯、垃圾桶等城市家具,围栏、空地(广场、公园、河流等),植物绿化。在景观主体中,植物绿化是最重要的,也是所占比例最大的部分。其中行道树绿化是小城镇的基础绿化部分。行道树绿带是设置在人行道与车行道之间,以种植行道树为主的绿带,但宽度一般不宜小于 1.5 m,由道路的性质、类型及其对绿地的功能要求等综合因素来决定。

行道树绿带的种植方式主要有树带式、树池式两种。

(1)树带式。在人行道与车行道之间留出一条大于 1.5 m 宽的种植带。根据种植带的宽度相应地种植乔木、灌木、绿篱及地被等。在树带中铺草或种植地被植物,不要有裸露的土壤。这种方式有利于树木生长和增加绿化量,改善道路生态环境和丰富住区景观。在适当的距离和位置留出一定量的铺装通道,便于行人往来。

(2)树池式。在交通量比较大、行人多而街道狭窄的道路上采用树池式种植的方式。应注意树池式营养面积小,不利于松土、施肥等管理工作,不利于树木生长。树池之间的行道树绿带最好采用透气性的路面材料铺装,例如,混凝土草皮砖、彩色混凝土透水透气性路面、透水性沥青铺地等,以利渗水通气,保证行道树生长和行人行走。

3. 活动主体

活动主体包括步行者、机动车和非机动车等在道路上活动的车辆、人流。不同的道路承载的活动整体是不同的，有些街道，如步行街，以步行者为主，偶尔会有车辆通过；城镇的主干道则以车辆居多。

二、小城镇道路园林景观设计要点

(1)从安全与美学观点出发，在满足交通功能的同时，充分考虑道路空间的美观性，道路使用者的舒适性，以及与周围景观的协调性，让使用者(驾驶员、乘客以及行人)感觉心情愉悦。

(2)小城镇道路的安全性要求景观设计必须考虑到车辆行驶的心理感受，行人的视觉感受和各景观要素之间的组织等多方面因素。

(3)在行人体验为主的道路景观中，需要考虑各种植物和构筑物的色彩、质感和肌理的搭配和组合，使人们在行走过程中产生视觉上的景观享受。

(4)可在道路景观中放置一些体现当地城镇的历史文化特色的景观小品或个性化的铺装等，形成丰富的道路景观，并展现出地方特色，突出城镇道路景观的个性。

(5)小城镇道路景观的形成是长期的自然与历史沉淀的过程。传统的村镇的道路布局并不整齐，再加上村民完全的自发性，由此产生变化丰富的、自由式布局的道路空间。

(6)由于小城镇的规模通常较小，道路空间的尺度也较小，周边建筑也并不高大，主要交通道路多以双向四车道居多。

(7)小城镇的道路景观本身也是一个生态单元，对周围的生态环境产生了正面的、积极的影响，并与小城镇形成良性的、互动的过程。

(8)中国传统的村镇是在中国农耕社会中发展完善的，它们以农村经济为大背景，无论是选址、布局和构成，无不体现了因地制宜、就地取材、因材施工的营造思想，体现出天人合一。

(9)保土、理水、植树、节能的处理手法，充分地体现了人与自然的和谐相处，既渗透着乡民大众的民俗民情，又具有不同的“礼”制文化。

(10)小城镇的道路景观应该是建立在生态基础上的，既具有朴实的自然和谐美，又具有亲切的人文之情。

(11)在很多小城镇的中心区都设有步行街，以商业、展示为主要功能，承载着较大的人流，也是展现小城镇地方特色的主要区域。

第四节　小城镇街旁绿地园林景观设计

小城镇街旁绿地最重要的功能就是满足居民们的日常活动需求，其直接关乎城镇的生态环境质量，在建设过程中，场地的自然条件、结构和功能是街旁绿地设计的基础。充分利用自然资源来建设城镇的绿地空间，是促进城镇自然环境建设的重要手段。

一、小城镇街旁绿地园林景观构成要素

小城镇的街旁绿地包括街道广场绿地、小型沿街绿化用地、转盘绿地等，其主要功能是装饰街景、美化城镇、提高城市环境质量，并为游人及附近居民提供休闲场所。

小城镇街旁绿地的整体分布呈现分散的见缝插针形式。加强街旁绿地建设是提高城镇绿化水平、改善生态环境的重要手段之一。街旁绿地分布于临街路角、建筑物旁地、中心广场附近及交通绿岛等地，加强街头绿地建设，能有效增加城镇的绿化面积，大大提高了绿地率及绿化覆盖率。

小城镇街旁绿地的布置形式有一板二带式、二板三带式、三板四带式、四板五带式四种。

(1)一板二带式。即一条车道，两条绿带，如图 7-14 所示。其特点是简单整齐、用地比较经济，管理方便。

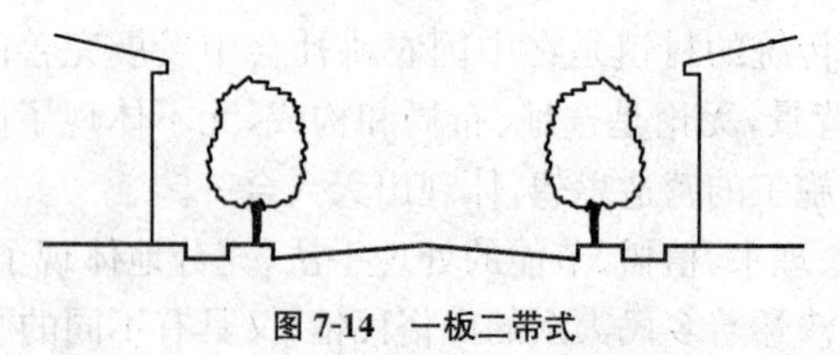

图 7-14　一板二带式

(2)二板三带式。即分成单向行驶两条车行道和两条行道树，中间以一条绿带分开，如图 7-15 所示。其特点是对城市面貌起到较好

的效果,减少行车事故发生,多用于高速公路。

图 7-15　二板三带式

(3)三板四带式。即用两条分隔带把车行道分成三块,中间为机动车道,两侧为非机动车道,行道树共为四条。其特点是组织交通方便、安全、隐蔽效果好,如图 7-16 所示。

图 7-16　三板四带式

(4)四板五带式。即用三条分隔带将车道分成四条,使各车辆形成上下行、互不干扰,如图 7-17 所示。

图 7-17　四板五带式

二、小城镇街旁绿地园林景观设计要点

(1)小城镇的街旁绿地在选址上也尽量背风向阳,保证排水良好,以节省不必要的维护费用。

(2)从小城镇园林景观的特点出发,可选用价格低廉的铺装材料或废物再利用,来铺设园路及小广场,最好是可循环利用的铺装材料。例如,碎石铺设的小路有很好的透水性,踩在上面的触感也很好,适宜散步与健身。

(3)街旁绿地的植物配置可以与行道树、分车带的植物共同构成多道屏障，能有效地吸收或阻隔机动车带来的噪声、废气及尘埃，起到保护花园环境的作用。

(4)通过丰富的植物种植来塑造变化万千的道路景观。

(5)小城镇的街旁绿地维护管理时，应尽可能地见缝插针，增加街旁绿地的数量，提高品质。同时，明确街旁绿地的维护管理部门，将负责制度落到实处，以保证街旁绿地的有效建设和使用。

(6)小城镇街旁绿地的面积很小，但根据特定的场所、环境及开发性质，不同力度和不同内容，制定的景观设计方案是千差万别的，决不能搞一刀切和单一模式的绿化形式。

(7)小城镇街旁绿地要充分利用现有绿地，因地制宜。

第五节　小城镇园林景观水景设计

小城镇水景工程，是与水体造园相关的所有工程的总称，其主要是研究怎样利用水体要素来营造丰富多彩的园林水景形象。

一、小城镇园林水景设计要素

1. 水的尺度和比例

水面的大小与周围环境景观的比例关系是水景设计中需要慎重考虑的内容，除自然形成的或已具有规模的水面外，一般应加以控制。过大的水面散漫、不紧凑，难以组织，而且浪费用地；过小的水面局促，难以形成气氛。

2. 水的平面限定和视线

用水面限定空间、划分空间有一种自然形成的感觉，使得人们的行为和视线不知不觉地在一种较亲切的气氛中得到了控制，这无疑比过多地、简单地使用墙体、绿篱等手段生硬地分隔空间、阻挡穿行要略胜一筹。由于水面只是平面上的限定，故能保证视觉上的连续性和通透性。另外，也常利用水面的行为限制和视觉渗透来控制视距，获得相对完善的构图；或利用水面产生的强迫视距达到突出或渲染景物的艺术效果。利用强迫视距获得小中见大的手法，在空间范围有限的江南私家宅第庭园中屡见不鲜。

二、水景设计常用的方法及效果

1. 常用的方法

(1)亲和。通过贴近水面的汀步、平曲桥,映入水中的亭、廊建筑,以及又低又平的水岸造景处理,把游人与水景的距离尽可能地缩短,水景与游人之间就体现出一种十分亲和的关系,使游人感到亲切、合意、有情调和风景宜人。

(2)延伸。园林建筑一半在岸上,另一半延伸到水中;或岸边的树木采取树干向水面倾斜、树枝向水面垂落或向水心伸展的态势,都使临水之意显然。前者是向水的表面延伸,而后者却是向水上的空间延伸。

(3)萦回。由蜿蜒曲折的溪流,在树林、水草地、岛屿、湖滨之间回旋盘绕,突出了风景流动感,这种效果反映了水景的萦回特点。

(4)隐约。使配植着疏林的堤、岛和岸边景物相互组合与相互分隔,将水景时而遮掩、时而显露、时而透出,就可以获得隐隐约约、朦朦胧胧的水景效果。

(5)暗示。池岸岸口向水面悬挑、延伸,让人感到水面似乎延伸到了岸口下面,这是水景的暗示作用。将庭院水体引入建筑物室内,水声、光影的渲染使人仿佛置身于水底世界,这也是水景的暗示效果。

(6)迷离。在水面空间处理中,利用水中的堤、岛、植物、建筑,与各种形态的水面相互包含与穿插,形成湖中有岛、岛中有湖、景观层次丰富的复合性水面空间。在这种空间中,水景、树景、堤景、岛景、建筑景等层层展开,不可穷尽。游人置身其中,顿觉境界相异、扑朔迷离。

(7)藏幽。水体在建筑群、林地或其他环境中,都可以把源头和出水口隐藏起来。隐去源头的水面,反而可给人留下源远流长的感觉;把出水口藏起的水面,水的去向如何,也更能让人遐想。

(8)渗透。水景空间和建筑空间相互渗透,水池、溪流在建筑群中流连、穿插，给建筑群带来自然鲜活的气息。有了渗透，水景空间的形态更加富于变化，建筑空间的形态则更加轩敞，更加灵秀。

(9)收聚。大水面宜分，小水面宜聚。面积较小的几块水面相互聚拢，可以增强水景表现。特别是在坡地造园，由于地势所限，不能开辟很宽大的水面，就可以随着地势升降，安排几个水面高度不一样的较小水体，相互聚在一起，同样可以达到大水面的效果。

(10)沟通。分散布置的若干水体，通过渠道、溪流顺序地串联起来，构成完整的水系，这就是沟通。

(11)水幕。建筑被设置于水面之下，水流从屋顶均匀跌落，在窗前形成水幕。再配合音乐播放，则既有跌落的水幕，又有流动的音乐，室内水景别具一格。

(12)开阔。水面广阔坦荡，天光水色，烟波浩渺，有空间无限之感。这种水景效果的形成，常见的是利用天然湖泊点缀人工景点。使水景完全融入环境之中。而水边景物如山、树、建筑等，看起来都比较遥远。

(13)象征。以水面为陪衬景，对水面景物给予特殊的造型处理，利用景物象形、表意、传神的作用，来象征某一方面的主题意义，使水景的内涵更深，更有想象和回味的空间。

(14)隔流。对水景空间进行视线上的分隔，使水流隔而不断，似断却连。

(15)引出。庭园水池设计中，不管有无实际需要，都将池边留出一个水口，并通过一条小溪引水出园，到园外再截断。对水体的这种处理，其特点还是在尽量扩大水体的空间感，向人暗示园内水池就是源泉，暗示其流水可以通到园外很远的地方。所谓"山要有限，水要有源"的古代画理，在今天的园林水景设计中也有应用。

(16)引入。引入和水的引出方法相同，但效果相反。水的引入，暗示的是水池的源头在园外，而且源远流长。

2. 景观效果

水景的景观效果分别如图 7-18、图 7-19 所示。

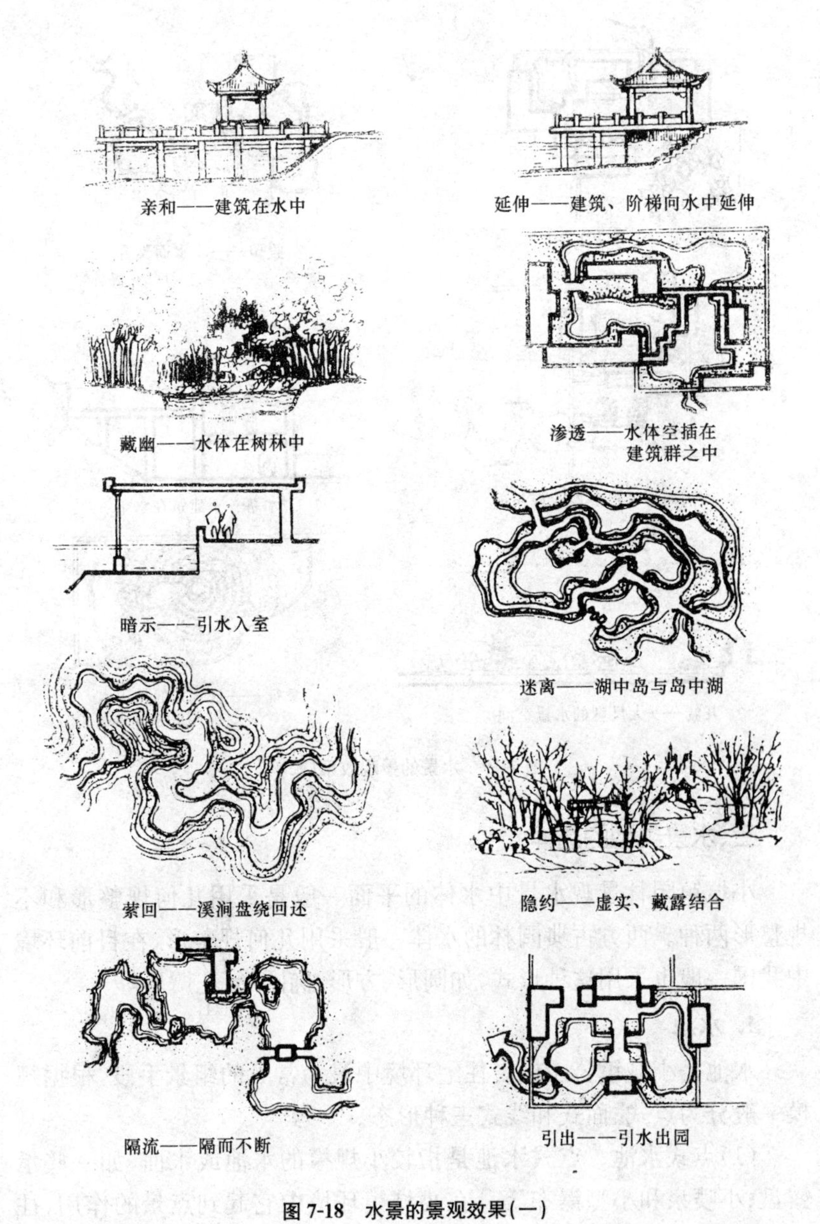

图 7-18　水景的景观效果(一)

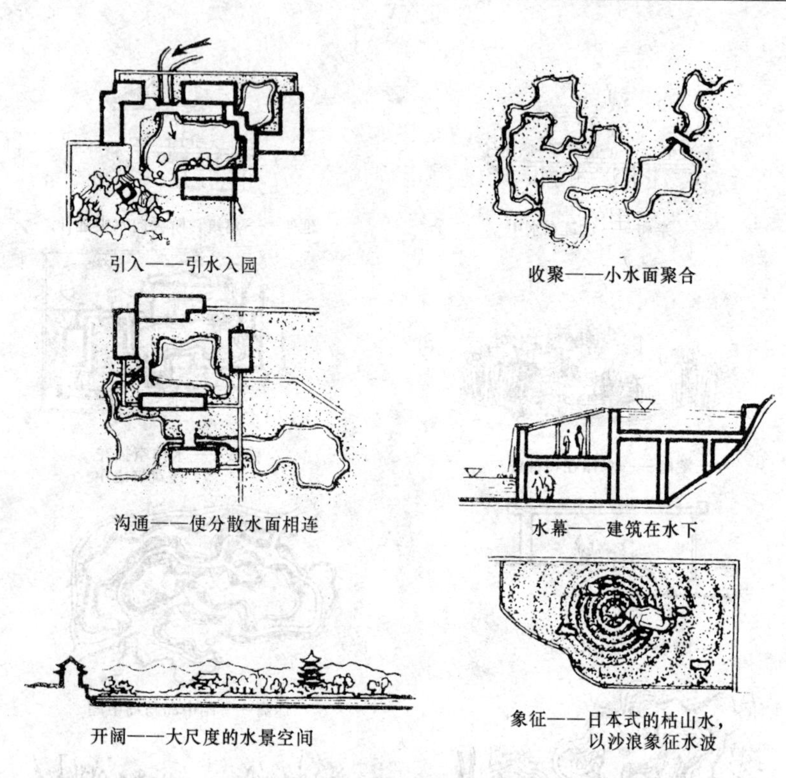

图 7-19　水景的景观效果(二)

三、水景类型的选择

小城镇园林景观水景中水体的平面一般是采用几何规整形和不规整形两种。西方古典园林的水体一般采用几何规整形，在目前环境中我国一般也采用这种形式，如圆形、方形、椭圆形、花瓣形等。

1. 水池

水池是小城镇公园或者住宅环境中最为常见的组景手段，根据规模一般分为点式、面式和线式三种形态。

(1)点式水池。点式水池是指较小规模的水池或水面，如一些承露盘、小喷泉和小型瀑布等。在小城镇环境中它起到点景的作用，往往会成为空间的视线焦点，活化空间，使人们能够感受到水的存在，感受到大自然的气息。由于点式水池规模比较小,布置也灵活,可以分布于任何地点,而且有时也会带来意想不到的效果,它可以单独设置,也可以和花坛、平台、装饰部位等设施结合。

(2)面式水池。面式水池是指规模较大,在小城镇园林景观中能有一定控制作用的水池或水面,会成为城镇环境中的景观中心和人们的视觉中心。水池一般是单一设置,形状多采用几何形,如方形、圆形、椭圆形等,也可以多个组合在一起,组合成复杂的形式如品字形、万字形,也可以叠成立体水池,面式水池的形式和所处环境的性质、空间形态、规模有关。有些水面也采用不规则形式,底岸也比较自然,和周围的环境融合得较好。水面也可以和小城镇环境中的其他设施结合,如踏步:把人和水面完全融合在一起。水中也可以植莲,养鱼,成为观赏景观,有时为了衬托池水的清澈、透明,在池底摆上鹅卵石,或绘上鲜艳的图案。面式布局的水池在小城镇环境中应用是比较广泛的。

(3)线式水池。线式水池是指较细长的水面,有一定的方向,并有划分空间的作用。在线形水面中一般采用流水,可以将多个喷泉和水池连接起来,形成一个整体。线形水面有直线形、曲线形和不规则形,广泛地分布在居住宅、广场、庭院中。在小城镇环境中线形水面可以是河道、溪流,也可以是较浅的水池,儿童可在里面嬉水,特别受孩子们的喜爱。

2. 喷泉

在小城镇中,主要是以人工喷泉为主,其主要分布在小城镇的中心广场等处,起到饰景的作用。

(1)喷泉的类型。喷泉的类型很多,大体上可以归纳为以下几类:

1)普通装饰性喷泉——它由各种花形图案组成固定的喷水型。

2)与雕塑结合的喷泉——喷泉的喷水型与柱式、雕塑等共同组成景观。

3)水雕塑——即用人工或机械塑造出各种大型水柱的姿态。

4)自控喷泉——多是利用各种电子技术,按设计程序来控制水、光、音、色,形成变幻的、奇异的景观。

在一般情况下，喷泉的位置多设于建筑、广场的轴线焦点或端点处，也可以根据环境特点，作一些喷泉小景，自由地装饰室内外的空间。喷泉宜安置在避风的环境中以保持水型。

喷水池的形式有自然式和整形式。首先，喷水的位置可以居于水池中心，组成图案，也可以偏于一侧或自由地布置；其次，要根据喷泉所在地的空间尺度来确定喷水的形式、规模及喷水池的大小比例。环境条件与喷泉规划的关系，见表7-1。

表7-1　环境条件与喷水规划的关系

环境条件	适宜的喷水规划
开阔的场地如车站前、公园入口、街道中心岛	水池多选用整形式，水池要大、喷水要高、照明不要太华丽
狭窄的场地如街道转角、建筑物前	水池多为长方形或它的变形
现代建筑如旅馆、饭店、展览会会场等	水池多为圆形、长形等，水量要大，水感要强烈，照明要华丽
中国传统式园林	水池形状多为自然式喷水，可做成跌水、滚水、涌泉等，以表现天然水态为主
热闹的场所如旅游宾馆、游乐中心	喷水水姿要富于变化、色彩华丽，如使用各种音乐喷泉等
寂静的场所如公园内的一些小局部	喷泉的形式自由，可与雕塑等各种装饰性小品结合，一般变化不宜过多，色彩也较朴素

(2)喷泉给排水方式。

1)对于流量在2～3 L/s以内的小型喷泉，可直接由城市自来水供水，使用过后的水排入城市雨水管网，如图7-20所示。

2)为保证喷水具有稳定的高度和射程，给水需经过特设的水泵房加压。喷出后的水仍排入城市雨水管网，如图7-21所示。

3)为了保证喷水具有必要的、稳定的压力和节约用水，对于大型喷泉，一般采用循环供水。循环供水的方式可以设水泵房，如图7-22

所示。也可以将潜水泵直接放在喷水池或水体内低处，循环供水，如图 7-23 所示。

4）在有条件的地方，可以利用高位的天然水源供水，用毕排除，如图 7-24 所示。

为了保持喷水池的卫生，大型喷泉还可设专用水泵，以供喷水池水的循环，使水池的水不断流动。并在循环管线中设过滤器和消毒设备。以清除水中的杂物、藻类和病菌。

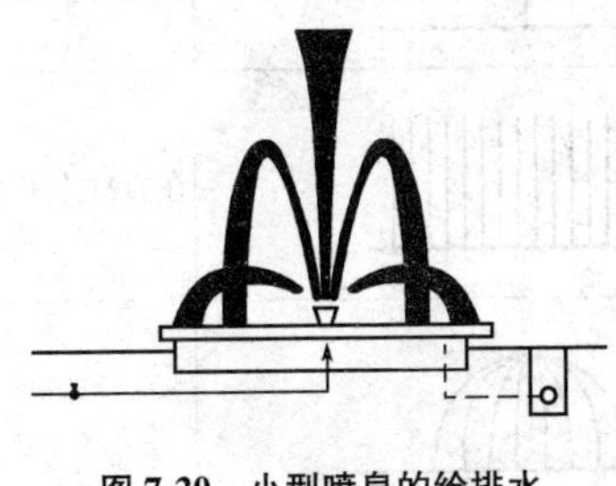

图 7-20　小型喷泉的给排水

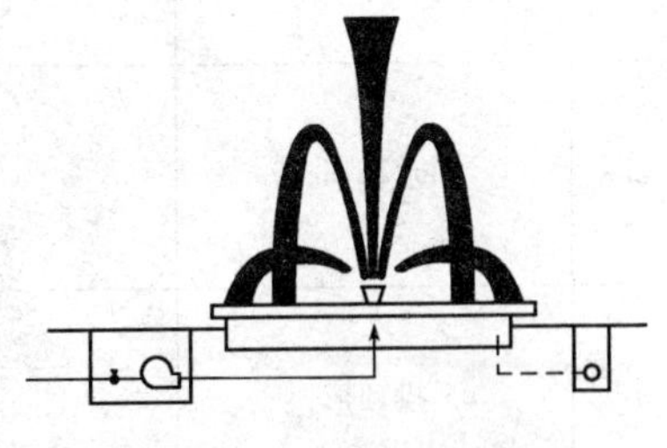

图 7-21　小型加压供水

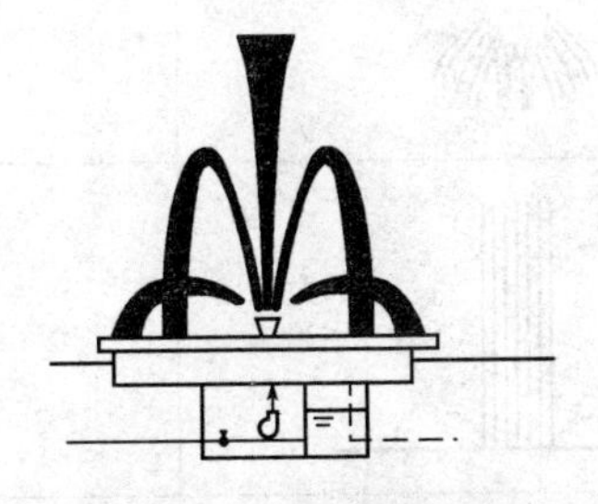

图 7-22　设水泵房循环供水

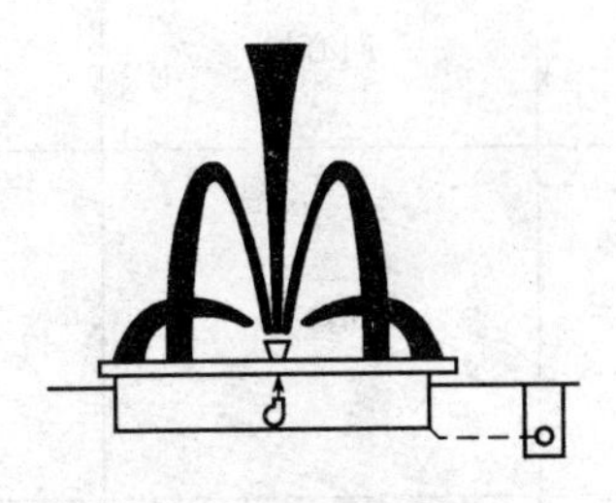

图 7-23　用潜水泵循环供水

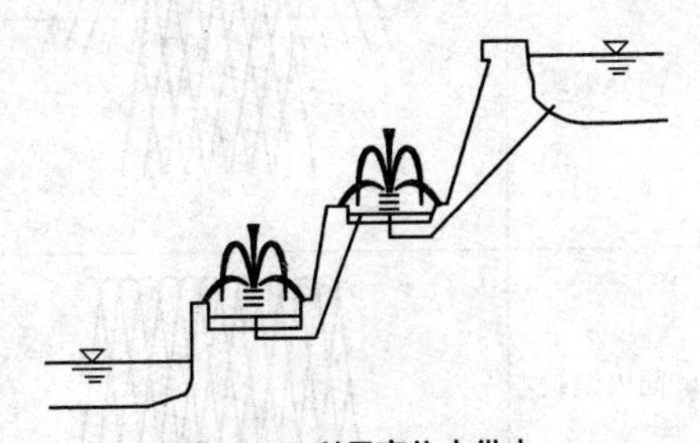

图 7-24　利用高位水供水

(3)喷泉水型的形式。喷泉设计的创新和改造在不断地加快,新的喷泉水型在不断地丰富。喷泉水型的形式见表 7-2。

表 7-2 喷泉水型的形式

序号	名称		喷泉水型	备注
1	单射形		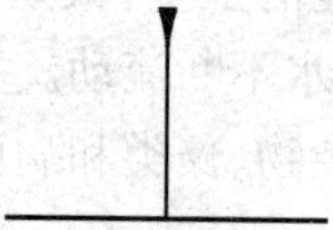	单独布置
2	水幕形		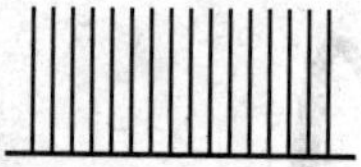	在直线上布置
3	拱顶形			
4	向心形			
5	圆柱形		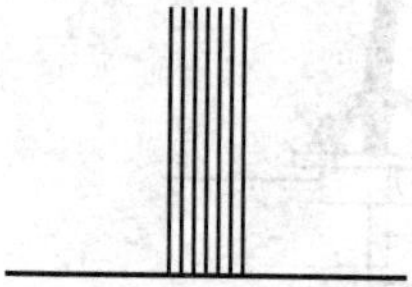	
6	编织形	a. 向外编织	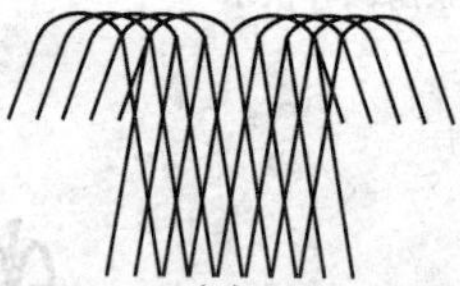 (a)	
		b. 向内编织	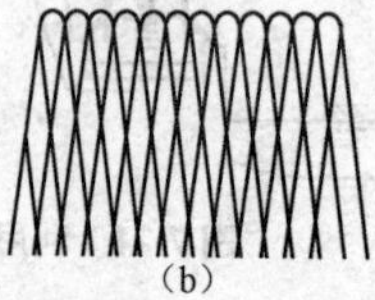 (b)	

续表

序号	名称	喷泉水型	备注
6	编织形 c. 篱笆形	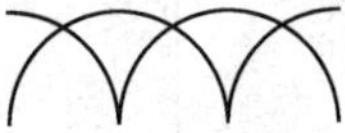 (c)	
7	屋顶形 		
8	喇叭形 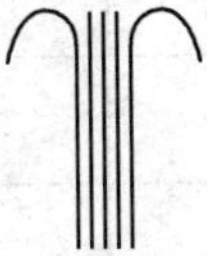		
9	圆弧形 		
10	蘑菇形（涌泉形）	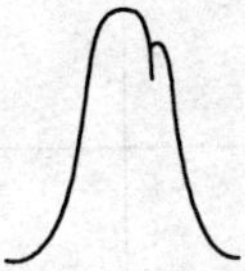	单独布置
11	吸力形		单独布置
12	旋转形 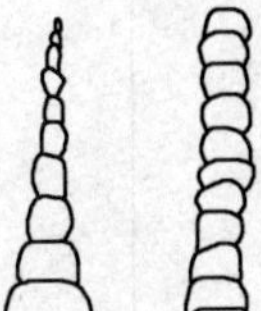		

续表

序号	名称	喷泉水型	备注
13	喷雾形	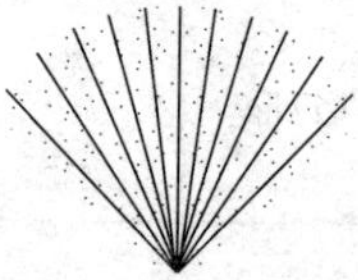	
14	洒水形		
15	扇形		
16	孔雀形	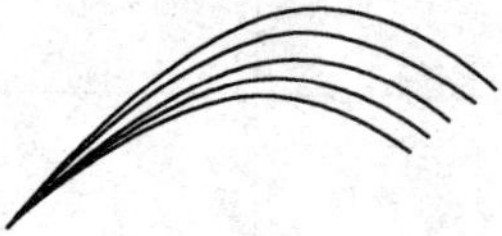	
17	多层花形	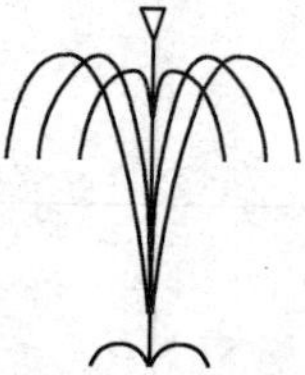	
18	牵牛花形	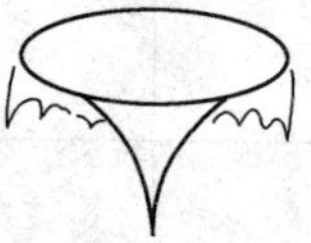	
19	半球形	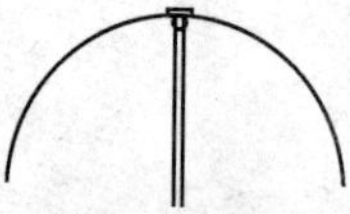	
20	蒲公英形		

(4)常用的喷头类型。目前,国内外经常使用的喷头式样很多,可以归纳为以下几种类型。

1)单射流喷头。单射流喷头,是压力水喷出的最基本形式,也是喷泉中应用最广的一种喷头。单射流喷头不仅可以单独使用,也可以组合使用,能形成多种样式的喷水型,如图 7-25 所示。

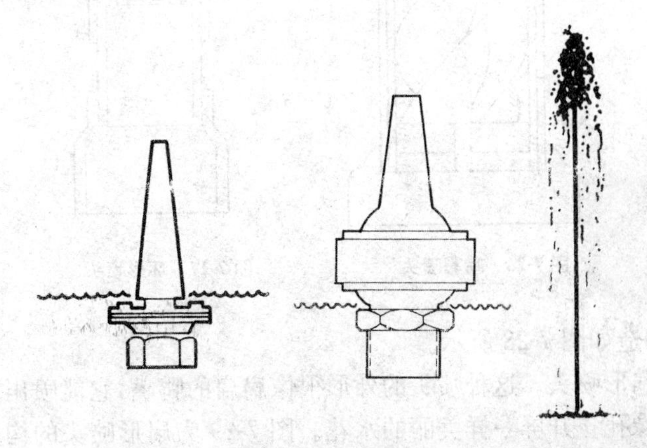

图 7-25　单射流喷头

(a)固定式喷头;(b)万向型喷头,可以调节喷水的角度;(c)喷水型

2)喷雾喷头。这种喷头的内部,装有一个螺旋状导流板,使水具有圆周运动,水喷出后,形成细细的水流弥漫的雾状水滴。每当天空晴朗,阳光灿烂,在太阳对水珠表面与人眼之间连线的夹角为40°36′～42°18′时,明净清澈的喷水池水面上,就会伴随着蒙蒙的雾珠,呈现出彩色缤纷的虹彩,它辉映着湛蓝的晴空,景色是那样的瑰丽。如图 7-26 所示。

3)环形喷头。这种喷头的出水口为环状断面,即外实中空。使水形成集中而不分散的环形水柱,它以雄伟、粗犷的气势跃出水面,给人们带来一种向上激进的气氛。环形喷头的构造,如图 7-27 所示。

4)旋转喷头。它利用压力水由喷嘴喷出时的反作用力或用其他动力带动回转器转动,使喷嘴不断地旋转运动。从而丰富了喷水的造型,喷出的水花或欢快旋转或飘逸荡漾,形成各种扭曲线型,婀娜多

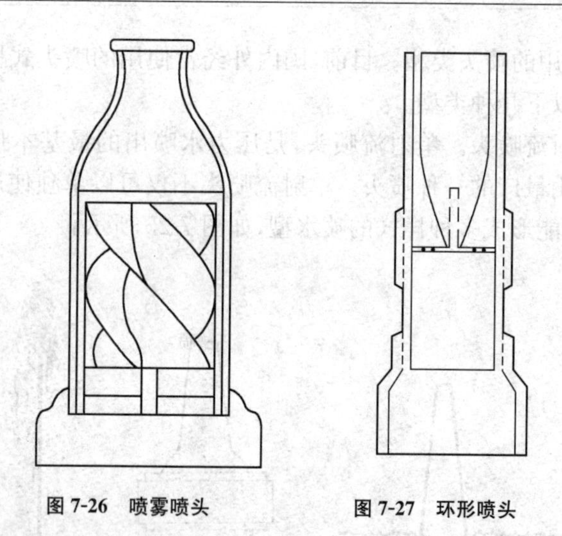

图 7-26　喷雾喷头　　图 7-27　环形喷头

姿,其构造如图 7-28 所示。

5)扇形喷头。这种喷头的外形很像扁扁的鸭嘴,它能喷出扇形的水膜或像孔雀开屏一样美丽的水花。图 7-29 为扇形喷头的构造及喷水型。

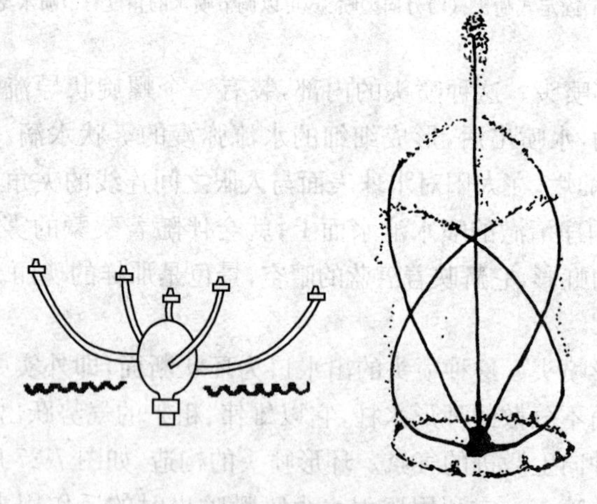

图 7-28　旋转型喷头及喷水型

6)多孔喷头。这种喷头可以由多个单射流喷嘴组成一个大喷头;

图 7-29　扇形喷头的构造及喷水型

也可以由平面、曲面或半球形的带有很多细小的孔眼的壳体构成喷头，它们能呈现出造型各异的盛开的水花，如图 7-30 所示。

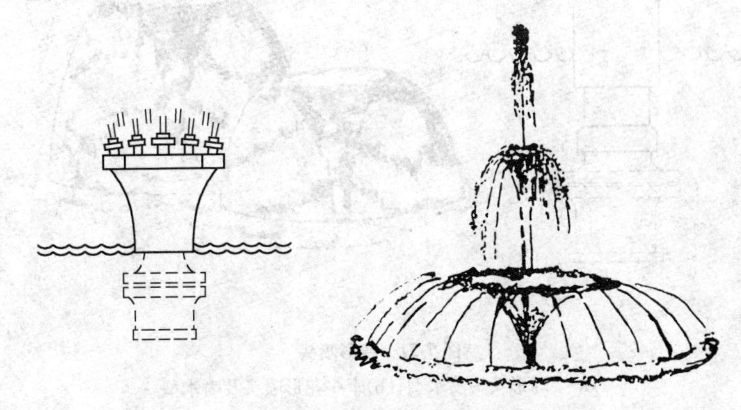

图 7-30　多孔喷头的构造及喷水型

7)变形喷头。这种喷头的种类很多，它们的共同特点是在出水口的前面，有一个可以调节的形状各异的反射器，使射流通过反射器，起到使水花造型的作用。从而形成各式各样的、均匀的水膜，如牵牛花形、半球形、扶桑花形等。如图 7-31 所示。

8)吸力喷头。此种喷头是利用压力水喷出时，在喷嘴的喷口处附近形成负压区。由于压差的作用，它能把空气和水吸入喷嘴外的套筒内，与喷嘴内喷出的水混合后一并喷出，这时水柱的体积膨大，同时，因为混入大量细小的空气泡，形成白色不透明的水柱，它能充分地反

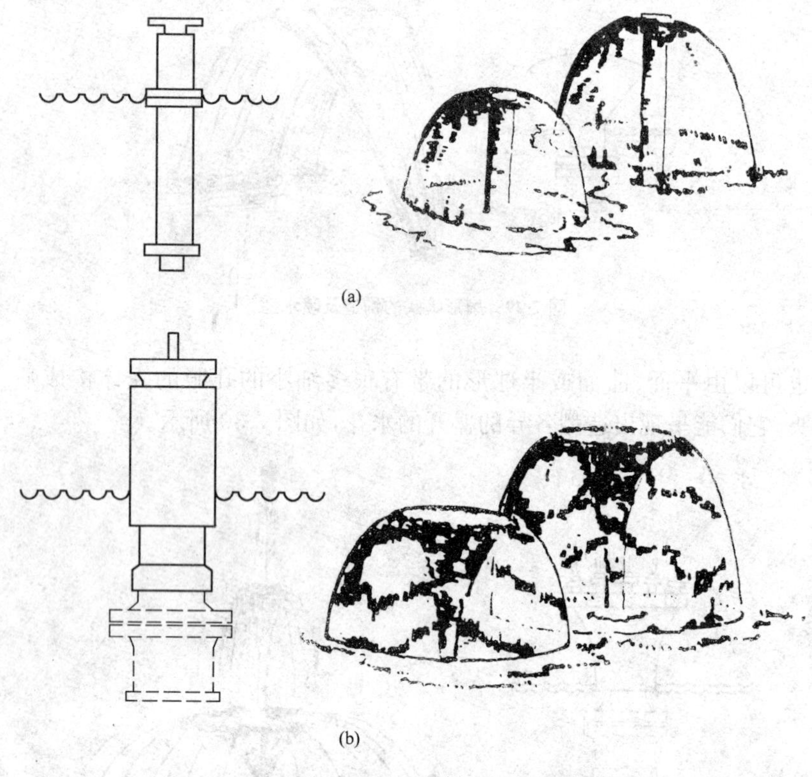

图 7-31　变形喷头

(a)半球形喷头喷水型；(b)牵牛花形喷头及喷水型

射阳光，因此光彩艳丽。夜晚如有彩色灯光照明则更为光彩夺目。吸力喷头又可分为吸水喷头、加气喷头和吸水加气喷头，其形式如图7-32所示。

9)蒲公英形喷头。这种喷头是在圆球形壳体上，装有很多放射状喷管，并在每个管头上装一个半球形变形喷头。因此，蒲公英形喷头能喷出像蒲公英一样美丽的球形或半球形水花。蒲公英形喷头可以单独使用，也可以几个喷头高低错落地布置，显得格外新颖，典雅，如图 7-33 所示。

10)组合式喷头。由两种或两种以上、形体各异的喷嘴，根据水花

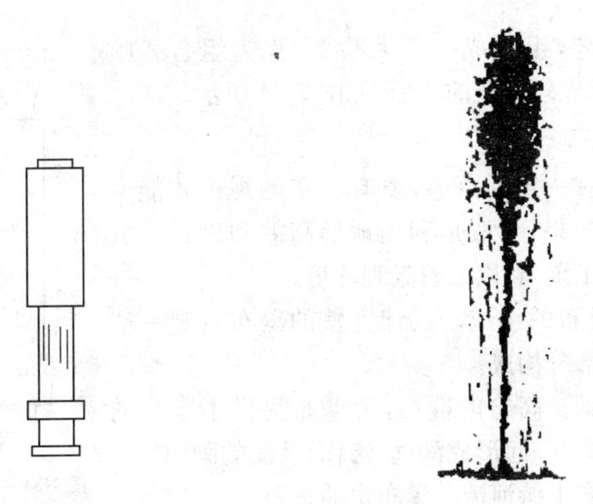

图 7-32　吸力喷头

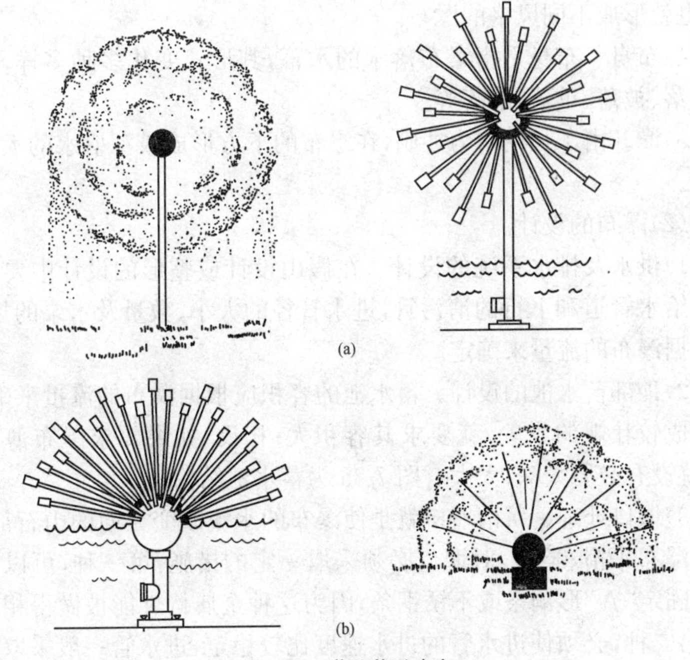

图 7-33　蒲公英形喷头

(a)球形；(b)半球形

造型的需要，组合成一个大喷头，称为组合式喷头，能够形成较复杂的花形，如图 7-34 所示。

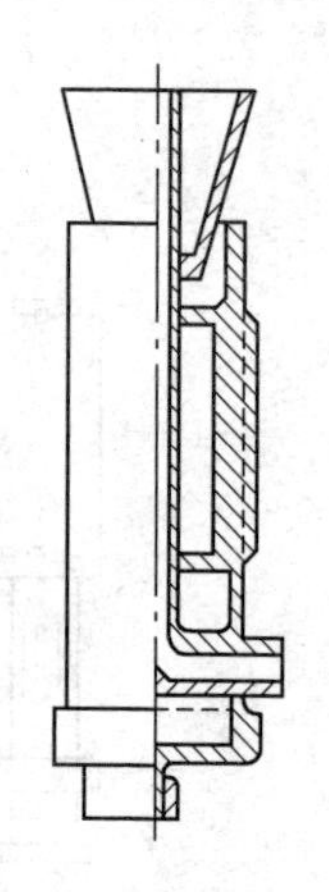

图 7-34　组合式喷头

3. 瀑布

瀑布有一定的落差，要有一定的规模才能产生壮观的效果，一般是利用地形高差和砌石形成小型的人工瀑布，以改善景观环境。

(1)瀑布的组成。设计完整的瀑布景观一般由以下几部分构成。

1)背景。高耸的群山，为瀑布提供了丰富的水源，与瀑布一起形成深远、宏伟、壮丽的画面。

2)瀑布上游河流。瀑布水的来源。

3)瀑布口。瀑布口山石的排列方式不同，形成的水幕形式就不同，也就形成不同风格的瀑布。

4)布身。布身是指瀑布落水的水幕，其形式变化多种多样，主要有布落、披落、重落、乱落等。

5)潭。由于长期水力冲刷，在瀑布的下方形成较深盛水的大水坑称潭。

(2)瀑布的设计。

1)供水及排水系统的设计。在假山设计或整形的设计中要有上行的给水管道和下行的清污管，进水管径的大小、数量及水泵的规格，可根据瀑布的流量来确定。

2)顶部蓄水池的设计。蓄水池的容积应根据瀑布的流量来确定，要形成较壮观的景象，就要求其容积大；相反，如果要求瀑布薄如轻纱，就没有必要太深、太大。图 7-35 为蓄水池结构。

3)堰口处理。所谓堰口就是使瀑布的水流改变方向的山石部位。欲使瀑布平滑、整齐，对堰口必须采取一定的措施：第一种，可以在堰口处固定“∧”形铜条或不锈钢条，因为这种金属构件能被做得相当平直；第二种，必须使进水管的进水速度比较稳定，进水管一般采取花管或在进水管设挡水板，以减少水流出水池的速度，一般这个速度不宜超过 1 m/s。

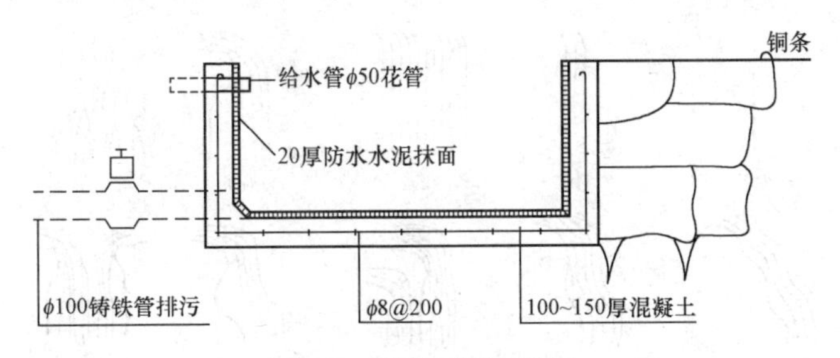

图 7-35　蓄水池结构示意图

4)瀑身设计。瀑布水幕的形态也就是瀑身,是由堰口及堰口以下山石的堆叠形式确定的。例如,堰口处的整形石呈连续的直线,堰口以下的山石在侧面图上的水平长度不超出堰口,则这时形成的水幕整齐、平滑,非常壮丽。堰口处的山石虽然在一个水平面上,但水际线伸出、缩进有所变化。这样的瀑布形成的景观有层次感。如果堰口以下的山石,在水平方向上堰口突出较多,就形成了两重或多重瀑布,这样的瀑布就显出活泼而有节奏感。图 7-36 为不同的瀑布水幕形式。

5)潭底及潭壁设计。瀑布的水落入潭中,潭底及壁受一定的冲力。一般由人工水池替代潭时,其底及壁的结构必须相应加固。园林中依据瀑布落差的大小对水池底作相应的处理。

(3)堤岸的处理。水面的处理和堤岸有着直接的关系。它们共同组成景观,以统一的形象展示在人们面前,影响着人们对水体的欣赏。

在小城镇景观环境中,池岸的形式根据水面的平面形式分为规则式和不规则式。规则几何式池岸的形式一般都处理成能让人们坐的平台,使人们能接近水面,它的高度应该以满足人们的坐姿为标准,池岸距离水面也不要太高,以人伸手可以摸到水为好。规则式的池岸结构虽比较严谨,限制了人和水面的关系,在一般情况下,人是不会跳入池中嬉水的。相反,不规则的池岸与人比较接近,高低随着地形起伏,不受限制,而形式也比较自由。

在设计水景时要注意水景的功能,是观赏类,嬉水类,还是为水生植物和动物提供生存环境。嬉水类的水景一定要注意水的深浅,不宜太深,以免造成危险,在水深的地方要设计相应的防护措施。另外,在

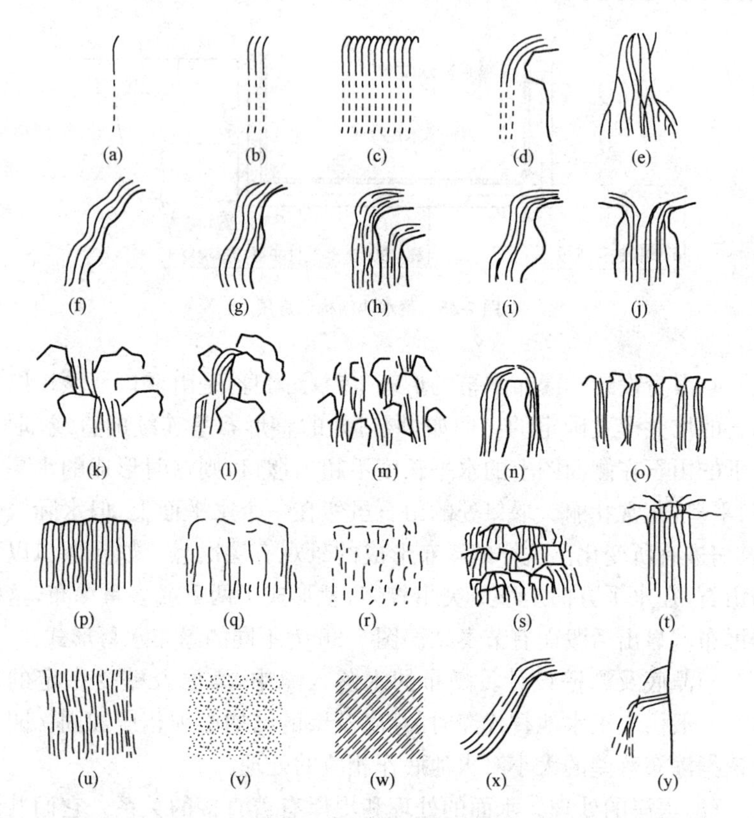

图 7-36　不同的瀑布水幕形式

(a)泪落;(b)线落;(c)布落;(d)离落;(e)丝落;(f)段落;(g)披落;(h)二层落
(i)二段落;(j)对落;(k)片落;(l)傍落;(m)重落;(n)分落;(o)连续落;(p)帘落
(q)模落;(r)滴落;(s)乱落;(t)圆筒落;(u)雨落;(v)雾落;(w)风雨落;(x)滑落;(y)壁落

寒冷的北方,设计时应该考虑冬季时水结冰以后的处理。

(4)渊潭。小而深的水体,一般在泉水的积聚处和瀑布的承受处。岸边宜设叠石,光线宜幽暗,水位宜低下,石缝间配置斜出、下垂或攀缘的植物,上用大树封顶,造成深邃气氛。

(5)溪涧。泉瀑之水从山间流出形成一种动态水景。溪涧宜多弯曲以增长流程,显示出源远流长,绵延不尽。多用自然石岸,以砾石为底,溪水宜浅,可数游鱼,又可涉水。游览小径时须缘溪行,时踏汀步,两岸树木掩映，表现山水相依的景象，如杭州的“九溪十八涧”。有时河床石骨暴露，流水激湍有声，如无锡寄畅园的“八音涧”。曲水也是溪涧的一种，绍兴兰亭的“曲水流觞”就是用自然山石以理涧法做成的。有些园林中的“流杯亭”在亭子中的地面凿出弯曲成图案的石槽，让流水缓缓而过，这种做法已演变成为一种建筑小品。

(6)河流。河流水面如带，水流平缓，园林中常用狭长形的水池来表现，使景色富有变化。河流可长可短，可直可弯，有宽有窄，有收有放。河流多用土岸，配置适当的植物；也可造假山插入水中形成“峡谷”，显出山势峻峭。两旁可设临河的水榭等，局部用整形的条石驳岸和台阶。水上可划船，窄处架桥，从纵向看，能增加风景的幽深和层次感，如扬州西湖等。

(7)池塘、湖泊。池塘、湖泊是指成片汇聚的水面。池塘形式简单，平面较方正，没有岛屿和桥梁，岸线较平直而少叠石之类的修饰，水中植荷花、睡莲、荇、藻等观赏植物或放养观赏鱼类，再现林野荷塘、鱼池的景色。湖泊为大型开阔的静水面，但园林中的湖，一般比自然界的湖泊小得多。

四、水景设计的形式

1. 水景的表现形态

(1)幽深的水景。带状水体如河、渠、溪、涧等，当穿行在密林中、山谷中或建筑群中时，其风景的纵深感很强，水景表现出幽远、深邃的特点，环境显得平和、幽静，暗示着空间的流动和延伸。

(2)动态的水景。园林水体中湍急的流水、狂泄的瀑布、奔腾的跌水和飞涌的喷泉就是动态感很强的水景。动态水景为园林带来了活跃的气氛和勃勃的生机。

(3)小巧的水景。一些水景形式，如无锡寄畅园的八音涧、济南的趵突泉、昆明西山的珍珠泉，以及在我国古代园林中常见的流杯池、砚池、剑池、壁泉、滴泉、假山泉等，水体面积和水量都比较小。但正因为小，才显得精巧别致、生动活泼，能够小中见大，让人感到亲切多趣。

(4)开朗的水景。水域辽阔坦荡，仿佛无边无际。水景空间开朗、宽敞，极目远望，天连着水、水连着天，天光水色，一派空明。这一类水景主要是指江、海、湖泊。公园建在江边，就可以向宽阔的江面借景，从而获得开朗的水景。将海滨地带开辟为公园、风景区或旅游景区，也可以向大海借景，使无边无际的海面成为园林旁的开朗水景。利用天然湖泊或挖建人工湖泊，更是直接获得开朗水景的一个主要方式。

(5)闭合的水景。水面面积不大，但也算宽阔。水域周围景物较高，向外的透视线空间仰角大于13°，一般在18°左右，空间的闭合度较大。由于空间闭合，排除了周围环境对水域的影响，因此，这样的水体常有平静、亲切、柔和的水景表现。一般的庭园水景池、观鱼池、休闲泳池等水体都具有这种闭合的水景效果。

2. 水体的设计形式

(1)规则式水体。这样的水体都是由规则的直线岸边和有轨迹可循的曲线岸边围成的几何图形水体。根据水体平面设计上的特点，规则式水体可分为方形系列、斜边形系列、圆形系列和混合形系列等四类水体形状。

1)方形系列水体。这类水体的平面形状，在面积较小时可设计为正方形和长方形；在面积较大时，则可在正方形和长方形基础上加以变化，设计为亚字形、凸角形、曲尺形、凹字形、凸字形和组合形等。应当指出，直线形的带状水渠，也应属于矩形系列的水体形状，如图7-37所示。

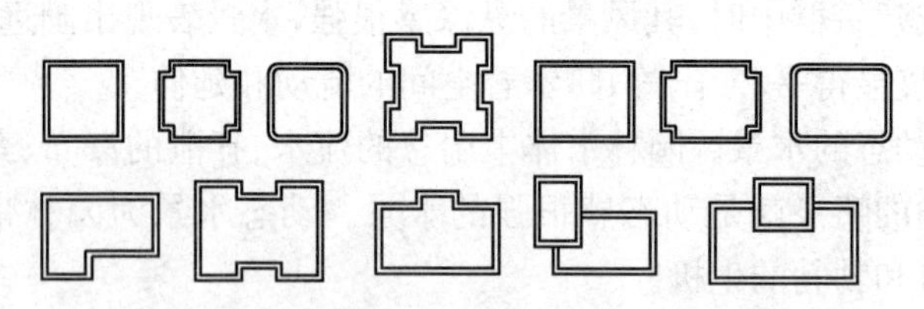

图7-37 方形系列水体

2)斜边形系列水体。水体平面形状设计为含有各种斜边的规则几何形中顺序列出的三角形、菱形、六边形、五角形，和具有斜边的不对称的、不规则的几何形。这类池形可用于不同面积大小的水体，如

图 7-38 所示。

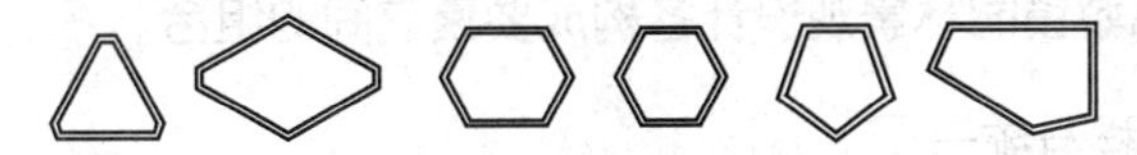

图 7-38　斜边形系列水体

3)圆形系列水体。主要的平面设计形状有圆形、矩圆形、椭圆形、半圆形、月牙形等,这类池形主要适用于面积较小的水池,如图 7-39 所示。

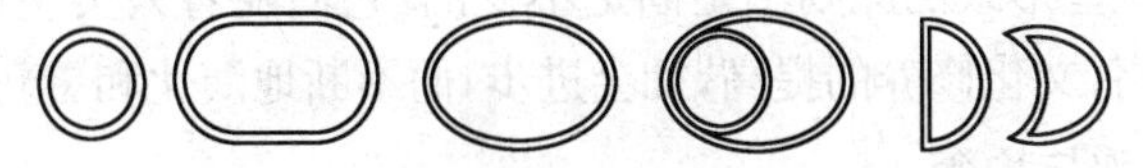

图 7-39　圆形系列水体

4)混合形系列水体。主要是由圆形和方形、矩形相互组合变化出的一系列水体平面形状,如图 7-40 所示。

图 7-40　混合形系列水体

(2)自然式水体。岸边的线型是自由曲线线型,由线围合成的水面形状是不规则的和有多种变异的形状,这样的水体就是自然式水体。自然式水体主要可分宽阔型和带状型两种。

1)宽型水体。一般的园林湖、池多是宽型的,即水体的长宽比值在 1∶1～3∶1 之间。水面面积可大可小,但不为狭长形状。

2)带状水体。水体的长宽比值超过 3∶1 时,水面呈狭长形状,这就是带状水体。园林中的河渠、溪涧等都属于带状水体。

(3)混合式水体。混合式水体是规则式水体形状与自然式水体形状相结合的一类水体形式。在园林水体设计中,在以直线、直角为地块形状特征的建筑边线、围墙边线附近,为了与建筑环境相协调,常常将水体的岸线设计成局部的直线段和直角转折形式,水体在这一部分的形状就成了规则式的。而在距离建筑、围墙边线较远的地方,自由弯曲的岸线不再与环境相冲突,就可以完全按自然式水体来设计。

五、小城镇园林景观设计各构成要素之间的组合

1. 多样与统一

多样与统一是最具规范美、形式美的原则，使各个部分整体而有秩序地排列，体现一种单纯而整齐的秩序美，运用比较多的是理性空间。多样统一包括形式统一原则、材料形式统一原则、局部与整体统一原则等方面。这些形式的原则不是固定不变的，它们随着人类生产实践，审美观的提高，文化修养的提高，社会进步，而不断地演化和更新。

2. 对称与均衡

对称与均衡它们不同的是量上的区别，对称是以中轴线形成左右或上下绝对的对称和形式上的相同，在量上也均等。对称形式常常在景观规划中运用，也是人们对比与协调。

对比与协调是一对矛盾的统一体，人们习惯调和的协调，不太接受对立的表现，在某种环境中定量的对比可以取得更好的环境协调效果，它可以彼此对照、互相衬托，更加明确地突出自己的个性特点，鲜明、醒目，令人振奋，显现出矛盾的美感，如体量对比，方向对比，明暗对比、材质对比、色彩对比等。

园林景观设计中的对比与协调，它们既存在对比又统一，在对比中求协调，在协调中有对比，如果只有对比容易给人以零乱、松散之感；只有协调容易使人产生单调乏味。只有对比中的协调才能使景观丰富多彩、生动活泼、主题突出。

3. 比例与尺度

比例与尺度，无论是广场本身、广场与建筑物、道路宽度与小城镇规模的大小、道路与建筑物以及建筑物本身的长与高，都存在一定的比例关系，即长、宽、高的关系，它们之间均需达到彼此协调。比例是指整体与局部之间比例协调关系，这种关系可以使人产生舒适感，具有满足逻辑和视觉要求的特征。

比例是相对的，是物体与参照物之间的视觉协调关系。如以建筑、广场为背景，来调节植物大小的比例，可使人产生不同的心理感

受，植物设计得近或大，建筑物就相对缩小，反之则显得建筑物高大，这是一个相对的比例关系，如日本庭院面积与体量，植物都以较小的比例来控制空间，形成亲切感人的亲近感。

尺度是绝对的，可以用具体的度量来衡量，这种尺度感的大小尺寸和它的表现形式组成一个整体，成为人类习惯环境空间的固定的尺度感，如栏杆、扶手、台阶、花架、凉亭、电话亭、垃圾筒等。

4. 节奏与韵律

节奏实质是单纯的段落和停顿的反复，旋律则是指旋律的起伏与延续。节奏与韵律有着内在的联系，是一种物质动态过程中，有规则、有秩序并且富有变化的一种动态、连续的美，韵律中的节奏必须遵循节奏与韵律美的规律。

第六节 小城镇园林景观设计案例

一、概况

凤城明珠花园小区位于广东省清远市清城区刘溪镇广清大道旁，东临城区规划发展的主轴——广清大道，北面为峡江路，西面为待开发地，南面为新建住宅小区，地理环境优越且交通便利。上面拟建一个总面积为 38 万 m^2 的中档偏高的园景楼盘，总占地约为 86 000 m^2，其中可绿化面积为 60 210 m^2（含裙房屋顶绿化）。

本次项目规划设计所涉及的绿化观景用地，主要为环绕新建住宅楼间的开敞空地、花园架空层等。在小区前期建设中，为避免地上停车占用绿化用地，已建有大型地下停车场，顶板覆土为 1.2 m，为大面积地面绿化创造了有利条件。

二、设计目标

本次设计按照人对自然的需求以及人的文化心态和审美需求，充分利用空间，将设计融入自然环境之中。

规划以人为本，追求完美；以自然为本，体现人与自然和谐相处的自然观,通过匠心独具的园林空间设计,创造丰富优美、典雅高贵的空间环境,提高居住者的生活情趣,增强生命、生存、生活的美和愉悦。环境造人,和谐、典雅、充满情趣的环境对人有很大的激励作用,环境应尽可能展示生命、生存、生活中最美的部分。一切以人为本,令人对所处的环境有最大的满足感和归属感。所以,本规划通过营造优美的社区内环境,为人们提供多样的活动平台,提供一个人与环境、人与人交流的"容器",以简洁而独特又极富想象力的园林景观,创造一个有丰富空间体验又有时代特征的现代人居环境,从而达到"再现自然,人景合一"的崇高境界。

三、设计理念及规划原则

目标人群生于现代都市,但是又渴望自然、现代、和谐、温馨的"家"的感觉。结合人们对设计目标的追求,提出"以人为本,营造'自然、阳光、休闲、温馨、活力的家园"作为规划理念。为此,规划设计坚持5个设计原则。

1. 人性化原则,体现"以人为本"的设计思想

小区绿化首先是要为人服务,为人们提供舒适、多样性、景观别致的活动空间,多考虑一些人性化的设计,考虑居民生活对通风、光线、日照的要求。布置老人区和儿童区及居民活动锻炼的场地,适当安排绿地,并进行无障碍设计。可以在休闲广场及中心绿化地中设计散步的林荫道、人造的小园林、休憩的池塘等等,通过环境影响人、造就人、提高人的层次和品位,体现"以人为本"的景观设计思想。

2. 植物造景,突现主体

住宅小区园林作为人们休闲、游戏、交往的重要场所,及供人们观赏的风景,应以植物造景为主,创造舒适优美、卫生的绿化环境,并提供"林荫型"立体绿化,利用乔木、灌木、花草及屋顶绿化、空中花园,体现以植物为主体的规划原则。

3. 生态节能原则

强调以绿为主的园林绿化生态效益的发挥,因地制宜减少大面积

水体的流行设计，以节水节能。在整体规划中按照自然、生态原则进行设计，通过明显的季相变化让人们感受到四季的变更交替，根据小区规模对植物的碳氧平衡进行分析，乔木、灌木、花草地皮科学搭配，可达到居住区空气的碳氧平衡。

4. 渗透文化，追求艺术

通过艺术构图原理，体现个体形式美以及人们在欣赏环境时所产生的意境美，深层次地挖掘文化内涵，巧妙利用形体、线条、色彩进行构图，通过植物的季相形成动态构图，借用中国古典山水画的特点，在规划中追求意境，注重人文景观的开发，选择鲜明的主题帮助景观设计，实现设计目标。

5. 经济性原则

成本的控制是景观建筑的重要环节，尽量使用当地的材料如树种，以及经济材料、经济设施的使用，水的循环处理，水面的压缩等，用以节约成本。在适当的地方增加成本投入，强化重点。用最少的投入、最简单的维护，达到设计与文化氛围、生态节能的融合。

四、总体规划设计

项目总体布置上根据建筑布局和交通流线，布置景点，以线串点，以点代面，形成“商业街区”和“居住区”两个组团空间。设计根据“水域岛居，绿化珠链”主题和“以人为本，营造‘自然、阳光、休闲、温馨、活力的家园”的设计理念把整个小区分为“一心，两轴，四园”。

1. 一心

中心组绿地景观在小区中心高层围合的阳光休闲泳池绿化区，并作为小区的主入口。小区主入口是重要的公共空间节点，是整个小区的核心与灵魂，为整个社区所享有，也是小区中园林面积最集中的一块绿地，以中心阳光泳池为着眼点，以连接各小组团的道路为脉络，在烘托整个小区的同时展现自身功能，是整个小区的一个景观中心。

中心泳池位于小区北侧市政道路与小区主入口道路交会处，呈圆形，突破周边矩形构图的建筑和园林空间的布局，整个中心富显张力和活力，同时中心区比周边园林地面下沉约 1.5 m，形成一个中央下沉广场，利于吸引周边居民的进入。在此区域中规划有泳池、景观桥、木平台、景观亭、水幕池、竖向植物墙等。考虑人的参与性，泳池又分为儿童戏水池、阳光成人池和按摩池。在儿童池与成人池之间设一个半岛状的露天休闲广场，中心景观亭正立于广场中心。在此广场富于图案美的铺装上点缀有九株姿态优美的孤植乔木，其下有圆形树池并铺以马尾拉草。广场上设有木质座凳和沙滩椅，在泳池周边设有木平台，既满足了休息、纳凉的要求，又使自然美和人工美得到很好的结合。在泳池的外围规划了一圈热带植物花卉带，使泳池置身于热带丛林之中。在远望泳池时又能使中心泳池水面若隐若现，富有情趣。再外一层即是环状的广场园路，广场园路设计为红、灰两色相间的烧毛花岗石板，以打破圆形的规整。表面烧毛的黑点花岗岩和灰红色的细横条铺装构成此园路的主体。这种浅色铺装的应用减少了硬质铺装和软质草地的差异性，显得更自然、和谐，同时烧毛石板更适合人们的安全行走。再外围则是四周高起来的四个组团园林。在此边界处我们巧妙地设计了水幕池和垂直竖向植物景观。在中心景观周边则是以香樟等乔木为主的绿化土坡带草坪景观，使中心有一个很好的绿色陪衬。

中心景观为整个小区的唯一一个动区，以此为中心向四周引出四个组团园林，贯穿全小区，使其成为小区的主要景观空间。通过道路等一些线状绿化与组团集中绿化互相渗透，真正为居民提供一个休闲、娱乐的活力空间。

2. 两轴

两轴指贯穿南北东西的景观主轴和景观次轴。如图 7-41 所示。

(1)景观主轴。指以小区主出入口的商业街广场经过中心泳池到达南面的景墙水景广场的南北景观轴线。次轴线沿途设计了“入口广场”、“小区大门”、“中心景观”、“阳光草坪”、“雕塑广场”、“景墙跌水”等重要园林景观节点。强调以人为本，尊重居民的活动参与。让生活在此的居民能通过此主轴线进行活动交往和集散等。所以在“入口广场”种植小叶榄仁和鸡蛋花，又以老人葵作行道树引导人们回家。在南面阳光草坪上的园路边上结合大王椰设置景观灯柱和雕塑，园林小品等，强调主轴和吸引人从周边进入主轴和中心下沉广场。

(2)景观次轴。指连接东西次入口休闲步道的景观虚轴。次轴与主轴将小区划分为四个组团空间，在次轴上规划有东西面会所入口广场，两面入口绿化广场，及连接中心景观的集散广场和景观大道等节点，以利于人们穿越和快速进入各组的组团空间，起到集散的重要作用。所以，此轴在大道和两边行道树和铺装上重点处理，上面节点的广场铺装设计半径为 5 m，表面为纸模压花水泥的图形广场，其外侧为宽 0.5 m 表面烧毛的黑白点花岗岩镶边，中央设有景观水和花卉等，步道从弧形一侧穿过，整个铺装显得自然而又富于变化。道路两边以老人葵为主树，下层辅以春雨、香柳等，使居民在穿越或慢跑运动中也能享受春意盎然，鸟语花香。

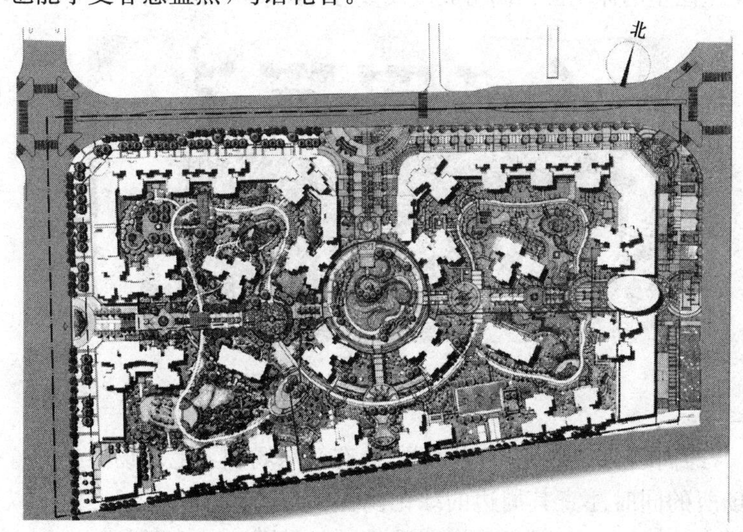

图 7-41 两轴景观效果图

3. 四园

四园是指由主次轴和建筑围合而成的四个小区组团园林空间，四组团分别命名为“秀园”、“尚园”、“雅园”、“意园”四个园区。四园通过中心景观巧妙连为一体，使四园绿化中心绿化，建筑架空层等，各园之间景观互相渗透。

“秀、尚、雅、意”园为代表的创意组团风景各有特色,各有功能,同时又可相互渗入,借景,框景。以满足不同的人对功能和观赏的不同需求。各类人都能找到属于自己喜爱的地方,满足人们的认同感和归属感。

(1)秀园:秀园以水景为特色,为四园中水面最大的一个园。在园中心的一面曲曲折折的水面依建筑面而展开,在水中又有一小岛,岛上建一个休闲亭,岛通过S形的小园路与主宅间路连接,在此设置为游憩空间,让居民茶余饭后的就近休息,散步聊天,岛上设置精致的花坛,弧形坐凳让人们休息。沿湖种植垂柳和设置小缓坡,水边设计有小园道,结合周围其他植物的种植,共同形成了一个良好的空间。而在水面的另一端大片绿地上设计为儿童游乐区和老人健身区,与周边的建筑架空层里的休闲区共同组成供人参与的健康区域。如图7-42所示。

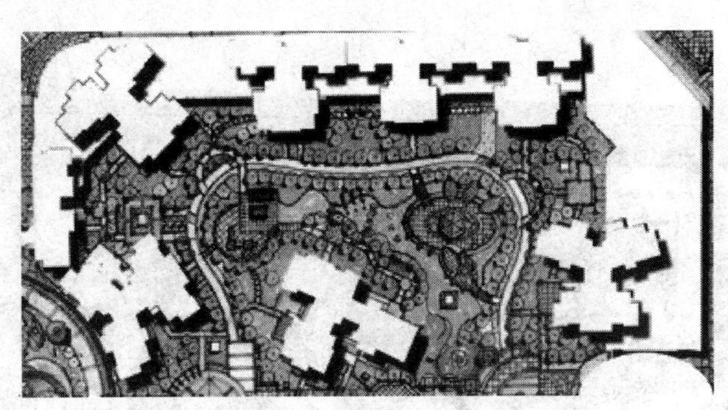

图7-42　秀园设计景观效果图

(2)尚园:尚园以运动为主题,设有篮球场和羽毛球场。在设置运动场所的同时注意其周边的绿化设置,以缓坡绿地为主,上面配以丰富的当地植物,吸引人们在此散步运动。如图7-43所示。

(3)雅园:雅园以绿化广场为重点,在集中绿化中设计了一个椭圆形的花卉广场。此绿地只有满足人们的交流与休憩,地面铺有红灰两色的舒布洛克砖弧形步道,由高低起伏的绿坡形放射状分布于广场花境共同形成一道亮丽的风景线,上设有座椅等,以便居民可以在此休息聊天,每逢重要节假日,也可以摆放花卉供人们观赏,给爱花及盘景

图 7-43　尚园设计景观效果图

爱好者带来喜悦与欣慰。

(4)意园:意园以儿童、老人为服务对象。在组团中间设有儿童广场和老人棋园,书廊,同时以一条溪流贯穿其中,水流长约 200 m,宽 3～4 m,水自上而下流,流水撞击石壁和水面响声,调动人们的听觉和视觉。加之水边植以竹丛、垂柳、碧桃等,使人们身心都得到放松和愉悦。如图 7-44 所示。

图 7-44　意园设计景观效果图

五、色彩规划

建筑物的色彩与质感处理得当，园林空间才能有强有力的艺术感染力。形、声、色、香是园林艺术意境中的重要因素，而园林建筑风格的主要特征更多表现在形和色上。我国南方建筑风格体态轻盈，色彩淡雅。随着现代建筑新材料、新技术的运用，建筑风格更趋于多姿多彩，简洁明丽，富于表现力。色彩与质感是建筑材料表现上的双重属性，两者相辅共存，只要善于去发现各种材料在色彩、质感上的特点，并利用它去组织节奏、韵律、对比、均衡、层次等各种构图变化，就可以获得良好的艺术效果。

本设计铺装以黑、白、灰等冷色调为主和建筑形成统一，植物以绿色为基调，并点缀色彩艳丽的花叶类植物，增加环境的色彩品种，柔化建筑的冰冷感觉；景观小品和标识导视以红、黄、蓝三原色为主色调，点活小区环境。以原石材、原木、原竹等天然的材料色彩倡导“回归自然”人景合一的规划思想。

六、小区道路及园路规划设计

居住小区道路必须主次分明，引导性强，便于车辆进出行驶和人们行走。道路不仅要在宽度上利于交通行径，还要从安全角度考虑。小区内道路设计以方便、实用、自然和流畅为原则，于绿地设有两条主路，宽度为 4.5～5.0 m；横向设有四条路：最南面一条宽为 4.5 m，为连接两条纵向主路的横向主路，直达小区东西入口，中间两条连在一起也可视为一条贯穿东西的“主路”，平均宽度为 4～5 m，且与中间纵向主路相同。在环境设计时考虑到行车和步行的方便，保证了交通安全，留出消防通道，避免消防隐患。

园路担负着连接建筑景点(亭、花架、廊等)、水体、小品、铺地等各个景点的任务。从休闲游览的角度而言，园路的安排应尽可能呈环状，以避免出现“死胡同”或走回头路。绿地内则主要以弧线形弯曲的小路或是矩形汀步路为主，宽度为 1～3 m 不等，主要供居民散步和赏景用。整个道路系统纵横交错，路路相通，十分便捷。

七、水体设计

以“再现自然，人景合一”的设计意图为原则，考虑人的亲水性，结合实际造景需求，在“秀园”组团绿地广场设置水循环设施回流壁泉，方形铺装由一条波浪线分为深蓝和浅蓝两种颜色，恰似溪水流入方形水池后随风波动的情景，在炎热的夏季，若坐于方形铺装的黑色花岗石凳上，看着溪水流入脚下，定会感觉到如置身于水池般的丝丝凉意。

在“意园”组团设有溪流跌水，壁泉正面装饰以凹凸不平的石材贴面，泉水自壁顶顺石壁流入弧形池中，再自东向西迂回流入方形铺装下。

并经过一个椭圆广场，既增加了观赏景致，又起到遮挡院墙的作用，用弯曲流畅的线条代替生硬的折线线条，同时使景致更加生动、丰富。流水撞击石壁和水面的自然声音，以及撞击带来的轻微震动，又调动了人们的听觉和触觉等感观，加之池边植以竹丛、垂柳、碧桃和马蔺等，使人感觉仿佛来到了仙境，身心得到了放松和愉悦。

八、园林小品设计

在小区西侧绿地设计有景墙围绕的木质平台，景墙上部为弧形，最高处为 2.6 m，最低处为 1.5 m，墙面采用深蓝、浅蓝、紫、棕四色涂彩，其既围合了平台空间，又对其后的景致进行了半遮挡，半隐半现的景致对西侧走来的居民又是一种吸引，使人产生要绕到后面看个究竟的愿望；这个高 15 cm，长 20 m，宽 2.7～5.5 m 约 80 m^2 的平台，则为小区西侧的居民提供了较近的休息、聊天之所。

在小区西南边的“雅园”组团绿地设有四面高度渐变的矮墙，自南向北距地坪高度依次为 0.45 m、0.75 m、1.05 m、1.35 m，矮墙既分隔了不同的种植，同时使空间有一个连续的变化，让人感觉很自然。

“秀园”组团绿地内设宽 3 m 的紫藤花架，给东侧绿地的自然特色加入了丰富的内容，使自然与规则两种园林形式很好地结合在一起，也使绿化从平面扩展到立面，通过垂直绿化，扩大了绿化空间，增加了绿量，更增强了绿化效果。紫藤花架作为带天棚的休闲空间设置在较为方便的场所，更利于人们的相互交流，在主轴线上设计了以小区 logo 为标识的景观灯柱和特色景墙水景，增强小区的识别性和人文精神。

九、园林绿化种植设计

以绿色为主导色调，达到主色调引领下的四季常青、三季有花的植物配置效果：春季桃花盛开、连翘绽黄；夏季紫藤怒放、丁香溢彩；秋天槭树红叶、绣球开花展露风采；冬季则有白皮松、青桐、棣棠、红瑞木等点缀自然……种植设计选用以适宜本地生长的南方乡土树种为主，避免盲目引进外地园林植物品种。

主要种植设计构思如下。

(1)孤植——本设计在位于中心广场开敞空间上种植有银杏 4 株，其间距为 10 m，自成一景，观景效果极佳。此外，小区西侧绿地孤植的雪松，其高大独特的外形在桧柏、碧桃的陪衬下，如众星捧月一般矗立在绿地中成为主景。

(2)散植——小区绿地中还种植有零散分布的银杏、二乔玉兰、杜仲、金丝垂柳、元宝枫、小叶白蜡、榆叶梅等，既各自成景，又散而不乱，错落有致，形成自由开放的空间，置身于其中，东、南、西、北四个方向的视线均不会被遮挡。

(3)群植——小区北部、东部外边缘行列式种植有毛白杨 28 株，如一道天然屏障将小区与外界隔离开来，使小区环境有一个整体感，且隔绝噪声；位于南北中轴主路西侧，还间隔种植有龙爪槐和大叶黄杨球，在南部东西横向主路北侧种植有金丝垂柳，这些行道树的种植，既使道路显得规整，又形成了半闭合空间，减小了外部的行人和车辆对绿地内部休息空间的影响；小区东部的银杏树阵规整气派，再结合北部与东部的群植，共同围合出中间三面闭合、一面敞开的休息、健身广场。

此外，住宅区内的变电箱、泵房等设施，都用紧密竹丛和攀缘植物等进行垂直绿化装饰或隔离，既保证安全又增加观赏景观，并营造出曲径通幽的宁静空间。

十、其他配套设计

在小区配套设施中，采用体现自然、质朴的休闲座椅（如仿树桩桌、凳），使人更贴近自然。在空间开合处，采用形式多样的铺地，以丰富环境基调。在局部地方设置健身器材，便于居民健身锻炼。全面考虑到居住小区所需的照明、灯光、绿地喷灌等配套设施，小区标识方面，应直观表达意图，尽量做到景观化、专业化处理。同时，完善小区硬件功能，提供给居住者们便利、优质的服务。

附录　中华人民共和国城乡规划法

《中华人民共和国城乡规划法》已由中华人民共和国第十届全国人民代表大会常务委员会第三十次会议于2007年10月28日通过，现予公布，自2008年1月1日起施行。

目　　录

第一章　总　　则

第一条　为了加强城乡规划管理，协调城乡空间布局，改善人居环境，促进城乡经济社会全面协调可持续发展，制定本法。

第二条　制定和实施城乡规划，在规划区内进行建设活动，必须遵守本法。

本法所称城乡规划，包括城镇体系规划、城市规划、镇规划、乡规划和村庄规划。城市规划、镇规划分为总体规划和详细规划。详细规划分为控制性详细规划和修建性详细规划。

本法所称规划区，是指城市、镇和村庄的建成区以及因城乡建设和发展需要，必须实行规划控制的区域。规划区的具体范围由有关人民政府在组织编制的城市总体规划、镇总体规划、乡规划和村庄规划中，根据城乡经济社会发展水平和统筹城乡发展的需要划定。

第三条 城市和镇应当依照本法制定城市规划和镇规划。城市、镇规划区内的建设活动应当符合规划要求。

县级以上地方人民政府根据本地农村经济社会发展水平，按照因地制宜、切实可行的原则，确定应当制定乡规划、村庄规划的区域。在确定区域内的乡、村庄，应当依照本法制定规划，规划区内的乡、村庄建设应当符合规划要求。

县级以上地方人民政府鼓励、指导前款规定以外的区域的乡、村庄制定和实施乡规划、村庄规划。

第四条 制定和实施城乡规划，应当遵循城乡统筹、合理布局、节约土地、集约发展和先规划后建设的原则，改善生态环境，促进资源、能源节约和综合利用，保护耕地等自然资源和历史文化遗产，保持地方特色、民族特色和传统风貌，防止污染和其他公害，并符合区域人口发展、国防建设、防灾减灾和公共卫生、公共安全的需要。

在规划区内进行建设活动，应当遵守土地管理、自然资源和环境保护等法律、法规的规定。

县级以上地方人民政府应当根据当地经济社会发展的实际，在城市总体规划、镇总体规划中合理确定城市、镇的发展规模、步骤和建设标准。

第五条 城市总体规划、镇总体规划以及乡规划和村庄规划的编制，应当依据国民经济和社会发展规划，并与土地利用总体规划相衔接。

第六条 各级人民政府应当将城乡规划的编制和管理经费纳入本级财政预算。

第七条 经依法批准的城乡规划，是城乡建设和规划管理的依据，未经法定程序不得修改。

第八条 城乡规划组织编制机关应当及时公布经依法批准的城乡规划。但是，法律、行政法规规定不得公开的内容除外。

第九条 任何单位和个人都应当遵守经依法批准并公布的城乡规划，服从规划管理，并有权就涉及其利害关系的建设活动是否符合规划的要求向城乡规划主管部门查询。

任何单位和个人都有权向城乡规划主管部门或者其他有关部门举报或者控告违反城乡规划的行为。城乡规划主管部门或者其他有关部门对举报或者控告,应当及时受理并组织核查、处理。

第十条　国家鼓励采用先进的科学技术,增强城乡规划的科学性,提高城乡规划实施及监督管理的效能。

第十一条　国务院城乡规划主管部门负责全国的城乡规划管理工作。

县级以上地方人民政府城乡规划主管部门负责本行政区域内的城乡规划管理工作。

第二章　城乡规划的制定

第十二条　国务院城乡规划主管部门会同国务院有关部门组织编制全国城镇体系规划,用于指导省域城镇体系规划、城市总体规划的编制。

全国城镇体系规划由国务院城乡规划主管部门报国务院审批。

第十三条　省、自治区人民政府组织编制省域城镇体系规划,报国务院审批。

省域城镇体系规划的内容应当包括:城镇空间布局和规模控制,重大基础设施的布局,为保护生态环境、资源等需要严格控制的区域。

第十四条　城市人民政府组织编制城市总体规划。

直辖市的城市总体规划由直辖市人民政府报国务院审批。省、自治区人民政府所在地的城市以及国务院确定的城市的总体规划,由省、自治区人民政府审查同意后,报国务院审批。其他城市的总体规划,由城市人民政府报省、自治区人民政府审批。

第十五条　县人民政府组织编制县人民政府所在地镇的总体规划,报上一级人民政府审批。其他镇的总体规划由镇人民政府组织编制,报上一级人民政府审批。

第十六条　省、自治区人民政府组织编制的省域城镇体系规划,城市、县人民政府组织编制的总体规划,在报上一级人民政府审批前,应当先经本级人民代表大会常务委员会审议,常务委员会组成人员的审议意见交由本级人民政府研究处理。

镇人民政府组织编制的镇总体规划，在报上一级人民政府审批前，应当先经镇人民代表大会审议，代表的审议意见交由本级人民政府研究处理。

规划的组织编制机关报送审批省域城镇体系规划、城市总体规划或者镇总体规划，应当将本级人民代表大会常务委员会组成人员或者镇人民代表大会代表的审议意见和根据审议意见修改规划的情况一并报送。

第十七条 城市总体规划、镇总体规划的内容应当包括：城市、镇的发展布局，功能分区，用地布局，综合交通体系，禁止、限制和适宜建设的地域范围，各类专项规划等。

规划区范围、规划区内建设用地规模、基础设施和公共服务设施用地、水源地和水系、基本农田和绿化用地、环境保护、自然与历史文化遗产保护以及防灾减灾等内容，应当作为城市总体规划、镇总体规划的强制性内容。

城市总体规划、镇总体规划的规划期限一般为二十年。城市总体规划还应当对城市更长远的发展做出预测性安排。

第十八条 乡规划、村庄规划应当从农村实际出发，尊重村民意愿，体现地方和农村特色。

乡规划、村庄规划的内容应当包括：规划区范围，住宅、道路、供水、排水、供电、垃圾收集、畜禽养殖场所等农村生产、生活服务设施、公益事业等各项建设的用地布局、建设要求，以及对耕地等自然资源和历史文化遗产保护、防灾减灾等的具体安排。乡规划还应当包括本行政区域内的村庄发展布局。

第十九条 城市人民政府城乡规划主管部门根据城市总体规划的要求，组织编制城市的控制性详细规划，经本级人民政府批准后，报本级人民代表大会常务委员会和上一级人民政府备案。

第二十条 镇人民政府根据镇总体规划的要求，组织编制镇的控制性详细规划，报上一级人民政府审批。县人民政府所在地镇的控制性详细规划，由县人民政府城乡规划主管部门根据镇总体规划的要求组织编制，经县人民政府批准后，报本级人民代表大会常务委员会和上一级人民政府备案。

第二十一条　城市、县人民政府城乡规划主管部门和镇人民政府可以组织编制重要地块的修建性详细规划。修建性详细规划应当符合控制性详细规划。

第二十二条　乡、镇人民政府组织编制乡规划、村庄规划，报上一级人民政府审批。村庄规划在报送审批前，应当经村民会议或者村民代表会议讨论同意。

第二十三条　首都的总体规划、详细规划应当统筹考虑中央国家机关用地布局和空间安排的需要。

第二十四条　城乡规划组织编制机关应当委托具有相应资质等级的单位承担城乡规划的具体编制工作。

从事城乡规划编制工作应当具备下列条件，并经国务院城乡规划主管部门或者省、自治区、直辖市人民政府城乡规划主管部门依法审查合格，取得相应等级的资质证书后，方可在资质等级许可的范围内从事城乡规划编制工作：

（一）有法人资格；

（二）有规定数量的经国务院城乡规划主管部门注册的规划师；

（三）有规定数量的相关专业技术人员；

（四）有相应的技术装备；

（五）有健全的技术、质量、财务管理制度。

规划师执业资格管理办法，由国务院城乡规划主管部门会同国务院人事行政部门制定。

编制城乡规划必须遵守国家有关标准。

第二十五条　编制城乡规划，应当具备国家规定的勘察、测绘、气象、地震、水文、环境等基础资料。

县级以上地方人民政府有关主管部门应当根据编制城乡规划的需要，及时提供有关基础资料。

第二十六条　城乡规划报送审批前，组织编制机关应当依法将城乡规划草案予以公告，并采取论证会、听证会或者其他方式征求专家和公众的意见。公告的时间不得少于三十日。

组织编制机关应当充分考虑专家和公众的意见，并在报送审批的材料中附具意见采纳情况及理由。

第二十七条　省域城镇体系规划、城市总体规划、镇总体规划批准前，审批机关应当组织专家和有关部门进行审查。

第三章　城乡规划的实施

第二十八条　地方各级人民政府应当根据当地经济社会发展水平，量力而行，尊重群众意愿，有计划、分步骤地组织实施城乡规划。

第二十九条　城市的建设和发展，应当优先安排基础设施以及公共服务设施的建设，妥善处理新区开发与旧区改建的关系，统筹兼顾进城务工人员生活和周边农村经济社会发展、村民生产与生活的需要。

镇的建设和发展，应当结合农村经济社会发展和产业结构调整，优先安排供水、排水、供电、供气、道路、通信、广播电视等基础设施和学校、卫生院、文化站、幼儿园、福利院等公共服务设施的建设，为周边农村提供服务。

乡、村庄的建设和发展，应当因地制宜、节约用地，发挥村民自治组织的作用，引导村民合理进行建设，改善农村生产、生活条件。

第三十条　城市新区的开发和建设，应当合理确定建设规模和时序，充分利用现有市政基础设施和公共服务设施，严格保护自然资源和生态环境，体现地方特色。

在城市总体规划、镇总体规划确定的建设用地范围以外，不得设立各类开发区和城市新区。

第三十一条　旧城区的改建，应当保护历史文化遗产和传统风貌，合理确定拆迁和建设规模，有计划地对危房集中、基础设施落后等地段进行改建。

历史文化名城、名镇、名村的保护以及受保护建筑物的维护和使用，应当遵守有关法律、行政法规和国务院的规定。

第三十二条　城乡建设和发展，应当依法保护和合理利用风景名胜资源，统筹安排风景名胜区及周边乡、镇、村庄的建设。

风景名胜区的规划、建设和管理，应当遵守有关法律、行政法规和国务院的规定。

第三十三条　城市地下空间的开发和利用，应当与经济和技术发展水平相适应，遵循统筹安排、综合开发、合理利用的原则，充分考虑防灾减灾、人民防空和通信等需要，并符合城市规划，履行规划审批手续。

第三十四条　城市、县、镇人民政府应当根据城市总体规划、镇总体规划、土地利用总体规划和年度计划以及国民经济和社会发展规划，制定近期建设规划，报总体规划审批机关备案。

近期建设规划应当以重要基础设施、公共服务设施和中低收入居民住房建设以及生态环境保护为重点内容，明确近期建设的时序、发展方向和空间布局。近期建设规划的规划期限为五年。

第三十五条　城乡规划确定的铁路、公路、港口、机场、道路、绿地、输配电设施及输电线路走廊、通信设施、广播电视设施、管道设施、河道、水库、水源地、自然保护区、防汛通道、消防通道、核电站、垃圾填埋场及焚烧厂、污水处理厂和公共服务设施的用地以及其他需要依法保护的用地，禁止擅自改变用途。

第三十六条　按照国家规定需要有关部门批准或者核准的建设项目，以划拨方式提供国有土地使用权的，建设单位在报送有关部门批准或者核准前，应当向城乡规划主管部门申请核发选址意见书。

前款规定以外的建设项目不需要申请选址意见书。

第三十七条　在城市、镇规划区内以划拨方式提供国有土地使用权的建设项目，经有关部门批准、核准、备案后，建设单位应当向城市、县人民政府城乡规划主管部门提出建设用地规划许可申请，由城市、县人民政府城乡规划主管部门依据控制性详细规划核定建设用地的位置、面积、允许建设的范围，核发建设用地规划许可证。

建设单位在取得建设用地规划许可证后，方可向县级以上地方人民政府土地主管部门申请用地，经县级以上人民政府审批后，由土地主管部门划拨土地。

第三十八条　在城市、镇规划区内以出让方式提供国有土地使用权的，在国有土地使用权出让前，城市、县人民政府城乡规划主管部门应当依据控制性详细规划，提出出让地块的位置、使用性质、开发强度等规划条件，作为国有土地使用权出让合同的组成部分。未确定规划条件的地块，不得出让国有土地使用权。

以出让方式取得国有土地使用权的建设项目，在签订国有土地使用权出让合同后，建设单位应当持建设项目的批准、核准、备案文件和国有土地使用权出让合同，向城市、县人民政府城乡规划主管部门领取建设用地规划许可证。

城市、县人民政府城乡规划主管部门不得在建设用地规划许可证中，擅自改变作为国有土地使用权出让合同组成部分的规划条件。

第三十九条 规划条件未纳入国有土地使用权出让合同的，该国有土地使用权出让合同无效；对未取得建设用地规划许可证的建设单位批准用地的，由县级以上人民政府撤销有关批准文件；占用土地的，应当及时退回；给当事人造成损失的，应当依法给予赔偿。

第四十条 在城市、镇规划区内进行建筑物、构筑物、道路、管线和其他工程建设的，建设单位或者个人应当向城市、县人民政府城乡规划主管部门或者省、自治区、直辖市人民政府确定的镇人民政府申请办理建设工程规划许可证。

申请办理建设工程规划许可证，应当提交使用土地的有关证明文件、建设工程设计方案等材料。需要建设单位编制修建性详细规划的建设项目，还应当提交修建性详细规划。对符合控制性详细规划和规划条件的，由城市、县人民政府城乡规划主管部门或者省、自治区、直辖市人民政府确定的镇人民政府核发建设工程规划许可证。

城市、县人民政府城乡规划主管部门或者省、自治区、直辖市人民政府确定的镇人民政府应当依法将经审定的修建性详细规划、建设工程设计方案的总平面图予以公布。

第四十一条 在乡、村庄规划区内进行乡镇企业、乡村公共设施和公益事业建设的，建设单位或者个人应当向乡、镇人民政府提出申请，由乡、镇人民政府报城市、县人民政府城乡规划主管部门核发乡村建设规划许可证。

在乡、村庄规划区内使用原有宅基地进行农村村民住宅建设的规划管理办法，由省、自治区、直辖市制定。

在乡、村庄规划区内进行乡镇企业、乡村公共设施和公益事业建设以及农村村民住宅建设，不得占用农用地；确需占用农用地的，应当依照《中华人民共和国土地管理法》有关规定办理农用地转用审批手续后，由城市、县人民政府城乡规划主管部门核发乡村建设规划许可证。

建设单位或者个人在取得乡村建设规划许可证后，方可办理用地审批手续。

第四十二条　城乡规划主管部门不得在城乡规划确定的建设用地范围以外做出规划许可。

第四十三条　建设单位应当按照规划条件进行建设；确需变更的，必须向城市、县人民政府城乡规划主管部门提出申请。变更内容不符合控制性详细规划的，城乡规划主管部门不得批准。城市、县人民政府城乡规划主管部门应当及时将依法变更后的规划条件通报同级土地主管部门并公示。

建设单位应当及时将依法变更后的规划条件报有关人民政府土地主管部门备案。

第四十四条　在城市、镇规划区内进行临时建设的，应当经城市、县人民政府城乡规划主管部门批准。临时建设影响近期建设规划或者控制性详细规划的实施以及交通、市容、安全等的，不得批准。

临时建设应当在批准的使用期限内自行拆除。

临时建设和临时用地规划管理的具体办法，由省、自治区、直辖市人民政府制定。

第四十五条　县级以上地方人民政府城乡规划主管部门按照国务院规定对建设工程是否符合规划条件予以核实。未经核实或者经核实不符合规划条件的，建设单位不得组织竣工验收。

建设单位应当在竣工验收后六个月内向城乡规划主管部门报送有关竣工验收资料。

第四章　城乡规划的修改

第四十六条　省域城镇体系规划、城市总体规划、镇总体规划的组织编制机关，应当组织有关部门和专家定期对规划实施情况进行评估，并采取论证会、听证会或者其他方式征求公众意见。组织编制机关应当向本级人民代表大会常务委员会、镇人民代表大会和原审批机关提出评估报告并附具征求意见的情况。

第四十七条　有下列情形之一的，组织编制机关方可按照规定的权限和程序修改省域城镇体系规划、城市总体规划、镇总体规划：

（一）上级人民政府制定的城乡规划发生变更，提出修改规划要求的；

（二）行政区划调整确需修改规划的；

（三）因国务院批准重大建设工程确需修改规划的；

（四）经评估确需修改规划的；

（五）城乡规划的审批机关认为应当修改规划的其他情形。

修改省域城镇体系规划、城市总体规划、镇总体规划前，组织编制机关应当对原规划的实施情况进行总结，并向原审批机关报告；修改涉及城市总体规划、镇总体规划强制性内容的，应当先向原审批机关提出专题报告，经同意后，方可编制修改方案。

修改后的省域城镇体系规划、城市总体规划、镇总体规划，应当依照本法第十三条、第十四条、第十五条和第十六条规定的审批程序报批。

第四十八条　修改控制性详细规划的，组织编制机关应当对修改的必要性进行论证，征求规划地段内利害关系人的意见，并向原审批机关提出专题报告，经原审批机关同意后，方可编制修改方案。修改后的控制性详细规划，应当依照本法第十九条、第二十条规定的审批程序报批。控制性详细规划修改涉及城市总体规划、镇总体规划的强制性内容的，应当先修改总体规划。

修改乡规划、村庄规划的，应当依照本法第二十二条规定的审批程序报批。

第四十九条　城市、县、镇人民政府修改近期建设规划的，应当将修改后的近期建设规划报总体规划审批机关备案。

第五十条　在选址意见书、建设用地规划许可证、建设工程规划许可证或者乡村建设规划许可证发放后，因依法修改城乡规划给被许可人合法权益造成损失的，应当依法给予补偿。

经依法审定的修建性详细规划、建设工程设计方案的总平面图不得随意修改；确需修改的，城乡规划主管部门应当采取听证会等形式，听取利害关系人的意见；因修改给利害关系人合法权益造成损失的，应当依法给予补偿。

第五章　监督检查

第五十一条　县级以上人民政府及其城乡规划主管部门应当加强对城乡规划编制、审批、实施、修改的监督检查。

第五十二条　地方各级人民政府应当向本级人民代表大会常务委员会或者乡、镇人民代表大会报告城乡规划的实施情况，并接受监督。

第五十三条　县级以上人民政府城乡规划主管部门对城乡规划的实施情况进行监督检查，有权采取以下措施：

（一）要求有关单位和人员提供与监督事项有关的文件、资料，并进行复制；

（二）要求有关单位和人员就监督事项涉及的问题做出解释和说明，并根据需要进入现场进行勘测；

（三）责令有关单位和人员停止违反有关城乡规划的法律、法规的行为。

城乡规划主管部门的工作人员履行前款规定的监督检查职责，应当出示执法证件。被监督检查的单位和人员应当予以配合，不得妨碍和阻挠依法进行的监督检查活动。

第五十四条　监督检查情况和处理结果应当依法公开，供公众查阅和监督。

第五十五条　城乡规划主管部门在查处违反本法规定的行为时，

发现国家机关工作人员依法应当给予行政处分的,应当向其任免机关或者监察机关提出处分建议。

第五十六条 依照本法规定应当给予行政处罚,而有关城乡规划主管部门不给予行政处罚的,上级人民政府城乡规划主管部门有权责令其做出行政处罚决定或者建议有关人民政府责令其给予行政处罚。

第五十七条 城乡规划主管部门违反本法规定做出行政许可的,上级人民政府城乡规划主管部门有权责令其撤销或者直接撤销该行政许可。因撤销行政许可给当事人合法权益造成损失的,应当依法给予赔偿。

第六章 法律责任

第五十八条 对依法应当编制城乡规划而未组织编制,或者未按法定程序编制、审批、修改城乡规划的,由上级人民政府责令改正,通报批评;对有关人民政府负责人和其他直接责任人员依法给予处分。

第五十九条 城乡规划组织编制机关委托不具有相应资质等级的单位编制城乡规划的,由上级人民政府责令改正,通报批评;对有关人民政府负责人和其他直接责任人员依法给予处分。

第六十条 镇人民政府或者县级以上人民政府城乡规划主管部门有下列行为之一的,由本级人民政府、上级人民政府城乡规划主管部门或者监察机关依据职权责令改正,通报批评;对直接负责的主管人员和其他直接责任人员依法给予处分:

(一)未依法组织编制城市的控制性详细规划、县人民政府所在地镇的控制性详细规划的;

(二)超越职权或者对不符合法定条件的申请人核发选址意见书、建设用地规划许可证、建设工程规划许可证、乡村建设规划许可证的;

(三)对符合法定条件的申请人未在法定期限内核发选址意见书、建设用地规划许可证、建设工程规划许可证、乡村建设规划许可证的;

(四)未依法对经审定的修建性详细规划、建设工程设计方案的总平面图予以公布的;

（五）同意修改修建性详细规划、建设工程设计方案的总平面图前未采取听证会等形式听取利害关系人的意见的；

（六）发现未依法取得规划许可或者违反规划许可的规定在规划区内进行建设的行为，而不予查处或者接到举报后不依法处理的。

第六十一条　县级以上人民政府有关部门有下列行为之一的，由本级人民政府或者上级人民政府有关部门责令改正，通报批评；对直接负责的主管人员和其他直接责任人员依法给予处分：

（一）对未依法取得选址意见书的建设项目核发建设项目批准文件的；

（二）未依法在国有土地使用权出让合同中确定规划条件或者改变国有土地使用权出让合同中依法确定的规划条件的；

（三）对未依法取得建设用地规划许可证的建设单位划拨国有土地使用权的。

第六十二条　城乡规划编制单位有下列行为之一的，由所在地城市、县人民政府城乡规划主管部门责令限期改正，处合同约定的规划编制费一倍以上二倍以下的罚款；情节严重的，责令停业整顿，由原发证机关降低资质等级或者吊销资质证书；造成损失的，依法承担赔偿责任：

（一）超越资质等级许可的范围承揽城乡规划编制工作的；

（二）违反国家有关标准编制城乡规划的。

未依法取得资质证书承揽城乡规划编制工作的，由县级以上地方人民政府城乡规划主管部门责令停止违法行为，依照前款规定处以罚款；造成损失的，依法承担赔偿责任。

以欺骗手段取得资质证书承揽城乡规划编制工作的，由原发证机关吊销资质证书，依照本条第一款规定处以罚款；造成损失的，依法承担赔偿责任。

第六十三条　城乡规划编制单位取得资质证书后，不再符合相应的资质条件的，由原发证机关责令限期改正；逾期不改正的，降低资质等级或者吊销资质证书。

第六十四条　未取得建设工程规划许可证或者未按照建设工程

规划许可证的规定进行建设的，由县级以上地方人民政府城乡规划主管部门责令停止建设；尚可采取改正措施消除对规划实施的影响的，限期改正，处建设工程造价百分之五以上百分之十以下的罚款；无法采取改正措施消除影响的，限期拆除，不能拆除的，没收实物或者违法收入，可以并处建设工程造价百分之十以下的罚款。

第六十五条　在乡、村庄规划区内未依法取得乡村建设规划许可证或者未按照乡村建设规划许可证的规定进行建设的，由乡、镇人民政府责令停止建设、限期改正；逾期不改正的，可以拆除。

第六十六条　建设单位或者个人有下列行为之一的，由所在地城市、县人民政府城乡规划主管部门责令限期拆除，可以并处临时建设工程造价一倍以下的罚款：

（一）未经批准进行临时建设的；

（二）未按照批准内容进行临时建设的；

（三）临时建筑物、构筑物超过批准期限不拆除的。

第六十七条　建设单位未在建设工程竣工验收后六个月内向城乡规划主管部门报送有关竣工验收资料的，由所在地城市、县人民政府城乡规划主管部门责令限期补报；逾期不补报的，处一万元以上五万元以下的罚款。

第六十八条　城乡规划主管部门做出责令停止建设或者限期拆除的决定后，当事人不停止建设或者逾期不拆除的，建设工程所在地县级以上地方人民政府可以责成有关部门采取查封施工现场、强制拆除等措施。

第六十九条　违反本法规定，构成犯罪的，依法追究刑事责任。

第七章　附　　则

第七十条　本法自 2008 年 1 月 1 日起施行。《中华人民共和国城市规划法》同时废止。

参 考 文 献

[1] 王士兰,游宏滔．小城镇城市设计[M]. 北京:中国建筑工业出版社,2004.
[2] 牛建军,邱玮．混凝土工长便携手册[M]. 北京:机械工业出版社,2005.
[3] 骆中钊．小城镇现代住宅设计[M]. 北京:中国电力出版社,2006.
[4] 骆中钊．小城镇住区规划与住宅设计[M]. 北京:机械工业出版社,2011.
[5] 王宁,赵荣山．小城镇规划与设计[M]. 北京:科学出版社,2001.
[6] 乐嘉藻．中国建筑史[M]. 北京:团结出版社,2005.
[7] 尹国元．混凝土工基本技术[M]. 修订版．北京:金盾出版社,2002.
[8] 李百浩,万艳华．中国村镇建筑文化[M]. 武汉:湖北教育出版社,2008.
[9] 楼庆西．中国传统建筑文化[M]. 北京:中国旅游出版社,2008.
[10] 李树琮．中国城市化与小城镇发展[M]. 北京:中国财政经济出版社,2002.
[11] 张靖静,胡凤庆．村镇小康住宅设计图集(一)[M]. 南京:东南大学出版社,1999.
[12] 胡凤庆,张靖静．村镇小康住宅设计图集(二)[M]. 南京:东南大学出版社,2000.